国家出版基金项目
NATIONAL PUBLICATION FOUNDATION

"十二五"国家重点出版规划项目

雷达与探测前沿技术丛书

量子雷达

Quantum Radar

江涛 著

国防工业出版社

·北京·

内 容 简 介

本书从经典电磁场与电磁场量子化入手,通过总结量子传感中的基础理论和方法,引入量子雷达探测的概念。全书以量子力学为基础,系统介绍量子雷达探测的核心机理、信号处理理论和探测体制。主要包括量子态大气传输机理、量子雷达散射截面积、量子雷达信号检测与估计理论;对实现量子雷达探测的几种可能的系统构成和工作体制进行分析比对;对量子雷达探测的应用前景进行展望,提出了未来量子雷达探测在理论和实验中面临的挑战。

本书由国内长期从事量子信息技术和雷达技术研究的专家编写而成,研究成果属于国内首创。本书可以为从事雷达、通信、电子对抗等专业的科研和教学人员提供参考,也可以作为相关高校教师和学生的参考书。

图书在版编目(CIP)数据

量子雷达 / 江涛著. —北京 : 国防工业出版社,
2017.12

(雷达与探测前沿技术丛书)

ISBN 978 - 7 - 118 - 11515 - 4

Ⅰ. ①量… Ⅱ. ①江… Ⅲ. ①量子 - 雷达 Ⅳ.
①TN958

中国版本图书馆 CIP 数据核字(2018)第 008337 号

※

*国防工业出版社*出版发行

(北京市海淀区紫竹院南路 23 号　邮政编码 100048)

天津嘉恒印务有限公司印刷

新华书店经售

*

开本 710 × 1000　1/16　印张 16¼　字数 290 千字

2017 年 12 月第 1 版第 1 次印刷　印数 1—3000 册　　定价 76.00 元

(本书如有印装错误,我社负责调换)

国防书店:(010)88540777　　　发行邮购:(010)88540776

发行传真:(010)88540755　　　发行业务:(010)88540717

总　序

　　雷达在第二次世界大战中初露头角。战后,美国麻省理工学院辐射实验室集合各方面的专家,总结战争期间的经验,于1950年前后出版了一套雷达丛书,共28个分册,对雷达技术做了全面总结,几乎成为当时雷达设计者的必备读物。我国的雷达研制也从那时开始,经过几十年的发展,到21世纪初,我国雷达技术在很多方面已进入国际先进行列。为总结这一时期的经验,中国电子科技集团公司曾经组织老一代专家撰著了"雷达技术丛书",全面总结他们的工作经验,给雷达领域的工程技术人员留下了宝贵的知识财富。

　　电子技术的迅猛发展,促使雷达在内涵、技术和形态上快速更新,应用不断扩展。为了探索雷达领域前沿技术,我们又组织编写了本套"雷达与探测前沿技术丛书"。与以往雷达相关丛书显著不同的是,本套丛书并不完全是作者成熟的经验总结,大部分是专家根据国内外技术发展,对雷达前沿技术的探索性研究。内容主要依托雷达与探测一线专业技术人员的最新研究成果、发明专利、学术论文等,对现代雷达与探测技术的国内外进展、相关理论、工程应用等进行了广泛深入研究和总结,展示近十年来我国在雷达前沿技术方面的研制成果。本套丛书的出版力求能促进从事雷达与探测相关领域研究的科研人员及相关产品的使用人员更好地进行学术探索和创新实践。

　　本套丛书保持了每一个分册的相对独立性和完整性,重点是对前沿技术的介绍,读者可选择感兴趣的分册阅读。丛书共41个分册,内容包括频率扩展、协同探测、新技术体制、合成孔径雷达、新雷达应用、目标与环境、数字技术、微电子技术八个方面。

　　(一)雷达频率迅速扩展是近年来表现出的明显趋势,新频段的开发、带宽的剧增使雷达的应用更加广泛。本套丛书遴选的频率扩展内容的著作共4个分册:

　　(1)《毫米波辐射无源探测技术》分册中没有讨论传统的毫米波雷达技术,而是着重介绍毫米波热辐射效应的无源成像技术。该书特别采用了平方千米阵的技术概念,这一概念在用干涉式阵列基线的测量结果来获得等效大口径阵列效果的孔径综合技术方面具有重要的意义。

（2）《太赫兹雷达》分册是一本较全面介绍太赫兹雷达的著作，主要包括太赫兹雷达系统的基本组成和技术特点、太赫兹雷达目标检测以及微动目标检测技术，同时也讨论了太赫兹雷达成像处理。

（3）《机载远程红外预警雷达系统》分册考虑到红外成像和告警是红外探测的传统应用，但是能否作为全空域远距离的搜索监视雷达，尚有诸多争议。该书主要讨论用监视雷达的概念如何解决红外极窄波束、全空域、远距离和数据率的矛盾，并介绍组成红外监视雷达的工程问题。

（4）《多脉冲激光雷达》分册从实际工程应用角度出发，较详细地阐述了多脉冲激光测距及单光子测距两种体制下的系统组成、工作原理、测距方程、激光目标信号模型、回波信号处理技术及目标探测算法等关键技术，通过对两种远程激光目标探测体制的探讨，力争让读者对基于脉冲测距的激光雷达探测有直观的认识和理解。

（二）传输带宽的急剧提高，赋予雷达协同探测新的使命。协同探测会导致雷达形态和应用发生巨大的变化，是当前雷达研究的热点。本套丛书遴选出协同探测内容的著作共 10 个分册：

（1）《雷达组网技术》分册从雷达组网使用的效能出发，重点讨论点迹融合、资源管控、预案设计、闭环控制、参数调整、建模仿真、试验评估等雷达组网新技术的工程化，是把多传感器统一为系统的开始。

（2）《多传感器分布式信号检测理论与方法》分册主要介绍检测级、位置级（点迹和航迹）、属性级、态势评估与威胁估计五个层次中的检测级融合技术，是雷达组网的基础。该书主要给出各类分布式信号检测的最优化理论和算法，介绍考虑到网络和通信质量时的联合分布式信号检测准则和方法，并研究多输入多输出雷达目标检测的若干优化问题。

（3）《分布孔径雷达》分册所描述的雷达实现了多个单元孔径的射频相参合成，获得等效于大孔径天线雷达的探测性能。该书在概述分布孔径雷达基本原理的基础上，分别从系统设计、波形设计与处理、合成参数估计与控制、稀疏孔径布阵与测角、时频相同步等方面做了较为系统和全面的论述。

（4）《MIMO 雷达》分册所介绍的雷达相对于相控阵雷达，可以同时获得波形分集和空域分集，有更加灵活的信号形式，单元间距不受 $\lambda/2$ 的限制，间距拉开后，可组成各类分布式雷达。该书比较系统地描述多输入多输出（MIMO）雷达。详细分析了波形设计、积累补偿、目标检测、参数估计等关键技术。

（5）《MIMO 雷达参数估计技术》分册更加侧重讨论各类 MIMO 雷达的算法。从 MIMO 雷达的基本知识出发，介绍均匀线阵，非圆信号，快速估计，相干目标，分布式目标，基于高阶累计量的、基于张量的、基于阵列误差的、特殊阵列结构的 MIMO 雷达目标参数估计的算法。

（6）《机载分布式相参射频探测系统》分册介绍的是 MIMO 技术的一种工程应用。该书针对分布式孔径采用正交信号接收相参的体制，分析和描述系统处理架构及性能、运动目标回波信号建模技术，并更加深入地分析和描述实现分布式相参雷达杂波抑制、能量积累、布阵等关键技术的解决方法。

（7）《机会阵雷达》分册介绍的是分布式雷达体制在移动平台上的典型应用。机会阵雷达强调根据平台的外形，天线单元共形随遇而布。该书详尽地描述系统设计、天线波束形成方法和算法、传输同步与单元定位等关键技术，分析了美国海军提出的用于弹道导弹防御和反隐身的机会阵雷达的工程应用问题。

（8）《无源探测定位技术》分册探讨的技术是基于现代雷达对抗的需求应运而生，并在实战应用需求越来越大的背景下快速拓展。随着知识层面上认知能力的提升以及技术层面上带宽和传输能力的增加，无源侦察已从单一的测向技术逐步转向多维定位。该书通过充分利用时间、空间、频移、相移等多维度信息，寻求无源定位的解，对雷达向无源发展有着重要的参考价值。

（9）《多波束凝视雷达》分册介绍的是通过多波束技术提高雷达发射信号能量利用效率以及在空、时、频域中减小处理损失，提高雷达探测性能；同时，运用相位中心凝视方法改进杂波中目标检测概率。分册还涉及短基线雷达如何利用多阵面提高发射信号能量利用效率的方法；针对长基线，阐述了多站雷达发射信号可形成凝视探测网格，提高雷达发射信号能量的使用效率；而合成孔径雷达（SAR）系统应用多波束凝视可降低发射功率，缓解宽幅成像与高分辨之间的矛盾。

（10）《外辐射源雷达》分册重点讨论以电视和广播信号为辐射源的无源雷达。详细描述调频广播模拟电视和各种数字电视的信号，减弱直达波的对消和滤波的技术；同时介绍了利用 GPS（全球定位系统）卫星信号和 GSM/CDMA（两种手机制式）移动电话作为辐射源的探测方法。各种外辐射源雷达，要得到定位参数和形成所需的空域，必须多站协同。

（三）以新技术为牵引，产生出新的雷达系统概念，这对雷达的发展具有里程碑的意义。本套丛书遴选了涉及新技术体制雷达内容的6个分册：

（1）《宽带雷达》分册介绍的雷达打破了经典雷达5MHz带宽的极限，同时雷达分辨力的提高带来了高识别率和低杂波的优点。该书详尽地讨论宽带信号的设计、产生和检测方法。特别是对极窄脉冲检测进行有益的探索，为雷达的进一步发展提供了良好的开端。

（2）《数字阵列雷达》分册介绍的雷达是用数字处理的方法来控制空间波束，并能形成同时多波束，比用移相器灵活多变，已得到了广泛应用。该书全面系统地描述数字阵列雷达的系统和各分系统的组成。对总体设计、波束校准和补偿、收/发模块、信号处理等关键技术都进行了详细描述，是一本工程性较强的著作。

（3）《雷达数字波束形成技术》分册更加深入地描述数字阵列雷达中的波束形成技术，给出数字波束形成的理论基础、方法和实现技术。对灵巧干扰抑制、非均匀杂波抑制、波束保形等进行了深入的讨论，是一本理论性较强的专著。

（4）《电磁矢量传感器阵列信号处理》分册讨论在同一空间位置具有三个磁场和三个电场分量的电磁矢量传感器，比传统只用一个分量的标量阵列处理能获得更多的信息，六分量可完备地表征电磁波的极化特性。该书从几何代数、张量等数学基础到阵列分析、综合、参数估计、波束形成、布阵和校正等问题进行详细讨论，为进一步应用奠定了基础。

（5）《认知雷达导论》分册介绍的雷达可根据环境、目标和任务的感知，选择最优化的参数和处理方法。它使得雷达数据处理及反馈从粗犷到精细，彰显了新体制雷达的智能化。

（6）《量子雷达》分册的作者团队搜集了大量的国外资料，经探索和研究，介绍从基本理论到传输、散射、检测、发射、接收的完整内容。量子雷达探测具有极高的灵敏度，更高的信息维度，在反隐身和抗干扰方面优势明显。经典和非经典的量子雷达，很可能走在各种量子技术应用的前列。

（四）合成孔径雷达（SAR）技术发展较快，已有大量的著作。本套丛书遴选了有一定特点和前景的5个分册：

（1）《数字阵列合成孔径雷达》分册系统阐述数字阵列技术在SAR中的应用，由于数字阵列天线具有灵活性并能在空间产生同时多波束，雷达采集的同一组回波数据，可处理出不同模式的成像结果，比常规SAR具备更多的新能力。该书着重研究基于数字阵列SAR的高分辨力宽测绘带SAR成像、极化层析 SAR 三维成像和前视 SAR 成像技术三种新能力。

（2）《双基合成孔径雷达》分册介绍的雷达配置灵活，具有隐蔽性好、抗干扰能力强、能够实现前视成像等优点，是 SAR 技术的热点之一。该书较为系统地描述了双基 SAR 理论方法、回波模型、成像算法、运动补偿、同步技术、试验验证等诸多方面，形成了实现技术和试验验证的研究成果。

（3）《三维合成孔径雷达》分册描述曲线合成孔径雷达、层析合成孔径雷达和线阵合成孔径雷达等三维成像技术。重点讨论各种三维成像处理算法，包括距离多普勒、变尺度、后向投影成像、线阵成像、自聚焦成像等算法。最后介绍三维 MIMO-SAR 系统。

（4）《雷达图像解译技术》分册介绍的技术是指从大量的 SAR 图像中提取与挖掘有用的目标信息，实现图像的自动解译。该书描述高分辨 SAR 和极化 SAR 的成像机理及相应的相干斑抑制、噪声抑制、地物分割与分类等技术，并介绍舰船、飞机等目标的 SAR 图像检测方法。

（5）《极化合成孔径雷达图像解译技术》分册对极化合成孔径雷达图像统计建模和参数估计方法及其在目标检测中的应用进行了深入研究。该书研究内容为统计建模和参数估计及其国防科技应用三大部分。

（五） 雷达的应用也在扩展和变化，不同的领域对雷达有不同的要求，本套丛书在雷达前沿应用方面遴选了 6 个分册：

（1）《天基预警雷达》分册介绍的雷达不同于星载 SAR，它主要观测陆海空天中的各种运动目标，获取这些目标的位置信息和运动趋势，是难度更大、更为复杂的天基雷达。该书介绍天基预警雷达的星星、星空、MIMO、卫星编队等双/多基地体制。重点描述了轨道覆盖、杂波与目标特性、系统设计、天线设计、接收处理、信号处理技术。

（2）《战略预警雷达信号处理新技术》分册系统地阐述相关信号处理技术的理论和算法，并有仿真和试验数据验证。主要包括反导和飞机目标的分类识别、低截获波形、高速高机动和低速慢机动小目标检测、检测识别一体化、机动目标成像、反投影成像、分布式和多波段雷达的联合检测等新技术。

（3）《空间目标监视和测量雷达技术》分册论述雷达探测空间轨道目标的特色技术。首先涉及空间编目批量目标监视探测技术，包括空间目标监视相控阵雷达技术及空间目标监视伪码连续波雷达信号处理技术。其次涉及空间目标精密测量、增程信号处理和成像技术，包括空间目标雷达精密测量技术、中高轨目标雷达探测技术、空间目标雷达成像技术等。

（4）《平流层预警探测飞艇》分册讲述在海拔约20km的平流层，由于相对风速低、风向稳定，从而适合大型飞艇的长期驻空，定点飞行，并进行空中预警探测，可对半径500km区域内的地面目标进行长时间凝视观察。该书主要介绍预警飞艇的空间环境、总体设计、空气动力、飞行载荷、载荷强度、动力推进、能源与配电以及飞艇雷达等技术，特别介绍了几种飞艇结构载荷一体化的形式。

（5）《现代气象雷达》分册分析了非均匀大气对电磁波的折射、散射、吸收和衰减等气象雷达的基础，重点介绍了常规天气雷达、多普勒天气雷达、双偏振全相参多普勒天气雷达、高空气象探测雷达、风廓线雷达等现代气象雷达，同时还介绍了气象雷达新技术、相控阵天气雷达、双/多基地天气雷达、声波雷达、中频探测雷达、毫米波测云雷达、激光测风雷达。

（6）《空管监视技术》分册阐述了一次雷达、二次雷达、应答机编码分配、S模式、多雷达监视的原理。重点讨论广播式自动相关监视（ADS-B）数据链技术、飞机通信寻址报告系统（ACARS）、多点定位技术（MLAT）、先进场面监视设备（A-SMGCS）、空管多源协同监视技术、低空空域监视技术、空管技术。介绍空管监视技术的发展趋势和民航大国的前瞻性规划。

（六）目标和环境特性，是雷达设计的基础。该方向的研究对雷达匹配目标和环境的智能设计有重要的参考价值。本套丛书对此专题遴选了4个分册：

（1）《雷达目标散射特性测量与处理新技术》分册全面介绍有关雷达散射截面积（RCS）测量的各个方面，包括RCS的基本概念、测试场地与雷达、低散射目标支架、目标RCS定标、背景提取与抵消、高分辨力RCS诊断成像与图像理解、极化测量与校准、RCS数据的处理等技术，对其他微波测量也具有参考价值。

（2）《雷达地海杂波测量与建模》分册首先介绍国内外地海面环境的分类和特征，给出地海杂波的基本理论，然后介绍测量、定标和建库的方法。该书用较大的篇幅，重点阐述地海杂波特性与建模。杂波是雷达的重要环境，随着地形、地貌、海况、风力等条件而不同。雷达的杂波抑制，正根据实时的变化，从粗犷走向精细的匹配，该书是现代雷达设计师的重要参考文献。

（3）《雷达目标识别理论》分册是一本理论性较强的专著。以特征、规律及知识的识别认知为指引，奠定该书的知识体系。首先介绍雷达目标识别的物理与数学基础，较为详细地阐述雷达目标特征提取与分类识别、知识辅助的雷达目标识别、基于压缩感知的目标识别等技术。

（4）《雷达目标识别原理与实验技术》分册是一本工程性较强的专著。该书主要针对目标特征提取与分类识别的模式，从工程上阐述了目标识别的方法。重点讨论特征提取技术、空中目标识别技术、地面目标识别技术、舰船目标识别及弹道导弹识别技术。

（七）数字技术的发展，使雷达的设计和评估更加方便，该技术涉及雷达系统设计和使用等。本套丛书遴选了3个分册：

（1）《雷达系统建模与仿真》分册所介绍的是现代雷达设计不可缺少的工具和方法。随着雷达的复杂度增加，用数字仿真的方法来检验设计的效果，可收到事半功倍的效果。该书首先介绍最基本的随机数的产生、统计实验、抽样技术等与雷达仿真有关的基本概念和方法，然后给出雷达目标与杂波模型、雷达系统仿真模型和仿真对系统的性能评价。

（2）《雷达标校技术》分册所介绍的内容是实现雷达精度指标的基础。该书重点介绍常规标校、微光电视角度标校、球载 BD/GPS（BD 为北斗导航简称）标校、射电星角度标校、基于民航机的雷达精度标校、卫星标校、三角交会标校、雷达自动化标校等技术。

（3）《雷达电子战系统建模与仿真》分册以工程实践为取材背景，介绍雷达电子战系统建模的主要方法、仿真模型设计、仿真系统设计和典型仿真应用实例。该书从雷达电子战系统数学建模和仿真系统设计的实用性出发，着重论述雷达电子战系统基于信号/数据流处理的细粒度建模仿真的核心思想和技术实现途径。

（八）微电子的发展使得现代雷达的接收、发射和处理都发生了巨大的变化。本套丛书遴选出涉及微电子技术与雷达关联最紧密的3个分册：

（1）《雷达信号处理芯片技术》分册主要讲述一款自主架构的数字信号处理（DSP）器件，详细介绍该款雷达信号处理器的架构、存储器、寄存器、指令系统、I/O 资源以及相应的开发工具、硬件设计，给雷达设计师使用该处理器提供有益的参考。

（2）《雷达收发组件芯片技术》分册以雷达收发组件用芯片套片的形式，系统介绍发射芯片、接收芯片、幅相控制芯片、波速控制驱动器芯片、电源管理芯片的设计和测试技术及与之相关的平台技术、实验技术和应用技术。

（3）《宽禁带半导体高频及微波功率器件与电路》分册的背景是，宽禁带材料可使微波毫米波功率器件的功率密度比 Si 和 GaAs 等同类产品高 10 倍，可产生开关频率更高、关断电压更高的新一代电力电子器件，将对雷达产生更新换代的影响。分册首先介绍第三代半导体的应用和基本知识，然后详细介绍两大类各种器件的原理、类别特征、进展和应用：SiC 器件有功率二极管、MOSFET、JFET、BJT、IBJT、GTO 等；GaN 器件有 HEMT、MMIC、E 模 HEMT、N 极化 HEMT、功率开关器件与微功率变换等。最后展望固态太赫兹、金刚石等新兴材料器件。

　　本套丛书是国内众多相关研究领域的大专院校、科研院所专家集体智慧的结晶。具体参与单位包括中国电子科技集团公司、中国航天科工集团公司、中国电子科学研究院、南京电子技术研究所、华东电子工程研究所、北京无线电测量研究所、电子科技大学、西安电子科技大学、国防科技大学、北京理工大学、北京航空航天大学、哈尔滨工业大学、西北工业大学等近 30 家。在此对参与编写及审校工作的各单位专家和领导的大力支持表示衷心感谢。

2017 年 9 月

前　言

作为一种具有重要战略意义的军事武器,雷达的首要任务是,通过提取目标回波的强度,判定目标的有无,解决目标的探测问题。随着各种新型军事目标的出现,特别是隐身技术的逐步成熟,使得目标回波能量越来越弱。为了满足新型军事威胁下目标探测的需求,雷达系统需要能够完成对极微弱信号的有效接收和积累,从而实现对新型军事威胁的有效探测。

但是,当雷达接收机的灵敏度不断提高时,接收信号的功率水平达到量子级别,例如单光子探测,许多被经典电磁场理论所忽视的物理现象逐步展现出来,例如对于经典的宏观接收信号,即信号的平均光子数 $N \gg 1$,由光子数涨落所引起噪声 $1/N^{0.5} \ll 1$,可以近似忽略,因此,在经典理论下接收端噪声主要由电子器件中的短电流导致的散粒噪声(Shot Noise)构成。但是当入射信号的平均光子数 N 接近可以分辨的级别,甚至 $N < 1$ 时,光子数涨落所引起的噪声在接收机噪声中所占的比例就大幅上升,若依然按照经典理论进行雷达接收机设计,则回波的信噪比将受到标准量子极限的限制而无法进一步提高。此时若希望改善雷达的性能,则必须利用量子理论进行分析和系统设计,通过有效的量子操作提升雷达探测的性能,突破标准量子极限对雷达探测性能的限制。

基于上述的基本思想,将量子技术与传感器技术相结合构建量子传感器,用于提升传感器性能,逐步成为量子信息技术领域的研究热点,量子传感器旨在利用量子信息技术,突破传统传感器所具有的空间分辨极限。理论上证明,量子传感器在特定的条件下,可以实现对 $1 \sim 100 \mathrm{km}$ 距离范围内目标的探测和成像,理论上角度分辨力可以提升 10 倍,距离分辨力可以提高 2 倍。综合考虑,可以将成像的三维分辨力提升 200 倍(距离 - 俯仰 - 方位)。

从广义上来说,雷达属于传感器的范畴,雷达的首要用途是发现远距离的感兴趣目标,并提供有关目标位置、运动、尺寸和其他参数的信息。从这个角度上来看,量子传感已经矗立了量子雷达这个全新的研究领域,但并没有将量子技术深入到雷达真正核心的技术领域,即实现目标的可靠探测。

然而,量子传感的研究成果,为量子雷达探测概念的提出和技术攻关奠定了坚实的理论和实验基础。首先,量子传感与量子雷达探测具有本质上相同的理论,即信号检测与估计理论,只不过量子雷达探测对应着检测目标有无的问题,而量子传感对应着检测一个目标或两个目标的问题;其次,量子传感与量子雷达探测具有类似相同的目的,即通过量子操作,降低接收机噪声水平,提高回波信号的信噪比,只不过量子雷达探测通过提高信噪比提升作用距离,而量子传感通过提高信噪比,提高对点目标个数检测的准确性以提升分辨力;最后,量子传感与量子雷达探测均需要克服相同的工程问题,即大气环境下的远距离传输问题,为了实现远距离的传输,量子传感最终提出的实现方案,为量子雷达探测的体制研究提供了非常关键的支撑。

量子信号检测与估计理论作为量子雷达探测的信号处理的核心理论,早在20世纪60年代就已经开展理论分析和证明。只不过受限于器件水平,经过40多年的研究,终于在2011年底,分别由日本人和美国人给出了绝对实验证据,虽然这项技术还处在实验室验证和研究阶段,且仅在数据通信场景下开展实验,但是说明利用量子技术提升信号检测的性能在原理和实验上是完全可行的。此外,国外仿真研究表明,当功率为单光子级别的信号入射目标表面时,量子雷达散射截面积使得目标具有更高的"能见度"。

基于这样蓬勃发展的研究背景,本书首创性地提出了量子雷达探测的概念,旨在将量子信息技术引入雷达探测领域,解决未来战场给雷达探测带来的全新挑战,全面提升雷达探测的威力和性能。同时,也意在总结目前量子雷达探测领域的理论和实验的研究成果,与各界交流研究心得,起到抛砖引玉、交流共享、互相促进的作用。

本书对量子雷达探测的主要原理和基础理论进行阐述。首先,对量子传感的相关理论和方法进行介绍,并分析了量子传感与量子雷达探测之间的异同点,以此为切入口开展量子雷达探测原理的分析和论证,包括量子态传输和散射特性、量子雷达散射截面积、量子雷达信号检测与估计。其次,根据上述基础理论,对量子雷达探测的体制进行分析。最后,对量子雷达探测的未来进行总结和展望。由于作者知识结构、学识水平的客观限制,本书错、漏或不当之处在所难免,衷心希望各界专家、同仁不吝指教,直言批评,使本书渐趋完善。

作者
2017 年 8 月

目 录

第 ❶ 章
概述

◥ 1.1 量子雷达探测的基本概念

1.1.1 量子雷达探测的定义

量子雷达旨在将量子信息技术引入经典雷达探测领域,解决经典雷达在探测、测量和成像等方面的技术瓶颈,提升雷达的综合性能。量子雷达的首要目的是实现对远距离未知目标的准确探测,在此基础上可以进一步扩展应用领域,包括量子成像雷达、量子测距雷达等,用于提取目标包括距离、速度和 RCS 等参数,并获得比同等条件下经典雷达更优越的性能[1]。

量子雷达探测可以实现在复杂环境中对未知目标的远距离检测,且在相同条件下,获取比经典雷达更优越的性能。从技术角度上来说,核心是在远距离、目标隐身等因素导致目标回波极弱时,希望利用量子技术,解决极低信噪比下的信号可靠检测问题。因此,量子雷达本质上属于量子传感范畴,其中量子雷达探测是最核心、最关键的技术。

对于量子雷达探测而言,必须实现以下特征[2]:

(1) 能够在存在大气损耗的传输环境中,实现对各类型目标的远距离可靠探测,即空中目标为 $400 \sim 600 \mathrm{km}$,空间目标大于 $1000 \mathrm{km}$。

(2) 具备特征(1)的基础上,与经典雷达具有相同系统参数(包括发射功率、天线口径、工作频率等),在不损失分辨力条件下,获取比经典雷达更优越的探测性能,即:相同检测概率和虚警概率下,量子雷达探测的作用距离大于经典雷达;相同作用距离下,量子雷达探测的检测概率和虚警概率分布分别大于和小于经典雷达。

(3) 在具备特征(1)的基础上,与经典雷达在相同电子战环境和系统参数下,量子雷达探测在不损失分辨力条件下,具有比经典雷达更优越的抗干扰性能,即①量子雷达的探测信号被截获概率低于经典雷达;②量子雷达的探测威力损失小于经典雷达。

1.1.2 量子雷达探测的内涵

从经典雷达探测理论的发展历程来看,雷达探测技术的发展主要围绕信号的调制维度展开,即发射端的信号波形设计和接收端的信号检测与估计。第二次世界大战期间,雷达的雏形在发射端单纯利用电磁波脉冲信号,经过目标表面散射后,在接收端通过判断信号的能量,实现目标有无的检测,称为非相参雷达探测。非相参雷达探测的发射波形只能通过信号的绝对幅度或幅度的变化来体现,接收端信号检测与估计就是提取信号能量并进行门限比较。非相参雷达无法区分杂波和目标,信息利用方式单一,应用领域和探测性能非常有限[3]。

随着雷达技术的不断发生变化,雷达技术中信息维度发生了扩展。首先,发射端的波形设计由单纯利用电磁波的强度信息,演化为综合利用电磁信号的频率和相位信息,即电磁场的二阶特性,通过对电磁波二阶特性的有效调制,产生了线性调频、相位编码和捷变频等复杂波形;然后,接收端信号检测与估计方法也与波形相互配合,利用发射信号在空、时、频域的调制特征进行相参处理,称为相参雷达探测,并催生了动目标检测技术、空时自适应处理技术和脉冲多普勒体制。信号调制维度的扩充不仅可以实现杂波中运动目标的有效检测,而且通过信号相参积累,极大地提升雷达检测性能和作用距离[4]。

与经典雷达技术发展的思路一致,量子雷达探测研究的目的,也是希望引入电磁场微观层面的物理特性,通过扩展信息的处理维度,从而提升雷达探测的总体性能。具体表现在发射端和接收端两个层面。

在发射端,经典雷达探测通过对宏观电磁波相位和频率的操作和控制,实现发射信号在空间、时间和频率等维度上的调制,然后利用发射信号在空、时、频域上的调制,提升接收端处理的性能。相比较而言,量子雷达探测在发射端可以通过对电磁场微观量子的操作,将信息调制维度由电磁场宏观的空、时、频特征推广至可以表征"微观粒子相关关系"的量子态特征,对传统雷达探测的信息维度进行扩充[5]。

在接收端,经典雷达检测与估计处理在经历了由能量检测向相参检测的扩展后,目前的检测与估计是利用回波信号在宏观空、时、频域的相参性特征,以回波信号信噪比最大等为准则,实现目标信号有无的检测和目标信号参数的估计。相比较而言,在经典电磁理论下,雷达接收机的噪声是由于器件中短电流引起的散粒噪声引起,而量子理论则认为部分噪声是由于入射信号场在量子层面的微观特性导致的[6],因此,量子雷达一方面可以通过相应的量子操作(如压缩真空注入(SVI)和相位敏感放大(PSA)等),降低接收端的噪声水平,提升雷达性能;另一方面,可以利用信号在微观层面存在的高维度相参特性,通过量子检测与估计理论,利用目标信号与噪声在高维度上差异,可以进一步提升信号检测的性能,甚至突破经典检测与估计的理论极限。

因此,从本质上来说,量子雷达探测并没有脱离经典雷达探测的理论体系,只是在利用量子理论进行系统分析时,对雷达中一些概念和物理现象,如"接收机噪声"等,具有更准确的理解。在此基础上,量子雷达从信息调制载体和检测处理等方面入手,提升雷达的性能。总体而言,量子雷达是对经典雷达理论的更新和补充,而不是颠覆和取代。

1.1.3　量子雷达探测的技术优势[7]

1.1.3.1　量子雷达探测具有极高的灵敏度

量子雷达探测中的信息载体为单个量子,发射端信号的产生、调制和接收端的信号检测、处理和积累的对象均为单个量子,因此整个接收系统具有极高的灵敏度,即量子接收系统的噪声基底极低,相比经典雷达的热噪声功率,量子接收机的噪声基底能够降低若干个数量级。若忽略工作频段、扫描空域、数据率和动态范围等因素,理论上量子雷达探测的作用距离可以大幅提升数倍甚至数十倍。从而大大提高对于低可观测目标的探测能力。

1.1.3.2　量子雷达探测具有更高的信息维度

相比较经典雷达的信息调制对象,基于量子数探测的接收可以表征量子"涨落变化"等特性,具有比经典时、频、极化等具有更高的信息维度,从而可以提取更丰富的信息。从信息论角度出发,通过对高维信息的操作,可以获取更多的性能。对于目标探测而言,通过高阶信息调制,可以在不影响积累得益的前提下,进一步压低噪声基底,从而提升对远距离小目标检测的能力[8]。从信号分析角度出发,通过对信号进行量子高阶微观调制,获得传统信号分析方法难以准确提取信号中调制的信息,从而提升在电子对抗环境下的抗侦听能力。

综合而言,通过量子信息的引入,通过基于量子数检测的接收处理,原理上可以有效识别并剔除接收信号中的噪声信号;通过量子态调制,原理上可以增加信息处理的维度,一方面可以提升信噪比得益,另一方面可以降低发射信号被准确分析和复制的可能性,从而在目标探测和电子对抗领域具有广阔的应用潜力。

综合而言,量子雷达探测是一项很有前景的技术,将对民用和军事领域产生深刻影响。其中量子雷达探测可以用于探测低可观测目标(包括射频隐身平台和武器系统)等;在电子战场,量子雷达探测可能成为一项革命性的技术。量子雷达探测同样可以用于空间目标监视、卫星精密测轨和深空探测等。尽管还存在着实际的工程化问题,但是作为一项高风险、高回报的技术,量子雷达探测值得深入探讨和论证。

1.2 量子雷达探测的核心理论

量子雷达探测必须实现对远距离目标信号的有效检测,整体过程如图1.1所示。因此,从信号传输、散射和处理三个阶段出发,本书将量子雷达探测的核心理论分解为传输理论、散射理论和检测与估计理论。

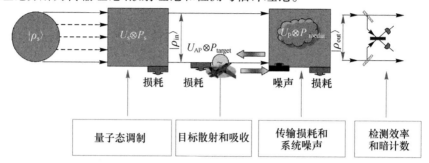

图1.1　量子雷达探测过程示意图(见彩图)

1.2.1　量子态传输与散射理论

量子态大气传输理论主要研究应用于量子雷达探测的可能量子态,在大气传输过程中存在的吸收和散射效应。根据量子探测雷达应用量子态的不同,研究的侧重点也存在差异。总体来说,可以分为经典量子态大气传输理论和非经典量子态大气传输理论,其中纠缠态是非经典量子态的典型代表。

在量子雷达探测中,需要在原先开展的量子纯态反射和散射过程的数学分析基础上,进一步建立大气媒质和目标散射在量子态双程传播中存在的吸收和反射模型,然后与检测机制相结合,获取对于量子雷达探测综合性能的有效评估。在实际情况下,由参量放大器产生的理想NOON态,在大气传播和目标散射过程中将存在严重衰减。因此,量子态所具有的非经典特性应该在有损传播和目标散射过程中被尽可能地保留。

因此,量子态传输和散射理论的研究目的就是寻求能够对抗目标反射和环境散射的最优量子态。量子态的优选问题必须与量子雷达探测的接收灵敏度(或信噪比)挂钩。从目前的研究进展来看,最优化的量子态很可能不再是纯态,而是混合态,因此传输和散射理论也需要能够开展量子混合态的分析。

量子态传输和散射特性的理论研究是量子雷达探测的重要理论,其直接决定了信号形式的选择和最终性能,因此是支撑量子雷达探测可行性的核心理论。

1.2.2　量子信号检测与估计理论[9]

量子信号检测与估计理论由量子检测理论和量子估计理论两部分构成。量子检测理论是在量子体制下,实现随机噪声中信号检测的全新统计检测理论。相比较经典统计学,量子检测理论中利用密度算符取代了概率密度函数。量子估计理论则旨在寻求密度算法中参数的最优估计结果。从理论上来看,量子检测与估计理论所能够达到的克拉美劳界限要优于经典检测估计理论在最小均方误差(MSE)准则下的极限。

经典检测与估计理论的核心就是概率密度函数 $p_0(x),p_1(x)$ 和系统观测结果的联合概率密度函数 $p(x;\theta)$。因此,人们自然开始考虑在量子机制下,是否可以建立类似于经典理论,以量子密度算符 ρ_0,ρ_1 和 $\rho(\theta)$ 为核心的量子检测与估计理论。

假设,存在一个理想的量子系统,该系统的接收机本身不存在任何噪声和系统损耗。如果外界存在目标回波,则回波信号会进入接收机,接收机从时刻 0 开始接收信号至 T 时刻停止接收,此时,接收机接收到的信号将包含背景辐射噪声和可能存在的目标回波信号。若信号为背景噪声(H_0 假设),则场的密度算符表示为 ρ_0,若信号为目标回波(H_1 假设),则场的密度算符表示为 ρ_1。检测问题本质上就是在上述两个假设中进行选择的问题。实际中,由于背景辐射噪声的存在,必然导致弱信号按照一定概率 P_0 被检测为目标信号,即所谓的虚警概率 P_{fa}。

当信号已经被正确检测,此时则需要对信号的相干参数进行估计,如信号幅度和频率等。这些参数在量子体制下就表现为场的密度算符 $\rho(\theta) = \rho(\theta_1, \theta_2, \cdots, \theta_N)$。然后以最小均方误差为准则,对由回波信号和背景噪声构成的场的相关参数进行估计。

量子检测与估计理论的核心是确定需要被测量的动态变量。在经典理论中,如果可以实现,则原理上将测量所有的参数,并建立它们的联合概率密度函数,即 $p_0(x),p_1(x)$ 和 $p(x;\theta)$,并进行最优化处理。但是在量子体制下,只有由 Hermitian 算符代表的动态变量才能够被观测。由于在同一个系统中,动态变量必须同时观测,因此所有动态变量的操作必须彼此互质。不同互质操作集合将导致贝叶斯检测与估计策略中代价函数的变化。因此问题的本质依然是寻找使得所有代价函数最小的变量集合。

量子检测与估计理论是量子雷达探测中进行信号处理的核心理论,也是量子雷达探测在实现目标探测方面优于经典雷达探测理论的核心和基础。本书将重点介绍量子检测与估计的基础理论及实验验证的结果。并以此为基础理论,探讨其应用于雷达探测的方法和特点。

1.2.3 量子目标散射截面积[10]

无论量子传感器项目还是量子激光雷达项目,都将目标视为点目标或者具有散射光斑的目标集合。但是都忽略了目标的几何形状和构成。实际上,以特定的模式入射目标表面的光子将呈现出复杂的几何图样。在经典雷达理论领域内,雷达散射截面积(RCS)就是用来确定一个特定目标的"雷达可见度"[3]。

对于经典雷达而言,雷达散射截面积定义为"单位立体角内目标朝接收方向散射的功率与给定方向入射该目标的平面波功率密度之比"。在经典雷达理论中,这是非常重要的概念,它提出了一个对于雷达系统性能和现代装备平台隐身能力的客观衡量。

与经典雷达中散射截面积不同,量子雷达探测中采用的信号为瞬间发射的一束量子,若工作频率选择为光波频段,则发射信号为一束光子,因此量子雷达探测中雷达与目标的相互作用可以描述为光子–原子的散射过程,这一过程可以根据量子电动力学的基础理论进行推导。由此可以看出经典雷达中定义的雷达散射截面积在量子雷达探测中并不完全适用,需要以光子–原子散射作为物理特征,以量子电动力学为理论基础,研究量子雷达散射截面积的概念和理论。从而对一个特定目标"量子雷达能见度"进行客观衡量。

相比较前面两个基础理论,量子雷达散射截面积并不属于全新的基础理论,也并非决定量子雷达探测可行性的核心原理。但是为了保证量子雷达探测理论体系的完整性,本书中将对量子雷达散射截面积的概念进行分析和推导,并通过数字仿真和验证性试验,对量子散射截面积与经典雷达散射截面积间的差异性进行分析比较。

1.3 量子雷达探测的起源与发展

量子雷达探测是经典雷达探测理论与量子信息相结合的新兴交叉学科。量子信息的奠基者们本意是用量子力学来辅助完成一些经典信息过程,然而随着研究的深入,许多重大问题和新的奇异现象被解决和被发现,使得量子信息技术的应用领域不断扩展。

进入21世纪,人们开始逐步探索利用量子信息构建新型传感器(量子传感器)的可行性,并突破经典空间分辨极限。随着量子传感器研究的不断深入,逐步完成了实用化量子传感器原型机的研制,开展了量子检测与估计理论的试验验证,在理论上,为量子雷达探测概念的提出奠定基础。

量子最优检测与估计理论早在20世纪60年代就已提出,但是受限于量子探测效率和量子系统相位稳定性,一直无法通过实验进行有效的研制。但随着量子器件水平的发展,终于在 2011 年,日本和美国依次宣布得到实验室验证[11,12],证明利用量子技术可以突破经典噪声极限,大幅提高接收机灵敏度,从而提升系统对于信号的检测和估计能力,也清除了量子雷达探测的最后一块理论绊脚石。

为了更好地理解量子雷达探测的起源和发展,本书首先对量子雷达探测的源头——量子信息技术的发展进行简要的概述。

1.3.1　量子信息是量子雷达探测的起源[13]

量子信息技术,经过近三十年的发展,在理论和技术方面获得突飞猛进的发展,展示着勃勃的生机。虽然迄今为止,人们距离制造出一台可实用化的、超越当前经典计算极限的量子计算机的目标依然遥远,但毋庸置疑的是,人们调控微观世界的能力获得了显著的提高:量子密码技术已经接近实用化;长程量子通信的原理性验证也不存在原则上的障碍。这些不仅酝酿并孕育着崭新的量子信息时代,而且牵引着经典信息技术的发展方向,同时也为后续量子传感器的理论和实验研制,奠定理论和技术基础。下面对量子信息技术中几种典型应用的发展进行概述,有助于理解量子雷达探测的基本概念。

1.3.1.1　量子计算技术[14]

量子计算是量子信息技术的开篇之作。量子计算的概念最早由 Benoiff 和 Feynman 提出,随后,英国的 Deutsch 提出了量子图灵机模型,完成了同经典图灵机模型的对应。自此,量子计算机的研究开始步入正途。

量子图灵机的运转带有天然的并行性,但是,对于最后信息的读出过程,量子力学原理告诉我们只能读出所有可能性中的某一种,每种可能性出现的概率由演化后状态的基矢量前面的概率幅决定。开始人们并不能确信这一计算模式能够带来怎样的结果,但随着两个著名算法的发现,使得人们对量子计算的前景给予厚望。1994 年,美国的 Shor 发明了量子 Shor 算法,采用量子 Shor 算法,可以用量子计算机求解大数的质因子分解,而到目前为止,人们并没有找到有效的求解大数因子分解的经典算法。1997 年,美国的 Grover 发明了 Grover 算法,利用 Grover 算法,量子计算机可以以平方根加速所有的搜索问题,这在实际中非常有用。正是这两种重要算法的发现,将量子计算机的研究带入了高潮。

虽然,量子计算机的实现依然需要长久持续地攻关,但是量子计算已向人们展示出一幅奇妙的未来信息技术的图景,使人们认识到量子信息所具有的巨大技术潜力,同时也牵引着量子信息的基础技术,如量子纠缠制备、量子操作等,为量子信息的进一步发展奠定基础。

1.3.1.2 量子密码技术[15-18]

量子密码是一种可以通过公开信道完成安全密钥分发的技术。通信双方在进行保密通信之前,首先使用量子光源,通过公开的量子信道,依照量子密钥分配协议在通信双方之间建立对称密钥,再使用建立起来的密钥对明文进行加密,当有窃听者对通信过程进行窃听时,通信双方可以通过一定的校验步骤发现。由于其物理安全保障机制不依赖于密钥分发算法的计算复杂度,因此可以达到密码学意义上的无条件安全。

量子密码的原始概念由美国人 Wiesner 于 20 世纪 70 年代提出。1984 年,IBM 公司的 Bennett 和加拿大人 Brassard 共同提出了量子密钥分配的概念,以及第一个量子密钥分配协议——BB84 协议,奠定了量子密码学发展的基础。近年来,美国、欧盟、日本等投入了巨大的人力物力进行这一技术的研究,新一轮的技术竞赛正在激烈进行。美国 DARPA 于 2002—2007 年在波士顿建设了一个 10 结点的量子密码网络,欧洲于 2009 年在维也纳建立了一个 8 结点的量子密码网络,2010 年日本 NICT 在东京建立了一个 4 结点的量子密码演示网络,使用了 6 种量子密钥分配系统,国际主要的量子密码演示网络如图 1.2 所示。

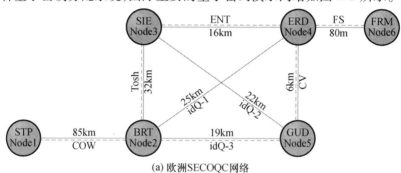

(a) 欧洲SECOQC网络

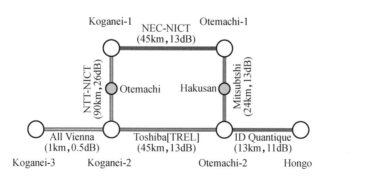

(b) 日本Tokyo QKD网络

图 1.2　国际主要的量子密码演示网络示意图(见彩图)

在协议安全性得到证明的基础上,为了实现高可靠性的量子密码系统,还需要跨越理想协议模型和实现技术之间的鸿沟。这一问题的实质是:物理原理所要求达到的完美条件在真实世界中是否能够被无限逼近? 实际的量子密码系统中,光源、探测器和编解码器等部件都可能出现安全性漏洞。

但是从总体上来说,量子密码协议的安全性是值得信赖的,只是量子密钥分配系统的实现方案必须经过严格的评估。对于现有的实际量子密码系统来说,接收端安全性漏洞较之发射端大;往返式系统安全性明显弱于单向系统;单探测器系统安全性强于多探测器系统;单激光器比多激光器安全;主动器件比被动器件安全。解决了上述的器件实现方案中的实际安全性问题,量子密码才能做到真正的安全。

1.3.1.3　量子通信[19-24]

广义来讲,量子密钥分配过程确实利用了量子状态行使保密通信的功能。但是,这里的量子态的功用在于建立通信双方之间经典信息的关联,最终还是利用这个经典信息关联来做经典意义上的密码通信。而量子通信则是完全利用量子信道来传送和处理真正意义上的量子信息。

量子通信最关键的一环是如何建立量子通道(也称为量子信道),通过这个量子通道来安全无误地传送量子态的信息。这一问题于 1993 年在理论上获得了解决:量子信息领域的开拓者 Bennett 及其合作者,提出了著名的"量子隐形传态(Quantum Teleportation)"方案。奥地利的 Zeilinger 小组于 1997 年完成世界上第一个量子隐形传态的实验验证,其实验的原理见图 1.3(a)。

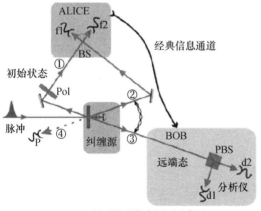

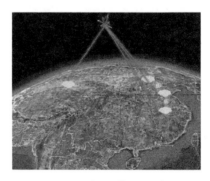

(a) 量子隐形传态原理示意图　　　　　　　(b) 量子星地通信场景示意图

图 1.3　量子通信原理示意图(见彩图)

实际应用中,一种增大量子通信距离的方案是在卫星和地面之间开展光量子态的传输(图1.3(b))。一个可能的展望是由星地之间的量子通信来联系不同的城域量子网络,完成量子密钥分配、量子隐形传态等任务。在直接以大气为媒介传输光子态的研究方面,2007年,欧洲的实验组已经实现了144km的自由空间量子密钥的分发;2010年,潘建伟小组实现了16km自由空间量子隐形传态的验证,该距离已经超过了星地之间的等效大气厚度,佐证了星地量子通信的可行性。

1.3.2 从量子信息到量子传感器

从20世纪70年代以来,以量子计算、量子密码学、量子通信为代表的量子信息科学取得了长足发展,让人们逐渐认识到量子信息作为一种全新的信息处理方式所具有的巨大应用潜力。随着量子信息科学在测量、传感、雷达等领域的不断渗透,美国科学家V. Giovannetti、S. Lloyd等开始深入研究利用量子技术如何突破传统信息系统经典性能极限的问题[25],催生了量子测距、量子时钟同步、量子测量、量子传感、量子成像等新兴研究领域。21世纪初期这些新概念的提出引起了美国国防高级研究计划局(DARPA)的关注,并于2007年启动了量子传感器项目(QSP)[26]和量子激光雷达项目(Quantum Lidar – Remote Sensing at the Ultimate Limit),标志着量子传感器这一研究领域的正式形成。

量子传感器项目旨在从理论上和实验角度,探索利用量子技术突破传统传感器所具备的分辨力极限性能的可行性;而量子激光雷达项目则更加具体,虽然其目的依然是实现传感器的超分辨,但是已经涉及信号远距离传输和目标散射等问题,这些都是实现雷达探测的重要环节。量子雷达探测的基础理论和方法也随着量子传感器研究的深入,逐步完善和发展起来。

1.3.2.1 量子传感器项目[26]

量子传感器项目旨在将量子信息技术应用于传感器,突破传统传感器所具有的空间分辨极限。对于传统的传感器而言,其空间分辨力受限于由口径决定的瑞利散射极限和信噪比。然而QSP则旨在从理论和实验两个方面论证使用量子技术提升传感器的分辨力指标,并根据传感器不同的工作原理,将量子传感器分为三类[26]。理论上证明,无论哪种传感器,在特定的条件下,均可以突破经典瑞利分辨极限。其中,发射端采用经典光源,通过零差探测器构建接收端,并采用量子图像增强技术(QIE)的量子传感器,可以实现对1~100km距离范围内目标的成像,理论上角度分辨力指标可以提升10倍,距离分辨力指标可以提高2倍。综合考虑,可以将成像的三维分辨力指标提升200倍(距离–俯仰–方位)。

在QSP的第一阶段,由美国路易斯安那州立大学、麻省理工学院、雷神公司、哈里斯公司等参与,通过理论分析和实验验证,论证量子技术可以突破传感器的分辨力极限的可行性。

在 QSP 第一阶段的工作中,科研人员集中精力研制包含渐变光栅和零差探测接收机的传感器,用于实现对表面粗糙目标的成像。此类传感器采用相干态发射,接收端采用经典零差探测接收机,并通过 SVI 增强系统性能。由于标准瑞利分辨准则描述了对于存在的两个点目标中一个点目标的发现能力,因此,对于理想传感器而言,经典零差探测和 SVI 增强在分辨性能上的差异,可以通过检测理论进行定量表征。特殊情况下,空间分辨力指标可以定义为系统对两个点目标相干散斑的分离能力,即按照一定的误差概率,将两个目标从一个点目标的相干散斑中提取出来。若进一步采用 PSA,则可以有效忽略单元探测器的检测效率。当检测效率较低时,即使没有采用压缩真空注入技术,PSA 增益也能够克服探测效率的损失,并且大幅提升系统性能。基于美国空军测试模式和典型目标场景,研究人员已经通过电脑数值仿真,论证了量子增强成像系统比经典成像系统的性能优势,并且比较了基于 SVI、PSA 和二者结合所具有的不同性能。

根据传感器是否利用经典或非经典源,可以对量子传感器进行必要的分类。

第一类量子传感器称为干涉式量子传感器[27],这种传感器只在发射机中采用非经典源,并在接收端进行干涉式测量,理论已经证明:与经典传感器在存在传输损耗的环境下相比较,干涉式量子传感器在 $1 \sim 100km$ 的作用距离范围内不具备技术优势。例如,将 10 个 NOON 态的纠缠量子作为干涉式量子传感器的发射信号,典型的大气传输损耗导致信号传输成功概率极低(约 10^{-40}),进而导致干涉式量子传感器的分辨力指标不高于相同发射功率的经典传感器。

相比较而言,第二类传感器在发射端采用经典源,但是在接收端采用量子增强技术取代标准接收机,获取比经典传感器更优越的性能,因此,称为接收端量子增强传感器。此类传感器应用的量子成像增强技术中,采用 SVI 技术和 PSA 技术,并配合联合相位光学相干层析(PC – OCT)技术。量子传感器计划已经在理论上证明:接收端量子增强传感器对 $1 \sim 100km$ 距离范围内目标进行成像,角度分辨力指标可以提升 10 倍,距离分辨力指标可以提高 2 倍,如图 1.4 所示。综合考虑,将成像的三维分辨力指标提升 200 倍(距离 – 俯仰 – 方位)是完全可能的[28]。

第三类传感器发射端既可以采用经典源,也可以采用非经典源,但是发射与接收具备纠缠状态。量子照射(QI)[29,30]传感器就是第三类传感器的典型代表。理论上已经证明:相比较相同发射功率的经典传感器,第三类传感器不仅可以提高分辨力指标,而且可以将目标探测性能的误差指数降低 6dB。

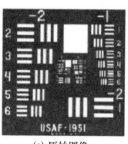
(a) 原始图像

(b) 同时进行压缩真空
注入和相敏放大

图 1.4　第二类量子传感器的性能仿真对比图

总之在量子传感器项目中,理论业已证明:第一类量子传感器在存在传输损耗的环境下,无法获取分辨性能的提升;第三类量子传感器,例如量子照射,在存在噪声和传输损耗的环境中,低概率探测和低截获概率工作模式下,对于目标探测的误差指数可以降低 6dB。但是当经典传感器的发射功率可以增加时,量子照射所具备的技术优势就将被完全抵消。对于第二类量子传感器而言,基础理论和对应模型已经证明:相比较信噪比在 20dB 条件下,不采用 SVI 和 PSA 的经典传感器,第二类传感器可以在探测效率 25% 的条件下,通过 SVI 和 PSA 技术,实现信噪比 15dB 下空间三维分辨力指标增加 7 ~ 10 倍。此外,相位敏感放大技术的原理试验证实:提升角度分辨性能是可以实现的;而多空间模式的传播理论中证明的相位敏感放大器所具备的增益,在试验室环境下,利用非线性晶体得到有效测量和验证。通过应用联合相位的光学相干层析技术,可以将距离分辨力指标提高 2 倍,同时消除传输色散效应。最后,量子传感器项目的下一个阶段将重点关注利用目前的真空和相位敏感放大装置和技术,研制集成量子成像增强技术的量子传感器,提升量子传感器的分辨性能。

经过 2 年多的研究,量子传感器项目于 2010 年前后完成了第一阶段的研制工作,并对量子传感器的阶段性结论进行总结:

1）光子与目标作用的过程中非经典态不会完全退化

两个项目第一阶段的首要结论就是相干态本质上是一种非经典态,而这种非经典特性在探测过程中可以有效利用。但是光子与目标的相互作用不可避免地发生相干态的退化和散射,从而导致发生信号的功率衰减,相干态出现退化。虽然如此,但是理论认为,经过散射后的非相干态依然具有光子数层面的统计意义,即相干态并没有完全退化,只是相干态的形式发生变化而已。

2）量子传感器对两个空间目标的分辨力高于经典传感器

研究认为:通过提取 NOON 态和双模相干态的高阶分量,利用基于量子数分辨的探测处理,可以实现超越经典分辨力指标的性能。通过有效后处理隐含在量子数变化中的相位信息,则完全可以将经典瑞利分辨力指标提高 10 倍甚至更高。

3) 在量子传感器与目标间传递的信号能量取决于单光子波长

假设系统利用的相干态信号所对应的波长约为 1.5μm,则恰好位于大气水分子吸收窗的范围,为了避免大气衰减,则可以分解为十个甚至更多的 NOON 态,从而将单光子波长降低为 150nm,恰好位于"紫外真空"频段,从而避免大气的影响。

1.3.2.2 量子激光雷达项目[31-33]

与量子传感器项目对量子传感技术进行全面的理论和实验论证不同,量子激光雷达项目旨在重点研究一种双模量子光学传感器,从而对特定类型量子传感器类型进行深入和彻底的研究,并与经典的双模相干激光雷达进行性能对比,由路易斯安那州立大学(LSU)承担。相比较量子传感器项目,该项目中研制的量子传感器称为量子激光雷达,目的依然是实现比经典传感器更高的分辨性能,这与量子传感器项目的宗旨基本一致,但是该项目中必须克服远距离传输和目标散射等问题,这些都是实现雷达探测的前提和基础,因此可以认为量子激光雷达项目在实现超分辨成像的同时,向量子雷达探测的研究又迈进了一步。

量子激光雷达项目在量子传感器项目理论基础的牵引下,明确了应该实现的技术指标:

(1) 该项目研制的量子传感器需要验证量子传感器的 3 个假设是否成立;

(2) 在传输大气损耗 3dB,信噪比 26dB 的条件下,该项目研制的量子传感器能够将瑞利空间分辨极限提高 10 倍以上。

该项目中研制的量子激光雷达与经典激光雷达有诸多相似之处,但是系统的发射信号源和检测机理均引入量子机制,并对量子机制所引起的系统损耗进行全面分析。该项目的核心目的与量子传感器项目第一阶段目的基本一致:提供完整的量子理论分析,并将量子传感器性能与经典传感器进行对比。但是从量子传感器项目第一阶段的研究成果可以得出结论:由于大气传播媒质中存在的吸收和散射作用,使得利用纠缠态获取超分辨的性能会极具恶化,只有采用跟经典传感器一样的相干态源,才可以避免大气吸收带来的影响,但是却无法实现性能的突破。因此,在量子激光雷达项目中,解决上述矛盾的突破点在于应用一种新型的量子探测方案。

作为该项目的研究成果,路易斯安那州立大学提出了基于量子数分辨探测机理的量子相干激光雷达系统,以及相干量子态的传播技术和量子数分辨检测技术,理论和实验表明:在于经典激光雷达相同灵敏度的条件下,该系统可以将目标的空间分辨力指标提高约 10 倍。相比较经典的零差探测机制,该方案使用新型的量子数分辨探测器,可以从回波信息中提取更多的信息。本质上来说,经典的双模相干态本身包含了超分辨的信息,只要通过合理和有效的操作(如:量子操作),就可以在不损失系统灵敏度的条件下,获取比经典瑞利分辨极限更优的性能。因此,该项目认为:发射端利用与经典传感器相类似的相干态源,但是在接收端通过对量子数变化进行有效的探测和分辨,完全可以实现空间超分辨的性能。因此,路易斯安那州立大学所提出的量子激光雷达系统,在发射端采用具有与经典传感器一样特性的光源,但是在接收端进行光子数计数探测和相应的后处理,就可以在与经典传感器相同灵敏度的条件下,实现超分辨成像。

1.3.3　量子雷达与量子雷达探测

从广义上来说,雷达属于传感器的范畴,雷达的基本用途是解决检测感兴趣的目标和提供有关目标位置、运动、尺寸和其他参数的信息。从这个角度上来看,量子激光雷达项目已经矗立了量子雷达这个全新的研究领域。并且从现在的研究成果来看,利用量子技术完全可以突破经典分辨极限,提高雷达对于目标空间的分辨力。

作为一种具有重要战略意义的军事武器,雷达的首要任务是解决目标的探测问题。这个任务是由电磁信号和不可避免的系统噪声中检测目标回波来完成的。只有在回波信号被检测后,才会进一步分析确定目标的距离、方位等参数。因此,实现目标的可靠检测,是决定雷达性能和作战意义的首要前提。从这个角度上来说,量子传感器项目和量子激光雷达项目均没有将量子技术深入到雷达真正核心的技术领域,但是不可否认,上述两个项目中突破的关键技术,包括相干态传播、目标量子散射等,均为量子雷达探测概念的提出和后续技术攻关奠定了坚实的理论基础。

正如前面所述,雷达技术中最迫切需要解决的是目标有无的检测,即在复杂环境中实现远距离未知目标有无的判定。从技术角度上来说,就是在远距离、目标隐身等导致因素目标回波极弱时,希望利用量子技术,解决极低信噪比下的信号可靠检测问题,即基于量子技术的信号检测与估计问题。

量子信号检测与估计理论的研究可以追溯到 20 世纪六七十年代。当时,经典电动力学、经典检测与估计理论,以及经典信息论的理论体系已经建立,考虑到这些经典理论的基本出发点(对任意时空场,可以进行精确测量)与量子力学的基本观点(不确定性原理)相矛盾,而量子力学对现实世界的描述更为准确,研究人员开始研究经典检测估计理论与量子力学的关系,并尝试对经典检测估计理论进行量子扩展,以创立适用范围更广的量子检测与估计理论。1966 年,P. A. Bakut 发表了第一篇关于量子雷达的文章,探讨了在雷达系统中使用量子信号的可能性[34]。1976 年,Helstrom 出版了其经典著作《量子检测与估计理论》,宣告了量子雷达探测中的重要理论基础——量子检测与估计理论的建立[9,35-38]。理论上提出量子最优检测接收以来,众多科研单位一直在寻找最优量子检测接收机的实现方案,并尝试进行量子最优检测接收机的概念性验证实验[39-43],但始终未能给出能超越传统的标准量子极限的绝对实验证据。主要原因主要是接收端探测效率不够和实验系统相位稳定性不够。

2011 年 3 月,日本人第一次从实验上给出了量子最优检测接收机的实验证据[11],实验以数据通信为背景,采用钛超导转换边沿传感器(Titanium Superconducting Transition – edge Sensor)作为探测器,采用最优移位接收方案,实现了 853 nm 波长处,BPSK 调制的量子最优检测实验,从实验上超越了传统的标准量子极限。随后,在 2011 年 11 月 17 日,美国人针对相干态脉冲位置调制(PPM)信号,同样提出了量子最优检测的实验方案[12],他们提出使用硅雪崩光电二极管单光子探测器(Silicon Avalanche Photodiode Single Photon Detector),采用条件脉冲归零(CPN)接收方案,实现了 688nm 波长处,PPM 调制的量子最优检测实验,从实验上超越了传统的标准量子极限。从 20 世纪六七十年代就提出了量子最优检测,经过 40 多年的研究终于给出了绝对实验证据,虽然这项技术还处在实验室验证和研究阶段,且仅在数据通信场景下开展实验,但是说明利用量子技术提升信号检测的性能在原理上是完全可行的。

在量子最优检测理论和量子传感器项目的推动下,2011 年底,美国海军研究院的 M. Lanzagorta 出版了首部著作《量子雷达》(2013 年我国出版了中译本[1])。该书对量子雷达的研究状况做了全面总结,从理论上探讨了将量子雷达的工作频段由光波扩展至微波毫米波波段的可能性,并针对目标探测的需求,提出了量子雷达方程、量子雷达散射截面等概念。标志着量子雷达探测概念,即利用量子技术提升雷达对于目标的探测能力,已经初步建立,并逐步引起国内外的广泛关注。

国内在量子信息技术领域虽然起步相对较晚,但是凭借自身的不懈努力,在量子通信、量子计算、量子密钥等基础领域均取得举世瞩目的成绩。此外,2011 年,中国电子科技集团公司第十四研究所在国内首次正式提出量子雷达探测的概念,并开展专题研究。目前正在从理论和实验两方面,论证量子雷达探测的基本原理和实现方案。

◣ 1.4　本书的构成

本书主要由以下部分构成:

第 1 章介绍量子雷达探测的基本概念。

第 2 章介绍量子雷达探测发展历程中重要的基础理论。首先对量子信息的基本理论进行介绍,并将经典理论和量子理论的差异进行分析,然后将量子雷达的前身——量子传感器——在成像领域的基础理论进行介绍,最后对量子传感器与量子雷达探测在理论上的联系进行梳理,明确构成量子雷达探测的基础理论体系。

第3章介绍量子态传输和散射理论及实验结果。首先针对非经典量子态,从理论推导了非经典量子态在双程大气传输和目标散射中存在的吸收和衰减特性,并对能够适应外界环境的非经典量子态进行分析;然后针对经典量子态,从理论上分析系统因素对于经典量子态在大气传输中的影响;最后,对量子雷达探测中量子态的传播和散射特性进展进行总结,给出适用于目标探测的量子态优化建议。

第4章介绍量子最优检测与估计理论和实现途径。首先,对量子统计理论进行介绍,明确量子检测与估计理论与经典理论的差异;然后,结合雷达探测,对量子检测理论和估计理论分别进行分析;最后,给出实现量子最优检测与估计的系统方案和实验结果。

第5章介绍量子雷达发射机的基本组成和实现途径。首先,对量子雷达发射机的主要类型和基本组成进行介绍,并对发射机中涉及的基础理论问题进行集中阐述,便于后续的理解;然后,对两种典型量子态(压缩态和纠缠态)的制备和发射进行介绍,并结合国内外最新进展,描述量子雷达发射机在实验室环境下所取得的成果。

第6章介绍量子雷达接收机的基本组成和实现途径,首先阐述量子雷达接收机的设计思路,提出需要解决大动态和高灵敏度之间的矛盾,然后对基于量子接收机的信号检测和参数测量特性进行分析,最后结合现阶段存在的技术难点,对量子雷达接收机的未来发展方向进行展望。

第7章介绍未来量子雷达可能的全新形态,即量子照明。首先介绍量子照明体制的基本概念;然后结合国外最新进展,介绍量子照明体制在通信领域取得的理论和实验成果,对其在目标探测方面可能取得的性能增量进行理论分析和仿真实验;最后,对一种微波量子照明体制进行了展望。

参考文献

[1] Lanzagorta M. 量子雷达[M]. 周万幸,吴鸣亚,金林,译. 北京:电子工业出版社,2013.

[2] Nicholson D J. Quantum Lidar-Remote Sensing at The Ultimate Limit[R]. Final Technical Report. AFRL-RI-RS-TR-2009-180, 2009.

[3] Skolnik M I. Radar Handbook [M]. 2nd. Beijing: Publishing House of Electronics Industry, 2003.

[4] Brennan L E. Theory of Adaptive Radar[J]. IEEE Transactions on Aerospace and Electronic

Systems, 1973, AES − 9(2):237 − 252.

[5] Braginsky V B, Khalili F Y A. Quantum Measurement[M]. UK: Cambridge University Press, 1992.

[6] Shapiro J H. Quantum Noise and Excess Noise in Optical Homodyne and Heterodyne Receivers [J]. IEEE Journal of Quantum Electronics, 1985, QE − 21(3): 237 − 250.

[7] 江涛,孙俊. 量子雷达探测目标的基本原理与进展[J]. 中国电子科学研究院学报, 2014, 9(1):10 − 16.

[8] Giovannetti V, Lloyd S, Maccone L. Quantum Enhanced Measurements: Beating the Standard Quantum Metrology[J]. Science, 2004, 306(19):1330 − 1336.

[9] Helstrom C M. Quantum Detection and Estimation Theory[M]. US: Academic Press, 1976.

[10] Lanzagorta M. Quantum Radar Cross Sections[C]. Proceedings of the Quantum Optics Conference. SPIE Photonics Europe, 2010.

[11] Assalini A, Pozza N D, Pierobon G. Revisiting the Dolinar receiver Through Multiple − copy State Discrimination Theory[J]. Physical Review, A 84, 022342, 2011.

[12] Vilnrotter V A. Quantum Receiver for Distinguishing Between Binary Coherent-State Signals with Partitioned-Interval Detection and Constant-Intensity Local Lasers[R]. NASA IPN Progress Report, 2012.

[13] 江涛. 量子探测雷达的基本概念和发展[J]. 先进雷达探测技术, 2014(2):8 − 14.

[14] 郭光灿. 量子信息技术[J]. 重庆邮电大学学报,2010,22(5):521 − 525.

[15] Katoa K, Hirota O. Quantum Quadrature Amplitude Modulation System and Its Applicability to Coherent-state Quantum Cryptography[C]. Proc. SPIE 5893, Quantum Communications and Quantum Imaging III, 2005.

[16] Shapiro J H. Defeating Passive Eavesdropping with Quantum Illumination[J]. Physical Review A, 80, 2009.

[17] Xu W, Shapiro J H. Defeating Active Eavesdropping with Quantum Illumination[C]. AIP Conf. Proc. , 2011, 1363:31 − 34.

[18] Zhang Zheshen, Tengner M, Zhong T, et al. Entanglement's Benefit Survives an Entanglement − Breaking Channel[J]. Physical Review Letters, 2013.

[19] Djordjevic I B. LDPC-Coded Optical Coherent State Quantum Communications[J]. IEEE Photonics Technology Letters, 2007, 19(24), 2006 − 2008.

[20] Djordjevic I B. LDPC-Coded M-ary PSK Optical Coherent State Quantum Communication [J]. Journal of Lightwave Technology, 2009, 27(5): 494 − 499.

[21] Waseda A, Sasaki M, Takeoka M, et al. Quantum Detection of Wavelength Division Multiplexing Optical Coherent Signals in Lossy Channels[C]. 2010 International Conference on Availability, Reliability and Security, 2010:619 − 624.

[22] Waseda A, Sasaki M, Takeoka M, et al. Numerical Evaluation of Coherent Signals for Deep − Space Links[C]. 2011 International Conference on Space Optical Systems and Applications, 2011:334 − 342.

[23] Waseda A, Sasaki M, Takeoka M, et al. Numerical Evaluation of PPM for Deep-Space Links [J]. Journal of the Optical Communications and Networking, 2011, 3(6):514 – 521.

[24] Guha S. Structured Optical Receivers to Attain Superadditive Capacity and the Holevo Limit [J]. Physical Review Letters, 2011.

[25] Giovannetti V, Lloyd S, Maccone L. Quantum Enhanced Measurements: Beating the Standard Quantum Metrology[J]. Science, 2004, 306(19):1330 – 6.

[26] Harris. Quantum Sensors Program[R]. Final Technical Report, AFRL-RI-RS-TR-2009 – 208, 2009.

[27] Didomenico L D, Lee H, Kok P, et al. Quantum Interferometric Sensors[C]. Proceedings of SPIE Quantum Sensing and Nanophotonic Devices, 2004:68 – 70.

[28] Kumar P, Grigoryan V, Vasilyev M. Noise-Free Amplification: Towards Quantum Laser Radar[C]. Proceedings of the 14th Coherent Laser Radar Conference, Snowmass CO, 2007: 67 – 68.

[29] Lloyd S. Enhanced Sensitivity of Photodetection via Quantum Illumination, Science, 2008, 321(9):1433 – 1443.

[30] Lopaeva E D, Degiovanni I P, Olivares S. Experimental Realization of Quantum Illumination [J]. Physical Review Letters, 2013, 110(15):65 – 69.

[31] Dutton Z, Shapiro J H, Guha S. LADAR Resolution Improvement Using Receivers Enhanced with Squeezed-Vacuum Injection and Phase-Sensitive Amplification[J]. J. Opt. Soc. Am. B, 2010, 6(27):A63 – A72.

[32] Dutton Z, Shapiro J H, Guha S. LADAR Resolution Improvement Using Receivers Enhanced with Squeezed-Vacuum Injection and Phase-Sensitive Amplification: Erratum[J]. J. Opt. Soc. Am. B, 2010, 10(27):2007 – 2008.

[33] Shapiro J H. Quantum Pulse Compression Laser Radar[C]. Proceedings of SPIE, 2007.

[34] Bakut P A. Potential Applicability of Radar in Presence of Quantum and Thermal Fluctuations of Field [J]. Radio Engineering and Electronic Physics, 1967.

[35] Helstrom C W. Detection Theory and Quantum Mechanics[J]. Information and Control, 1968, 10(3):254 – 291.

[36] Helstrom C W. Detection Theory and Quantum Mechanics (II)[J]. Information and Control, 1968, 13(2):156 – 171.

[37] Helstrom C W. Quantum Detection and Estimation Theory[J]. Journal of Statistical Physics, 1969, 1(2):231 – 252.

[38] Holevo A S. Statistical Decision Theory for Quantum Systems[J]. Journal of Multivariate Analysis, 1973(3):337 – 394.

[39] Kennedy R S. A Near-Optimum Receiver for the Binary Coherent State Quantum Channel [R]. Research Laboratory of Electronics, M. I. T., Quarterly Progress Report, 1973,108: 219 – 225.

[40] Dolinar S. An Optimum Receiver for the Binary Coherent State Quantum Channel[R]. Re-

search Laboratory of Electronics, M. I. T., Quarterly Progress Report, 1973, 111: 115 – 120.

[41] Sasaki M. Hirota O. Optimum Decision Scheme with A Unitary Control Process for Binary Quantum – state Signals[J]. Physical Review A, 1996, 54(4):2728 – 2736.

[42] Geremia J M. Distinguishing Between Optical Coherent States with Imperfect Detection[J]. Physical Review A, 2004.

[43] Lau C W, Vilnrotter V A, Dolinar S, et al. Binary Quantum Receiver Concept Demonstration [R]. NASA IPN Progress Report, 2008.

第 ② 章
从量子信息到量子雷达

◤ 2.1　引　　言

　　纵观绝大多数科学领域的发展,其过程类似盲人摸象,开始先是领域中独立现象的研究,然后是各种现象之间的联系,再从千丝万缕的联系中找出这个领域的第一性原理,最后在第一性原理的指导下不断发展壮大,又与其他领域交叉产生新的分支。

　　量子雷达探测是经典雷达探测理论与量子信息相结合的新兴交叉学科。量子信息的奠基者们本意是用量子力学来辅助完成一些经典信息过程,然而随着研究的深入,后来他们逐步把量子力学与经典信息论真正地结合起来。在此过程中,许多重大问题(如消相干等)得到解决,各种新的奇异现象被发现,这使得研究者们越来坚定地相信,量子信息论完全可以成为一门独立的学科。

　　在量子信息不断发展的过程中,人们开始逐步探索利用量子信息构建新型传感器(量子传感器)的可行性,经过十多年的研究,不仅从理论上和试验中均证明了量子传感器能够突破经典空间分辨极限,在相同功率和灵敏度的条件下,获取远高于经典传感器的优越的成像性能。在量子激光雷达项目的支持下,已经成功研制了实现 $1 \sim 100\text{km}$ 范围内实现对面目标超高分辨成像的量子激光雷达。该系统的成功研制,不仅大幅提升了量子器件的研制水平,将量子传感器逐步引入应用领域,突破了量子态传输和散射等理论;而且极大地推动了量子信息技术在信号检测与估计领域的发展,为量子雷达探测概念的提出奠定基础。

　　随着量子传感器项目研究的深入和量子器件水平的发展,量子最优检测与估计终于在 2011 年得到实验室验证,证明了利用量子技术可以突破经典噪声极限,大幅提高接收机灵敏度,从而提升系统对于信号的检测和估计能力的可行性。量子最优检测与估计理论的实验验证,清除了量子雷达探测的最后一块理论绊脚石,虽然量子雷达探测目前依然处于理论研究阶段,但是可以预见:量子技术可以大幅提升雷达系统对于目标的探测性能。正如量子信息领域的两位权威 Bennett 和 Di Vincenzo 对量子信息所做的总结性评价:"从经典信息到量子信息的推广,就像从实数到复数的推广一样"。量子雷达探测也必然将对经典雷达探测理论进行有益的补充和扩展。

为了更加全面地了解量子雷达探测的基础理论,本章中将根据量子雷达探测的发展历程,首先对量子理论中的一些基本概念进行简述,然后通过对比量子理论与经典电磁场理论,并以接收机噪声为例进行分析,展现二者的差异,以及量子传感器研制的基本思想,然后依次介绍量子信息和量子传感器的相关理论,使得读者对于量子雷达探测有更加深入的了解。

◢ 2.2　量子理论中的一些基本概念

在详细介绍量子雷达演变机理等内容之前,有必要来回顾一下量子理论中的一些基本概念[1]。在量子信息科学中,广泛采用狄拉克符号这一形式体系进行量子理论的理论表述,采用这一体系的优点主要体现在两个方面,一是可以脱离某一具体的表象来讨论问题,二是涉及的运算相对简单。下面先介绍狄拉克符号这一形式体系中的两个基本概念——态矢和算符。

狄拉克符号中的态矢是指希尔伯特空间 H_s 中的一个归一化列矢量,可以记为 $|\psi\rangle$,也称为右矢。将列矢量进行共轭转置可以得到一个行矢量 $\langle\psi|$,这一行矢量称为左矢。有了左矢和右矢的概念之后,可以定义左矢和右矢的内积为 $\langle\psi|\chi\rangle$,其复共轭表示为 $\langle\chi|\psi\rangle$。

有了内积的概念后,态矢的归一化条件可以表示为 $\langle\psi|\psi\rangle=1$。如果希尔伯特空间 H_s 中矢量 $|\psi\rangle$ 和矢量 $|\chi\rangle$ 的夹角为 θ,则有 $\langle\psi|\chi\rangle=\cos(\theta)$,如果 $\langle\psi|\chi\rangle=0$,则矢量 $|\psi\rangle$ 和矢量 $|\chi\rangle$ 的彼此正交。令 $|\varphi_n\rangle$ 为希尔伯特空间 H_s 上的一组单位正交基,则矢量 $|\psi\rangle$ 可以表示为 $|\varphi_n\rangle$ 的线性叠加,即

$$|\psi\rangle = \sum_n a_n |\varphi_n\rangle$$

$$\langle\psi| = \sum_n a_n^* \langle\varphi_n| \tag{2.1}$$

式中: a_n 表示矢量 $|\psi\rangle$ 在 $|\varphi_n\rangle$ 上的投影。

狄拉克符号中的算符是指希尔伯特空间 H_s 中的一个线性变换,通过将算符作用于态矢,可以实现态矢之间的相互转换。如果将某一算符记为 $\hat{B}$,则算符作用于态矢的运算应该满足以下线性关系,即

$$\hat{B}(|\psi\rangle + |\varphi\rangle) = \hat{B}|\psi\rangle + \hat{B}|\varphi\rangle$$

$$\hat{B}(\lambda|\psi\rangle) = \lambda\hat{B}|\psi\rangle \tag{2.2}$$

如果说态矢可以用一个列矢量来表示的话,那么算符就可以用一个矩阵来

表示,与算符 $\hat{B}$ 对应的矩阵可以记为 $\boldsymbol{B}$。如果算符 $\hat{B}$ 满足

$$\langle\boldsymbol{\varphi}|(\hat{B}|\boldsymbol{\psi}\rangle)=((\langle\boldsymbol{\varphi}|\hat{B}^{+})|\boldsymbol{\psi}\rangle)=[\langle\boldsymbol{\psi}|(\hat{B}|\boldsymbol{\varphi}\rangle)]^{*} \tag{2.3}$$

则称算符 $\hat{B}$ 为厄米算符,其中算符 $\hat{B}^{+}$ 称为算符 $\hat{B}$ 的算符共轭,与算符 $\hat{B}^{+}$ 相对应的矩阵 $\boldsymbol{B}^{+}$ 是矩阵 $\boldsymbol{B}$ 的伴随矩阵,由式(2.3)可以得知对于厄米算符而言,有 $\hat{B}=\hat{B}^{+}$。量子理论中的可观测量对应的算符必须是厄米算符。如果一个算符作用在一个矢量上以后,得到的新矢量仍然为该矢量,则该算符称为单位算符,记为 $\mathbf{1}$。

对于一个厄米算符 $\hat{B}$,可以求出其本征值 b_n 和本征矢量 $|b_n\rangle$,且满足如下关系,即

$$\hat{B}|\boldsymbol{b}\rangle=b_n|\boldsymbol{b}_n\rangle \tag{2.4}$$

厄米算符 $\hat{B}$ 的本征值 b_n 均为实数,本征矢量 $|b_n\rangle$ 相互正交。如果本征矢量构成的集合 $\{|b_n\rangle\}$ 是希尔伯特空间 H_s 的一个完备集,将厄米特算符作用于该集合,则算符 $\hat{B}$ 可以表示为

$$\hat{B}=\sum_n b_n|\boldsymbol{b}_n\rangle\langle\boldsymbol{b}_n| \tag{2.5}$$

对于一个厄米算符 $\hat{B}$,对于任意态矢 $|\boldsymbol{\varphi}\rangle$,如果 $\langle\boldsymbol{\varphi}|\hat{B}|\boldsymbol{\varphi}\rangle>0$,则称该厄米算符是正定的;如果 $\langle\boldsymbol{\varphi}|\hat{B}|\boldsymbol{\varphi}\rangle\geq0$,则称该厄米算符是半正定或非负定的。选定希尔伯特空间 H_s 上的一组单位正交基 $|\boldsymbol{\varphi}\rangle$ 后,则与算符 $\hat{B}$ 对应的矩阵 $\boldsymbol{B}$ 的元素 B_{nm} 为

$$B_{nm}=\langle\boldsymbol{\varphi}_n|\hat{B}|\boldsymbol{\varphi}_m\rangle \tag{2.6}$$

由此,可以将算符 $\hat{B}$ 表示为

$$\hat{B}=\sum_n\sum_m B_{nm}|\boldsymbol{\varphi}_n\rangle\langle\boldsymbol{\varphi}_m| \tag{2.7}$$

如果 $\hat{B}$ 是厄米算符,则有以厄米算符 $\hat{B}$ 的本征矢量集 $\{|b_n\rangle\}$ 作为希尔伯特空间 H_s 上的一组单位正交基,则厄米算符 $\hat{B}$ 对应的矩阵 $\boldsymbol{B}$ 是对角矩阵,该对角矩阵的对角元是厄米算符 $\hat{B}$ 的本征值 b_n。如果选定 $|\boldsymbol{\varphi}_n\rangle$ 为希尔伯特空间 H_s 上的一组单位正交基,算符 $\hat{B}$ 对应的矩阵为 $\boldsymbol{B}$,而选取 $|\boldsymbol{\varphi}_n'\rangle$ 为希尔伯特空间 H_s 上的一组单位正交基时,算符 $\hat{B}$ 对应的矩阵为 $\boldsymbol{B}'$,则有以下关系成立,为

$$\boldsymbol{B}'=\boldsymbol{U}\boldsymbol{B}\boldsymbol{U}^{-1} \tag{2.8}$$

式中:$\boldsymbol{U}$ 为一个酉矩阵,表示一个幺正变换。通过一个酉矩阵 $\boldsymbol{U}$ 可以将矩阵 $\boldsymbol{B}$

对角化,这个办法可以用来求解厄米算符 $\hat{B}$ 对应的本征值和本征矢量。算符 $\hat{B}$ 对应的矩阵 $\boldsymbol{B}$ 的对角元之和称为算符 $\hat{B}$ 的迹,记为 $\mathrm{Tr}\hat{B}$。如果算符 $\hat{B}$ 对应的本征值为 b_n,则有

$$\mathrm{Tr}\hat{B} = \sum_n B_{nn} = \sum_n \langle \boldsymbol{\varphi}_n | B | \boldsymbol{\varphi}_n \rangle$$
$$= \sum_n b_n \tag{2.9}$$

在上述基本概念的基础上,进一步介绍如何利用这些概念对量子系统所处的状态和作用于量子系统上的测量进行描述[2]。

如果制备一个量子系统的过程完全可控,就可以得到一个纯态量子系统,纯态量子系统所处的状态,可以使用态矢进行描述,记为 $|\boldsymbol{\varphi}_n\rangle$;如果制备一个量子系统的过程不是完全可控的,将得到一个由纯态量子系统构成的统计系统 $\{p_i, |\boldsymbol{\varphi}_i\rangle\}, i = 1, 2, \cdots, n$,此时称该量子系统是一个混态量子系统,其处于量子态 $|\boldsymbol{\varphi}_i\rangle$ 的概率为 p_i,混态量子系统所处的状态可以使用密度算符 $\hat{\rho}$ 进行描述,即

$$\hat{\rho} = \sum_{i=1}^{n} p_i |\boldsymbol{\varphi}_i\rangle \langle \boldsymbol{\varphi}_i| \tag{2.10}$$

从式(2.10)中可以发现,密度算符也可以用来描述一个纯态,一个纯态 $|\boldsymbol{\varphi}\rangle$ 对应的密度算符为 $\hat{\rho} = |\boldsymbol{\varphi}\rangle \langle \boldsymbol{\varphi}|$。密度算符的迹始终等于 1,即 $\mathrm{Tr}\hat{\rho} = 1$。对于纯态系统,有 $\mathrm{Tr}\hat{\rho}^2 = 1$;对于混态系统,有 $\mathrm{Tr}\hat{\rho}^2 < 1$。

要想获得关于量子系统中的信息,需要使用相应仪器对量子系统进行测量,仪器对量子系统的测量过程可以用测量算符来进行描述。如果一个量子系统 S 的密度算符为 $\hat{\rho}$,仪器 I 作用于量子系统 S 的测量结果落在实数域 R 中的某个区域 Δ 内,仪器 I 对应的测量算符记为 $\hat{\Pi}(\Delta)$,则根据量子力学中的测量公设可以得知,使用仪器 I 对量子系统 S 进行测量时,测量结果落在实数域 R 中的某个区域 Δ 内的概率 $\mathrm{Pr}(\Delta)$ 为

$$\mathrm{Pr}(\Delta) = \mathrm{Tr}[\hat{\rho}\hat{\Pi}(\Delta)] \tag{2.11}$$

由于概率 $\mathrm{Pr}(\Delta)$ 是一个非负实数,所以算符 $\hat{\Pi}(\Delta)$ 必须是一个非负定厄米算符。测量结果 Δ 与测量算符 $\hat{\Pi}(\Delta)$ 之间构成了某种映射关系,由这种映射关系产生的测量算符集合 $\{\hat{\Pi}(\Delta_i)\}, i = 1, 2, \cdots$ 称为概率算符取值测度(POVM)或者正定算符取值测度(POVM)。需要强调的是,POVM 意义下的测量是人们所能够执行的最一般的测量,经典理论框架下对应的经典测量只是 POVM 测量的一种特例。从 POVM 出发,可以深入探讨量子可观测量的解释、非对易量的测量与不确定性原理、冯·诺依曼测量、重复测量、随机测量等内容,关于这些内容

本书中不再赘述。

2.3 从麦克斯韦方程看经典理论与量子理论

2.3.1 经典麦克斯韦方程

电磁理论中的基本定律是由 19 世纪一批顶尖科学家,包括奥斯特、安培等逐步建立,后由麦克斯韦将这些定律归纳成一个数学上非常完美的基本方程组,这个方程组从宏观上阐述了电磁场与源(电、磁流)之间的关系。

真空下的电磁场遵循的经典麦克斯韦方程,可以表示为

$$\nabla \cdot \boldsymbol{E} = 0$$

$$\nabla \cdot \boldsymbol{B} = 0$$

$$\nabla \times \boldsymbol{B} = \frac{1}{c} \frac{\partial \boldsymbol{E}}{\partial t}$$

$$\nabla \times \boldsymbol{E} = -\frac{1}{c} \frac{\partial \boldsymbol{B}}{\partial t} \tag{2.12}$$

其中 E 和 B 分别表示电场和磁场该方程也可以表示为

$$\nabla^2 \boldsymbol{E} - \frac{1}{c^2} \frac{\partial^2 \boldsymbol{E}}{\partial t^2} = 0$$

$$\nabla^2 \boldsymbol{B} - \frac{1}{c^2} \frac{\partial^2 \boldsymbol{B}}{\partial t^2} = 0 \tag{2.13}$$

这样可以更清楚地描述电磁波[3,4]。此外,电磁场可以用矢量 A 和标量 Φ 表示为

$$\boldsymbol{B} = \nabla \times \boldsymbol{A}$$

$$\boldsymbol{E} = -\nabla \Phi - \frac{1}{c} \frac{\partial \boldsymbol{A}}{\partial t} \tag{2.14}$$

2.3.2 电磁场的量子化

电磁场的正则量子化用符合麦克斯韦方程的量子运算符[5-7]替代经典场,即

$$E \rightarrow \hat{E}$$

$$B \rightarrow \hat{B} \tag{2.15}$$

因此,电磁场之间的这些关系式在经典电动力学中成立,在量子电动力学中同样成立。

例如,光束经过具有不同电磁属性的两种介质的边界,使用麦克斯韦方程并设定适宜的场边界条件就可以计算出它的反射和折射[4]。因此,量子电磁场的激发(即光子)与其越过边界时的属性是完全相同的。

在体积为 V 的空腔内,电磁场由动量 k、频率 ω_k 和极化 λ 的元量子激发构成。量子场可以用这些元激发量表达成如下的傅里叶展开式:

$$\hat{E} = \sum_{k,\lambda} e_k^{(\lambda)} \varepsilon_k \hat{a}_{k,\lambda} e^{-i\omega_k t + i k \cdot r}$$

$$\hat{B} = \sum_{k,\lambda} \frac{k \times e_k^{(\lambda)}}{\omega_k} \varepsilon_k \hat{a}_{k,\lambda} e^{-i\omega_k t + i k \cdot r} \tag{2.16}$$

式中:$\varepsilon_k^{(\lambda)}$ 表示极化矢量($\lambda = 0, 1$),且

$$\varepsilon_k = \sqrt{\frac{\hbar\omega_k}{2\varepsilon_0 V}} \tag{2.17}$$

而式(2.16)中的湮没算符和产生算符 $\hat{a}$ 和 $\hat{a}^\dagger$ 满足交换关系,即

$$[\hat{a}_{k,\lambda}, \hat{a}_{k',\lambda'}] = 0$$

$$[\hat{a}_{k,\lambda}^\dagger, \hat{a}_{k',\lambda'}^\dagger] = 0$$

$$[\hat{a}_{k,\lambda}, \hat{a}_{k',\lambda'}^\dagger] = \delta_{k'k}\delta_{\lambda'\lambda} \tag{2.18}$$

就湮没算符和产生算符来说,与电磁辐射场相对应的算符可以用汉密顿函数得出:

$$H_R = \frac{1}{2}\int dV \left(\varepsilon_0 \hat{E} \cdot \hat{E} + \frac{1}{\mu_0} \hat{B} \cdot \hat{B} \right)$$

$$= \sum_{k,\lambda} \hbar\omega_k \left(\hat{a}_{k,\lambda}^\dagger \hat{a}_{k,\lambda} + \frac{1}{2} \right) \tag{2.19}$$

电磁量子场往往被定义为能量本征值占有的 Fock 空间数。也就是说,特征矢量的形式如下,即 $|n_{k,\lambda}\rangle$,其表示动能为 k 且极化为 λ 的有 n 个单元量子场激发的状态。产生和湮没算符被用来增加或减少激发态的数目,即

$$\hat{a}_{k,\lambda}^\dagger |n_{k,\lambda}\rangle = \sqrt{n_{k,\lambda}+1} |n_{k,\lambda}+1\rangle$$

$$\hat{a}_{k,\lambda} |n_{k,\lambda}\rangle = \sqrt{n_{k,\lambda}} |n_{k,\lambda}-1\rangle \tag{2.20}$$

因此,产生算符可被用于定义来自量子真空状态 $|0\rangle$ 的光的任意量子态。例如,动能为 k 且极化为 λ 的有 n 个单元量子场激发的状态就可以用如下公式得出:

$$|n_{k,\lambda}\rangle = \frac{(\hat{a}_{k,\lambda}^\dagger)^n}{\sqrt{n!}} |0\rangle \tag{2.21}$$

对于量子雷达所感兴趣的大多数应用来说,电磁场辐射以光束的形式作直线运动。对于这些难题,用场的连续量子化来替代离散的空腔模式是很有用的[5,7]。在此,量子化空间是无限的,和值被换算为一个积分值,即

$$\sum_k \rightarrow \frac{2V}{(2\pi)^3}\int d^3\boldsymbol{k} \tag{2.22}$$

且算符变为

$$\hat{a} \rightarrow \sqrt{\frac{(2\pi)^3}{V}}\hat{a}$$

$$\hat{a}^\dagger \rightarrow \sqrt{\frac{(2\pi)^3}{V}}\hat{a}^\dagger \tag{2.23}$$

一维连续模式变量通常被取为光传播方向 $\boldsymbol{k}$ 上的 ω,而产生和湮没算符可用 $\hat{a}^\dagger(\omega)$ 和 $\hat{a}(\omega)$ 来简单表示。如此一来,非零的对易关系就可以写为

$$[\hat{a}(\omega),\hat{a}^\dagger(\omega)] = \delta(\omega - \omega') \tag{2.24}$$

而且,在连续模式的量子化中,对于真实电磁场的同等时间的对易关系式为

$$[\hat{E}_i(\boldsymbol{r},t),\hat{B}_i(\boldsymbol{r}',t)] = -i\hbar c^2 \frac{\partial}{\partial l}\delta(\boldsymbol{r} - \boldsymbol{r}')$$

$$[\hat{E}_i(\boldsymbol{r},t),\hat{B}_i(\boldsymbol{r}',t)] = 0$$

$$[\hat{E}_i(\boldsymbol{r},t),\hat{B}_j(\boldsymbol{r}',t)] = 0$$

$$[\hat{B}_i(\boldsymbol{r},t),\hat{B}_i(\boldsymbol{r}',t)] = 0 \tag{2.25}$$

式中:(i,j,l) 构成电磁场三个矢量分量上的循环置换。因此,E 和 B 的正交分量是不能同时测量的[7]。

在经典电磁场理论中,电磁场可以用标量和矢量来表示,即如式(2.14)所示,在该规范中,麦克斯韦方程可以简化为矢量 $\boldsymbol{A}$ 的单波方程,即

$$\nabla^2 \boldsymbol{A} - \frac{\partial^2 \boldsymbol{A}}{\partial t^2} = 0 \tag{2.26}$$

矢量 $\boldsymbol{A}$ 的正则量子化得出

$$\boldsymbol{A} = \sum_{\boldsymbol{k},a}(A_{\boldsymbol{k},a}\hat{\alpha}_{\boldsymbol{k},a} + A_{\boldsymbol{k},a}^*\hat{\alpha}_{\boldsymbol{k},a}^\dagger) \tag{2.27}$$

其中

$$A_{\boldsymbol{k},a} = \sqrt{4\pi}\frac{e^a}{\sqrt{2\omega}}e^{-i(\omega t - \boldsymbol{k}\cdot\boldsymbol{r})}$$

$$\omega = |\boldsymbol{k}| \tag{2.28}$$

且场的分量满足正交性条件,即

$$\int A_{P\alpha} A_{q\beta}^{*} \mathrm{d}^3 x = \frac{2\pi}{\omega} \delta_{pq} \delta_{\alpha\beta} \tag{2.29}$$

在式(2.28)中,e^{α} 表示两个场极化矢量($\alpha = 0,1$)。根据电磁辐射库伦规范条件可得

$$\nabla \cdot \hat{A} = \nabla \cdot \sum_{k\alpha} (A_{k\alpha} \hat{\alpha}_{k\alpha} + A_{k\alpha}^{*} \hat{\alpha}_{k\alpha}) = 0 \tag{2.30}$$

且电磁场的湮灭和产生算符满足

$$\langle N_{k\alpha} - 1 \,|\, \hat{a}_{k\alpha} \,|\, N_{k\alpha} \rangle = \sqrt{N_{k\alpha}}$$

$$\langle N_{k\alpha} \,|\, \hat{a}_{k\alpha} \,|\, N_{k\alpha} - 1 \rangle = \sqrt{N_{k\alpha}} \tag{2.31}$$

电磁场的量子态贴签为 $N_{k\alpha}$,也就是说,动量为 k 且极化为 α 的电磁矢量势的 N 个量子激发。

在量子动力学中,习惯于将光子视为电磁矢量势的量子激发,但是也可以定义为真实电磁场的元激发。由此可以看出,通过电磁势和麦克斯韦方程组,这些量子场的函数表达彼此之间关联起来。因此,无论经典电磁场或是量子化电磁场,从麦克斯韦方程组角度出发彼此是统一的。

■ 2.4　从接收机噪声看经典理论与量子理论的差异[8]

为了便于描述经典理论与量子理论的差异,本章中以信号接收的常用体制和方法为背景进行介绍。目前的量子传感器均工作在光波频段,光电探测是光频段下进行信号探测的常规手段,其核心元素就是放置 $z=0$ 平面上的光电探测器,每个探测器可以利用其自身的二维坐标进行表征,即 $X = (x,y)$。当光电探测器在观测时间 T 内,被中心频率为 f_0 的光波信号照射后,就会在光电探测器的背面($z < 0$ 的区域),等比例地产生相应的电磁波。一般认为光电探测器在入射信号频率范围内具有恒定的探测效率(即量子效率 η),探测器的输出表示为电流密度标量 $J(X,t)$。对于探测中场的描述既可以使用经典理论和可以采用量子理论进行描述,取决于分析过程中是采用经典统计理论还是量子统计理论。此外,通过有效的空间积分处理,可以将当前的密度观测过程转化为单个探测器或者探测器阵列的量子数测量过程。

2.4.1　直接探测中噪声的经典论与量子论解释

直接探测(DD)是光电探测器实现信号探测的最简易形式。在直接探测体制下,入射的电磁场将以探测器输出电流密度 $J(X,t)$ 的形式被直接测量。在经

典理论中,入射到光电探测器的信号可以由复数场函数 $E^{+}(\boldsymbol{X},t)$ 表示。根据准单色波假设(即窄带假设),$E^{(+)}$ 的傅里叶变换可以表示为

$$\Xi^{(+)}(\boldsymbol{X},v) = \int dt E^{(+)}(\boldsymbol{X},t) e^{j2\pi ft} \tag{2.32}$$

在窄带假设下,即信号带宽远小于中心频率,式(2.32)在频率带宽范围内为非零值。

根据射线理论,t 时刻在光电探测阵面的位置 $\boldsymbol{X}$ 处,短时平均功率密度可以表示为

$$I(\boldsymbol{X},t) = \frac{c\varepsilon_0}{2} E^{(-)}(\boldsymbol{X},t) E^{(+)}(\boldsymbol{X},t) \tag{2.33}$$

式中:c 为光速;ε_0 为自由空间的穿透率;$E^{(-)} \equiv (E^{(+)})^*$,物理上表示负频率复数场。

2.4.1.1　直接探测中噪声的经典解释

在经典理论模型中,光电探测器输出的电流密度函数 $J(\boldsymbol{X},t)$ 属于空时二维的泊松分布的脉冲序列,脉冲的速率 $\mu(\boldsymbol{X},t)$ 可以表示为

$$\mu(\boldsymbol{X},t) = \Re I(\boldsymbol{X},t)/e \tag{2.34}$$

式中:e 为电子电流;$\Re$ 为探测器在中心频率 f_0 处的探测灵敏度。则电流密度函数 $J(\boldsymbol{X},t)$ 可以表示为

$$J(\boldsymbol{X},t) = \sum_n e\delta(\boldsymbol{X} - \boldsymbol{X}_n)\delta(t - t_n) \tag{2.35}$$

根据式(2.35)的定义,则电流密度函数源于散粒噪声,例如在 t_n 时刻,在 $\boldsymbol{X}_n$ 位置处的光电探测器由于电流产生的瞬时噪声,通过利用接收信号在空间和时间上的先验信息,可以在一定程度上抑制散粒噪声的影响。

虽然光电探测的经典理论以经典场为基础,但是其依然将频率为 v 的光波量化为单个光子的能量 hv,其中 h 表示普朗克常数。因此,对于准单色光假设而言(即窄带假设),探测器的灵敏度一般表示为 $\Re = e\eta/hv_0$,其中 η 表示探测器的量子效率。将其代入式(2.34)中,可以将式(2.34)修正为

$$\mu(\boldsymbol{X},t) = \eta I(\boldsymbol{X},t)/hv_0 \tag{2.36}$$

实际上从量子角度出发,光电探测器的输出取决于光子流密度,而不是功率密度,因此式(2.36)应该修正为

$$\mu(\boldsymbol{X},t) = \eta I_{ph}(\boldsymbol{X},t) \tag{2.37}$$

其中 $I_{ph}(\boldsymbol{X},t)$ 为经典光子流密度函数,可以表示为

$$I_{ph}(\boldsymbol{X},t) = E^{(-)}(\boldsymbol{X},t) E^{(+)}(\boldsymbol{X},t) \tag{2.38}$$

式中正频率复数场 $E^{(+)}(\boldsymbol{X},t)$ 以光子数的平方根为单位,可以表示为

$$E^{(+)}(\boldsymbol{X},t) \ = \int \mathrm{d}v (c\varepsilon_0/2hv)^{1/2} \Xi^{(+)}(\boldsymbol{X},v)\,\mathrm{e}^{-\mathrm{j}2\pi vt} \tag{2.39}$$

在准单色光假设(窄带假设)条件下,经典理论中对于 $\mu(\boldsymbol{X},t)$ 的两种表述方式是可以互换的。在量子理论中,即使入射信号属于准单色光(即窄带信号),即使光电探测器无法准确分辨每个光子,也同样可以应用光子流密度的形式进行分析,下面将利用量子理论下对接收机进行直接探测的过程进行分析和推导。

2.4.1.2　直接探测中噪声的量子解释

在量子理论中,正频率复数场 $E^{(+)}(\boldsymbol{X},t)$ 修正为正频率场算子 $\hat{E}^{(+)}(\boldsymbol{X},t)$,其量子态由密度算符 ρ 决定,经典理论下的准单色光假设和射线假设都将转化为密度算符的条件,即算子 $\hat{E}^{(+)}(\boldsymbol{X},t)$ 表示将频率局限在以 v_0 为中心,B 为带宽的范围内,以很小的发散角度沿着 z 轴传播,而光电探测输出的电路密度 $J(\boldsymbol{X},t)$ 则被视为量子测量的宏观输出。为了更准确地表述量子测量,需要建立基于量子的光子流密度函数。

首先,将算法表示为量子化场的操作符,即

$$\hat{\Xi}^{(+)}(\boldsymbol{X},v) \ = \int \mathrm{d}t \hat{E}^{(+)}(\boldsymbol{X},t)\,\mathrm{e}^{\mathrm{j}2\pi vt}$$

$$\hat{E}^{(+)}(\boldsymbol{X},t) \ = \int \mathrm{d}v (c\varepsilon_0/2hv)^{1/2} \hat{\Xi}^{(+)}(\boldsymbol{X},v)\,\mathrm{e}^{-\mathrm{j}2\pi vt} \tag{2.40}$$

算符 $\hat{E}^{(+)}(\boldsymbol{X},t)$ 同样可以表示为多态的叠加,即

$$\hat{E}^{(+)}(\boldsymbol{X},t) \ = \sum_n \hat{a}_n \xi_n(\boldsymbol{X},t) \tag{2.41}$$

式中:$\hat{a}_n$ 为满足互易定量的湮灭算符,其共轭 $\hat{a}_n^\dagger$ 为产生算符;$\{\xi_n\}$ 为一个在探测器平面和测量时间内,完备的正交集合。为了分析亚单元探测的量子效率,需要在式(2.41)的基础上,虚构一个场的叠加态,即

$$\hat{E}_{\mathrm{vac}}^{(+)}(\boldsymbol{X},t) \ = \sum_n \hat{e}_n \xi_n(\boldsymbol{X},t) \tag{2.42}$$

式中:$\{\hat{e}_n\}$ 为湮灭算符,且 $\{\hat{e}_n\}$ 与 $\{\hat{a}_n\}$ 和 $\{\hat{a}_n^\dagger\}$ 互易,即

$$[\hat{e}_n,\hat{a}_m] = [\hat{e}_n,\hat{a}_m^\dagger] = 0 \qquad [\hat{e}_n,\hat{e}_m] = \delta_{mn} \tag{2.43}$$

在量子体制下,$\hat{E}^{(+)}$ 和 $\hat{E}_{\mathrm{vac}}^{(+)}$ 是彼此独立的,$\hat{E}_{\mathrm{vac}}^{(+)}$ 不仅包含 $\hat{E}^{(+)}$ 的所有模式,而且同时包含空态。基于 $\hat{E}^{(+)}$ 和 $\hat{E}_{\mathrm{vac}}^{(+)}$,可以将探测器的有效光子流密度算符表示为

$$\hat{I}'_{\mathrm{ph}}(\boldsymbol{X},t) = \hat{E}'^{(-)}(\boldsymbol{X},t)\hat{E}'^{(+)}(\boldsymbol{X},t) \tag{2.44}$$

式中

$$\hat{E}'^{(+)}(\boldsymbol{X},t) = \eta^{1/2}\hat{E}^{(+)}(\boldsymbol{X},t) + (1-\eta)^{1/2}\hat{E}_{\mathrm{vac}}^{(+)}(\boldsymbol{X},t) \tag{2.45}$$

经典理论中的电流密度 $J(\boldsymbol{X},t)$ 可以表示为光电探测测量算符 $\hat{J}(\boldsymbol{X},t)$ 的输出结果,测量算符可以表示为

$$\hat{J}(\boldsymbol{X},t) = e\hat{I}'_{\mathrm{ph}}(\boldsymbol{X},t) \tag{2.46}$$

从式(2.46)的定义中可以看出,电流测量算符与有效光子流密度成正比。

上面分析中需要注意的是,即使空态场的密度均值为 0,只要探测器效率不为 1,就不忽略空态场 $\hat{E}_{\mathrm{vac}}$ 的存在。原因是空态场中零点的波动情况(又称零态量子噪声)将直接影响探测器输出的电流密度 $J(\boldsymbol{X},t)$,进而影响后续的信号处理。因此量子理论认为电流密度中的噪声与散粒噪声没有直接关系,而是由构成有效光子流密度的入射场算符 $\hat{E}^{(+)}(\boldsymbol{X},t)$ 中存在的量子噪声所引起的。

2.4.1.3　差异性分析

假设 $\hat{E}^{(+)}$ 的密度算符 $\hat{l}$ 属于经典态(相干态或者是由若干相干态构成的混合态,如式(2.41)所示),则

$$\rho = \int \mathrm{d}^2\alpha P(\alpha;\alpha*)|\alpha\rangle\langle\alpha| \qquad \hat{a}_n|\alpha\rangle = \alpha_n|\alpha\rangle \tag{2.47}$$

式中:$P(\alpha;\alpha^*)$ 为经典概率密度函数。式(2.47)所表示的条件被认为是经典理论可以准确量子化描述的充分条件,下面进行详细分析。

为了便于分析,下面以单点频信号,且探测效率 $\eta = 1$ 的假设下,光子数测量的统计结果为对象进行分析,光子数测量结果 N 可以表示为

$$N = e^{-1}\int \mathrm{d}\boldsymbol{X}\int \mathrm{d}t J(\boldsymbol{X},t) \tag{2.48}$$

在经典理论中,光电探测的入射场可以表示为

$$E^{(+)}(\boldsymbol{X},t) = \left[\frac{\alpha}{(A_\mathrm{d}T)^{1/2}}\right]\mathrm{e}^{-\mathrm{j}2\pi v_0 t} \tag{2.49}$$

式中:α 为一个复随机变量,其概率密度函数可以表示为 $p(\alpha)$;A_d 为光电探测阵面的面积;T 为测量时间。则接收的光子数的概率分布函数可以表述为

$$P_\mathrm{r}[N = n] = \int \mathrm{d}^2\alpha p(\alpha)(|\alpha|^{2n}/n!)\exp(-|\alpha|^2) \tag{2.50}$$

式中:N 为泊松分布随机变量。根据式(2.50)可以得出光子数测量的均值 $\langle N\rangle$ 和方差 $\mathrm{var}(N)$ 分别为

$$\langle N \rangle = \int \mathrm{d}^2 \alpha p(\alpha) |\alpha|^2 = \langle |\alpha|^2 \rangle \tag{2.51}$$

$$\mathrm{var}(N) = \langle N \rangle + \mathrm{var}(|\alpha|^2) \tag{2.52}$$

式中:经典理论认为式(2.52)等号右侧的第一项是散粒噪声,第二项代表其他噪声。

在量子理论中,认为量子态只存在唯一的基模分量 ξ_1,即

$$\xi_1(\boldsymbol{X}, t) = (A_\mathrm{d} T)^{-1/2} \mathrm{e}^{-j2\pi\nu_0 t} \tag{2.53}$$

因此,光电探测的入射场算子 $E^{(+)}$ 的密度算符表示为

$$\rho = \rho_1 \bigotimes_{n\rangle 1} |0\rangle\langle 0| \tag{2.54}$$

式中: ρ_1 为式(2.53)所示基模 ξ_1 的密度算符。由此可以得出 N 的概率分布为

$$P_\mathrm{r}[N = n] = \langle n|\rho_1|n\rangle \tag{2.55}$$

若 ρ_1 属于经典态,即

$$\rho_1 = \int \mathrm{d}^2 \alpha p(\alpha) |a\rangle\langle \alpha| \tag{2.56}$$

式中: $p(\alpha)$ 表示经典理论中的概率密度函数,则式(2.56)将与式(2.50)完全等价。因此,在这种情况下,似乎利用经典理论可以定量地预测微观光子数的概率分布,然而在物理概念上确实是错误的。因为经典理论认为光子数的起伏归结于光电探测器的散粒噪声,其实是由于入射场自身存在的量子噪声引起的。

举个例子,若 $\rho_1 = |k\rangle\langle k|$,其中 $|k\rangle$ 表示 k 个光子的数态(一种非经典态),由此可得

$$P_\mathrm{r}[N = n] = \delta_{nk} \tag{2.57}$$

根据式(2.55)可得出 N 的均值和方差分别为 k 和 0。在此,场态是观测算法的本征矢量,由此可得出测量结果将不存在不确定性。而这个结论与经典理论推导中的结论相违背(因为例子中并没有假设散粒噪声为 0)。

2.4.2　零差探测中噪声的经典论与量子论解释

鉴于目标 Type-2 型量子传感器在接收端采用零差探测体制,为了便于后续的分析,本章重点对零差探测的系统构成和工作基本原理进行介绍。图 2.1 中给出了光学零差探测器基本构成的示意图。

在零差探测过程中,被探测的信号场经过一个分光器以后,与一个理想、稳定的本征场进行融合,然后进入光电探测器,零差探测器的输出表述为 $E_{\mathrm{hom}}(\boldsymbol{X}, t)$,其具体的统计特性将在后面进行分析。

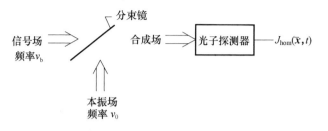

图 2.1　光学零差探测器示意图

2.4.2.1　零差探测中噪声的经典解释

在经典模型中的零差探测,光电探测器上的入射场可以表示为

$$E_R(\boldsymbol{X},t) = \varepsilon^{1/2}E_S(\boldsymbol{X},t) + (1-\varepsilon)^{1/2}E_{LO}(\boldsymbol{X},t) \tag{2.58}$$

式中:包括功率较弱、具有随机特性的信号场 $E_S(\boldsymbol{X},t)$ 和功率较强、信号特性确知的本征场 $E_{LO}(\boldsymbol{X},t)$。其中本征信号具有经典的光子流密度函数 I_{phLO},且远大于信号场的光子流密度函数 I_{phS}。二者可以分别表示为

$$I_{phLO}(\boldsymbol{X},t) = E_{LO}^*(\boldsymbol{X},t)E_{LO}(\boldsymbol{X},t) \tag{2.59}$$

$$I_{phS}(\boldsymbol{X},t) = E_S^*(\boldsymbol{X},t)E_S(\boldsymbol{X},t) \tag{2.60}$$

跟直接探测中推导过程一致,可以将零差探测中电子流密度所对应的脉冲的速率 $\mu(\boldsymbol{X},t)$ 表示为

$$\mu(\boldsymbol{X},t) = \eta\big[(1-\varepsilon)I_{phLO}(\boldsymbol{X},t) + 2[\varepsilon(1-\varepsilon)]^{1/2}\mathrm{Re}(E_S(\boldsymbol{X},t)E_{LO}^*(\boldsymbol{X},t))\big]$$

$$\tag{2.61}$$

根据高密度散粒噪声服从的中心极限定理可知,本征信号的光子个数非常巨大,因此其对应的电子流密度函数近似可以认为属于高斯过程。光子数 N_{phLO} 可以表示为

$$N_{phLO} = \int\mathrm{d}\boldsymbol{X}\int\mathrm{d}t I_{phLO}(\boldsymbol{X},t) \tag{2.62}$$

根据式(2.61),可以得出光电探测输出的电流密度函数 $J_{hom}(\boldsymbol{X},t)$ 包含三种密度函数组成。

第一种:零差混频电流密度 $J_{hom1}(\boldsymbol{X},t)$,可以表示为

$$J_{hom1}(\boldsymbol{X},t) = 2e\eta[\varepsilon(1-\varepsilon)]^{1/2}\mathrm{Re}(E_S(\boldsymbol{X},t)E_{LO}^*(\boldsymbol{X},t)) \tag{2.63}$$

第二种:直接探测本征偏置电流密度 $J_{hom2}(\boldsymbol{X},t)$,可以表示为

$$J_{hom2}(\boldsymbol{X},t) = e\eta(1-\varepsilon)I_{phLO}(\boldsymbol{X},t) \tag{2.64}$$

第三种:本征散粒噪声电流密度 $J_{shot}(\boldsymbol{X},t)$,其表现为零均值的空时非平稳

白噪声,即其协方差矩阵满足

$$\langle J_{\text{shot}}(\boldsymbol{X}_1,t_1)J_{\text{shot}}(\boldsymbol{X}_2,t_2)\rangle = e^2\eta(1-\varepsilon)I_{\text{phLO}}(\boldsymbol{X}_1,t_1)\delta(\boldsymbol{X}_1-\boldsymbol{X}_2)\delta(t_1-t_2)$$

$$(2.65)$$

根据电流密度函数就可以得到零差探测体制下,用光电探测器的输出电流 i_{hom} 表示密度函数的空间积分形式,为

$$i_{\text{hom}}(t) = \int \mathrm{d}\boldsymbol{X}J_{\text{hom}}(\boldsymbol{X},t) \qquad (2.66)$$

其中假设本征信号功率为 P_{LO} 时,归一化本振入射场表示为

$$E_{\text{LO}}(\boldsymbol{X},t) = (P_{\text{LO}}/h\upsilon_0 A_{\text{d}})^{-1/2}\mathrm{e}^{-\mathrm{j}2\pi\upsilon_0 t} \qquad (2.67)$$

从上面的分析中看出,在经典理论中认为,零差探测处理后的噪声主要是由于本振中存在的散粒噪声引起的,其特性由式(2.65)所定义。

2.4.2.2　零差探测中噪声的量子解释

在量子理论中,式(2.58)所示的入射场就修正为算符的表示形式,即

$$\hat{E}(\boldsymbol{X},t) = \varepsilon^{1/2}\hat{E}_{\text{S}}(\boldsymbol{X},t) + (1-\varepsilon)^{1/2}\hat{E}_{\text{LO}}(\boldsymbol{X},t) \qquad (2.68)$$

式中:入射场算符 $\hat{E}$ 包括信号场算符 $\hat{E}_{\text{S}}$ 和本征场算符 $\hat{E}_{\text{LO}}$,则入射场的密度算符 ρ 表示为

$$\rho = \rho_{\text{S}} \otimes \rho_{\text{LO}} \qquad (2.69)$$

式中: ρ_{S} 为信号场密度算符; ρ_{LO} 为多模相干态本征场的密度算符。由此可以将本振场表示为

$$\begin{aligned}\Xi_{\text{LO}}(\boldsymbol{X},t) &= \langle\alpha_{\text{LO}}|\hat{E}_{\text{LO}}(\boldsymbol{X},t)|\alpha_{\text{LO}}\rangle\\ &= \sum_n \alpha_{\text{LO}n}\xi_n(\boldsymbol{X},t)\end{aligned} \qquad (2.70)$$

式中: $\hat{E}_{\text{S}}$ 可以在集合 $\{\xi_n\}$ 中进行展开。由于本征场的强度远强于信号场,且本振场的平均光子数非常大,因此在量子理论中

$$\text{tr}(\rho_{\text{S}}\hat{E}_{\text{S}}^{\dagger}(\boldsymbol{X},t)\hat{E}_{\text{S}}(\boldsymbol{X},t)) = |\Xi_{\text{LO}}(\boldsymbol{X},t)|^2 \qquad (2.71)$$

$$N_{\text{LO}} \equiv \int \mathrm{d}\boldsymbol{X}\int \mathrm{d}t|\Xi_{\text{LO}}(\boldsymbol{X},t)|^2 = 1 \qquad (2.72)$$

为了获得有效光子流密度函数,需要结合量子论中的入射场算符 $\hat{E}$,并独立考虑由于量子探测效率所引起的空态场算符 $\hat{E}_{\text{vac}}$。由此可以将量子理论下,有效光子流密度函数算符 $\hat{J}_{\text{hom}}$ 表示为

$$\hat{J}_{\text{hom}}(\boldsymbol{X},t) = e\eta(1-\varepsilon)\hat{E}_{\text{LO}}^{\dagger}(\boldsymbol{X},t)\hat{E}_{\text{LO}}(\boldsymbol{X},t)$$

$$+2e[\eta(1-\varepsilon)]^{1/2}\mathrm{Re}\{[(\eta\varepsilon)^{1/2}\hat{E}_{S}(\boldsymbol{X},t)$$

$$+(1-\eta)^{1/2}\hat{E}_{\mathrm{vac}}(\boldsymbol{X},t)]\hat{E}_{\mathrm{LO}}^{\dagger}(\boldsymbol{X},t)\} \tag{2.73}$$

因此 $N_{\mathrm{LO}}\gg1$，式(2.73)中等号右侧的第一项可以表示为

$$e\eta(1-\varepsilon)\hat{E}_{\mathrm{LO}}^{\dagger}(\boldsymbol{X},t)\hat{E}_{\mathrm{LO}}(\boldsymbol{X},t) \tag{2.74}$$

$$=e\eta(1-\varepsilon)|\Xi_{\mathrm{LO}}(\boldsymbol{X},t)|^{2}+J_{\mathrm{LOq}}(\boldsymbol{X},t)$$

式(2.74)中等号右侧第一项表示本振偏置电流密度，第二项表示零均值的非平稳高斯白噪声，其协方差可以表示为

$$\langle J_{\mathrm{LOq}}(\boldsymbol{X}_{1},t_{1})J_{\mathrm{LOq}}(\boldsymbol{X}_{2},t_{2})\rangle \tag{2.75}$$

$$=[e\eta(1-\varepsilon)]^{2}|\Xi_{\mathrm{LO}}(\boldsymbol{X}_{1},t_{1})|^{2}\delta(\boldsymbol{X}_{1}-\boldsymbol{X}_{2})\delta(t_{1}-t_{2})$$

此外，式(2.73)等号右侧第二项简化为零差混频信号算符与亚像素的量子探测效率所引起的量子噪声电流密度 J_{vac}，即

$$2e[\eta(1-\varepsilon)]^{1/2}\mathrm{Re}\{[(\eta\varepsilon)^{1/2}\hat{E}_{S}(\boldsymbol{X},t)+(1-\eta)^{1/2}\hat{E}_{\mathrm{vac}}(\boldsymbol{X},t)]\hat{E}_{\mathrm{LO}}^{\dagger}(\boldsymbol{X},t)\}$$

$$=2e[\eta(1-\varepsilon)(1-\eta)]^{1/2}\mathrm{Re}\{[\hat{E}_{\mathrm{vac}}(\boldsymbol{X},t)]\Xi_{\mathrm{LO}}(\boldsymbol{X},t)\}+J_{\mathrm{vac}}(\boldsymbol{X},t)$$

$$\tag{2.76}$$

式中：J_{vac} 为零均值的非平稳高斯白噪声，其协方差与式(2.75)类似，可以表示为

$$\langle J_{\mathrm{vac}}(\boldsymbol{X}_{1},t_{1})J_{\mathrm{vac}}(\boldsymbol{X}_{2},t_{2})\rangle \tag{2.77}$$

$$=e^{2}\eta(1-\eta)(1-\varepsilon)|\Xi_{\mathrm{LO}}(\boldsymbol{X}_{1},t_{1})|^{2}\delta(\boldsymbol{X}_{1}-\boldsymbol{X}_{2})\delta(t_{1}-t_{2})$$

J_{vac} 与 J_{LOq} 彼此统计独立，因此，综合式(2.74)~式(2.77)，可以将经典零差探测的电流密度算符 $J_{\mathrm{hom}}(\boldsymbol{X},t)$ 的测量算符表示为

$$\hat{J}_{\mathrm{hom}}(\boldsymbol{X},t)$$

$$=e\eta(1-\varepsilon)|\Xi_{\mathrm{LO}}(\boldsymbol{X},t)|^{2}+J_{\mathrm{LOq}}(\boldsymbol{X},t)$$

$$+2e[\eta(1-\varepsilon)(1-\eta)]^{1/2}\mathrm{Re}\{[\hat{E}_{\mathrm{vac}}(\boldsymbol{X},t)]\Xi_{\mathrm{LO}}(\boldsymbol{X},t)\}+J_{\mathrm{vac}}(\boldsymbol{X},t)$$

$$\tag{2.78}$$

式中：等号右侧第一项表示本振偏置电流密度；第二项表示经典本振的量子噪声，其主要由第一项的测量过程引起；最后一项则由第三项所表示的测量过程引起，其属于亚像素探测的量子噪声。而信号场对于电流密度算符的影响，在缺乏密度算符 ρ_{S} 的情况下，是不能被简化和忽略的。

2.4.2.3　差异性分析

为了便于比较经典理论和量子理论,在分析零差探测接收噪声中存在的差异时,首先假设零差探测的输出电流在量子体制下依然可以用电流密度函数的空间积分来表示,即如式(2.66)所示,则在量子体制下,本振场可以定义为

$$\Xi_{LO}(\boldsymbol{X}, t) = (P_{LO}/h\nu_0 A_d)^{1/2} e^{-j2\pi\nu_0 t} \tag{2.79}$$

此外,电流操作算符可以表示为

$$\hat{i}_{hom}(t) = i_{bias} + 2e\eta[P_{LO}/h\nu_0 A_d]^{1/2} = \mathrm{Re}\left(\int \mathrm{d}\boldsymbol{X}\hat{E}_s(\boldsymbol{X}, t) e^{j2\pi\nu_0 t}\right)$$
$$+ i_{LOq}(t) + i_{vac}(t) \tag{2.80}$$

式中:i_{bias}表示由式(2.64)定义的电流密度对应的偏置电流,即

$$i_{bias} = e\eta(1-\varepsilon)P_{LO}/h\nu_0 \tag{2.81}$$

物理上来说,i_{bias}属于本振偏置电流,i_{LOq}属于本振量子噪声电流,i_{vac}表示非理想的单光子探测效率($\eta < 1$)引起的噪声。而式(2.80)所示的量子理论解释,与经典理论的解释存在两点差异:首先,零差混合信号不再采用经典场E_s,而是由量子场算符$\hat{E}_s$代替;其次,零差探测过程中的噪声包括本振的量子噪声和非理想的单光子探测效率($\eta < 1$)引起的噪声。

根据上一节中对直接探测接收中,经典理论和量子理论的差异性分析可知,在信号属于经典量子态时,虽然经典理论和量子理论得出的结论在定量上是互通的,但是对于物理现象的解释却截然不同。对于零差探测而言,本征散粒噪声属于经典理论的假想,而量子理论中的零差探测噪声由本振场量子噪声,非理想的单光子探测效率($\eta < 1$)引起的噪声和信号场量子噪声组成。当量子探测效率$\eta \to 1$时,非理想因素所引起的量子噪声不复存在;此外,在零差探测混频中本振光子数远大于1的前提下(即$(1-\varepsilon)N_{LO} \gg 1$),当$\varepsilon \to 1$时,本振量子噪声也将消失。在这些限制条件下,零差探测将实现对空间相干的信号场分量的直接量子探测,从而极大程度避免了其他因素引起的测量噪声,进而提升测量性能。这恰恰是压缩态在零差探测中广泛应用的主要原因[9,10]。

总之,在直接探测和零差探测两种核心接收体制中,对于噪声的不同解释可以看出:

首先:对于经典相干态而言,其物理现象无论在宏观领域还是微观领域均存在,而经典理论和量子理论所得出的结论,在数量上可以认为完全一致。但是对于其物理解释却存在极大差异,例如,经典理论将噪声均归结于器件短时电流,而量子理论则将噪声部分归结为入射场自身在测量过程中,由于测量操作而引起的噪声。两种理论对于同一现象的不同解释,导致后续不同的处理手段。

其次,对于非经典态而言,只能通过量子理论才能够得到准确的解释,而经典理论无能为力,这就使得许多非经典态在应用中无法进行准确分析,进而影响到非经典量子态在传感器中的应用。

因此,通过量子理论的应用,可以使得经典传感器在两方面具有改进的空间。首先是在对于信号场的测量方面,由于量子理论对于物理现象,例如噪声的不同解释,进而导致全新的处理和测量方法,从而有效抑制噪声的水平,提升测量性能;其次在信号形式方面,由于量子理论可以对诸多非经典量子态进行准确的描述,因此,传感器在发射端可以通过发射非经典量子态,配合相应的接收测量手段,达到提升传感器性能的目的。量子传感器项目就是从上述两个方面开展相应的研究。

◼ 2.5 量子传感的主要类型和基本理论

对于整个量子传感而言,其目的就是利用量子理论,研究一套完整的理论和模型,进而论证利用量子技术,构建能够突破经典瑞利分辨极限 10 倍以上的新型传感器的可能性,并且通过原理性试验进行可行性验证。为了达到这么目的,哈里斯公司的研究团队选择渐变口径激光雷达(Soft – Aperture LIDAR),实现对 1 ~ 100km 距离目标的成像,如图 2.2 所示。

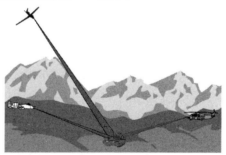

图 2.2　量子传感器的成像场景示意图(见彩图)

为了突破角度分辨上的瑞利极限,一种可采用的技术手段是在接收端使用量子成像增强技术,包括压缩真空注入技术和相位敏感放大技术,如图 2.3 所示。

除了突破角度分辨性能极限以外,使用共轭相位测距技术,还可以提升传感器对距离的分辨极限[11],如图 2.4 所示。

为了全面分析和论证量子技术在成像传感器中应用的可行性,首先根据量子技术在应用上的差异,对量子传感器进行有效的分类。其中,图 2.3 所示的量子增强传感器在本书所定义的分类体系下属于第二类传感器。因为此类传感器

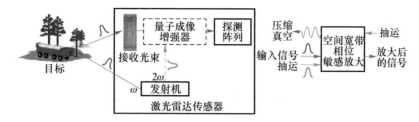

图 2.3　基于量子成像增强技术的量子传感器原理示意图(见彩图)

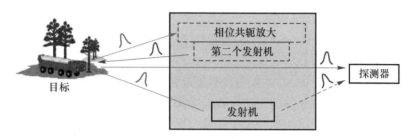

图 2.4　基于共轭相位测距技术的量子传感器原理示意图(见彩图)

在发射端应用经典态源,而且与接收端的量子态不存在纠缠关系,但是接收端采用非经典态提升传感器的分辨力指标。

本章在全面介绍量子传感器理论之前,将首先对量子传感器的主要类型进行介绍,然后根据量子传感器在角度分辨和距离分辨上突破经典极限的核心理论进行分析,最后对量子传感器的实现技术进行介绍。

2.5.1　量子传感器的分类依据和主要特性[12]

经典光电探测理论将传感器的源信号(如光源等)视为经典电磁场,而认为光电探测器中存在的基底噪声是由离散电子电流所产生的散粒噪声造成的。但是光电探测理论中对于量子特性描述,与量子传感理论中的描述在诸多方面存在不同,量子传感器也应该根据这些差异进行准确的分类。

2.5.1.1　量子传感器的分类依据与特性

众所周知,光电探测主要包括三种体制,即直接探测、零差探测和外差探测,这三种探测体制下,光电探测具有不同的量子统计分布特性,从而导致光束的量子态可能是相干态或者经典混合高斯态。若传感器的性能可以由光电探测理论精确计算,则其属于经典传感器,而非本书中所介绍的量子传感器。总体来说,当满足如下条件下时,利用经典理论就可以完整描述传感器的性能。

(1)传感器发射源的量子态属于经典态。

(2)电磁波在双程传输过程中的传输过程属于线性过程。

（3）目标的散射过程属于线性过程。

（4）传感器接收采用直接探测、零差探测或外差探测等经典手段。

本章开头描述的传感器（图2.2）在成像过程中，虽然信号传播和目标散射过程均为线性过程，但是它们在发射端应用非经典态，在接收端采用非经典接收机，或二者兼而有之，因此属于量子传感器。具体而言，量子传感器主要有如下三类。

第一类传感器（Type-1）：发射非经典量子态，但不需要制备纠缠对应用于接收端。

第二类传感器（Type-2）：发射经典量子态，且不需要制备纠缠对应用于接收端，但是接收端采用非经典探测技术（如量子增强技术）。

第三类传感器（Type-3）：发射经典或非经典量子态均可，但是需要同时制备相应量子态的纠缠对，并应用于接收端探测。

但是，目前大量理论研究均表明Type-1和Type-3两类传感器在实际应用中存在一定的局限性。下面重点对上述两型传感器应用的局限性进行分析。

2.5.1.2 量子传感器应用的局限性分析

为了对不同类型量子传感器的特性进行准确的分析，并重点关注其在真实环境下的实用性，首先需要对应用的背景和环境进行限定。

（1）即使是理想发射机，受限于物理口径限制，照射目标的发射波束在目标处的照射区域远大于目标尺寸，因此在自由空间中发射-目标的信号衰减不可避免。

（2）由于大气吸收和散射，信号传输路径的衰减不可避免，对于光波频段而言，$0.5 \sim 1\mathrm{dB/km}$ 是典型的衰减系数；

（3）目标有限的反射面积和目标表面的粗糙度，使得反射信号能量的能力大幅衰减，目标的散射过程将损失95%以上的信号能量。

其中粗糙目标对应的准朗伯（Quasi-Lambertian）散射，将导致巨大的信号衰减。例如，如果激光传感器的接收口径为10cm，目标距离传感器10km，由于准朗伯散射导致的信号衰减将达到100dB。此外，非经典量子态，例如数态，压缩态和NOON态，所具有的技术优势将在这种高损耗环境下遗失殆尽。从目前的研究进展来看，相比较经典传感器，Type-1和Type-3两型传感器在实际应用中，技术优势并不明显。下面就对这两类传感器的性能进行论证。

对于一个已知类型，已知位置的理想点目标（即反射系数恒定且已知，散射点位置已知）的探测问题，由于目标的存在与否未知，因此，假设目标是否存在具有相同概率，其传感器依次利用 M 种模式（即量子态）对目标所在位置进行探测。不同模式所对应的传输系数（发射-目标-接收链路的透过率）按照从大到小依次排列,形成传递系数集合$\{\kappa_m : 1 < m < K\}$。

对于 Type – 1 量子传感器而言,如果发射机发射的平均光子数为 N_S,且传输信道中无损耗和噪声,则使用最优的非经典量子态,且经典接收机按照最小误差准则进行接收处理,此时的误差概率(可以理解为虚警概率)可以表示为

$$P_{r,e} \geqslant \frac{1 - \sqrt{1 - e^{-\kappa_1 N_S / (1 - \kappa_1)}}}{2} \tag{2.82}$$

相对于使用相干态的经典最优传感器而言,在发射平均光子数相同的情况下(即发射功率相同),对应的误差概率可以表示为

$$P_{r,e} \leqslant \frac{1 - \sqrt{1 - e^{-\kappa_1 N_S}}}{2} \tag{2.83}$$

式(2.82)和式(2.83)表现出 Type – 1 量子传感器在理想条件下所能够带来的最大性能提升,当面临 100dB 衰减(即 $\kappa_m \approx 10^{-10}$)时,上述优势就显得微不足道了。

对于 Type – 3 量子传感器而言,传感器发射机发射信号数对角态(SND),用于探测已知散射特性和位置的理想点目标是否存在。Type – 3 传感器发射的 M 模纯态可以表示为

$$|\psi\rangle = \sum_n \psi_n |\boldsymbol{n}\rangle_S |\boldsymbol{n}\rangle_I \tag{2.84}$$

式中:$|\boldsymbol{n}\rangle_k (k = S, I)$ 分别表示 Type – 3 传感器中信号光(Signal Beam)和闲置光(Idler Beam)中的 M 模数态。Type – 3 量子传感器发射信号光探测目标所在的空间,同时将闲置光留在本地用于跟目标回波进行最小误差概率联合量子测量。在与前面分析的相同假设条件下,Type – 3 量子传感器,即发射端采用 SND 态,接收端采用量子最优联合检测,其误差概率同样可以由式(2.82)表示,因此,与 Type – 1 量子传感器类似,在大衰减条件下,Type – 3 量子传感器的技术优势有限。

下面从理论角度,对上述论述进行证明,首先给出几个基本的理论。

理论1(量子态退化):假设 $\hat{\rho}_m$ 表示特定的 M 模密度算符,经过一个线性光学信道,信道中不同模式具有的传递系数可以表示为 $\{\kappa_m : 1 < m < K\}$,同时还相应存在彼此独立,却均满足零均值的高斯噪声,其平均光子数相应表示为 $\{N_m : 1 < m < K\}$。如果 $N_m > \kappa_m$,则无论输入算符是否为经典态,输出的密度算符 $\hat{\rho}_{out}$ 都将退化为经典态。

根据理论1反观 Type – 1 量子传感器,假设其发射态表示为 $\hat{\rho}_{in}$,考虑到波长为 $1.55\mu m$ 的背景光属于高斯噪声,典型情况下,噪声的每个模态的平均光子数均将超过链路传输系数,因此无论发射机发射何种非经典态,在接收端接收到

的信号只有经典态。

此外,在发射端应用理论 1 可知,由于发射机内部的高斯噪声,将发射信号算符 $\hat{\rho}_{\text{in}}$ 转化为经典态 $\hat{\rho}_{\text{in}}^{\text{c}}$,此类算符在经过大气传输和背景噪声后的经典量子态表示为 $\hat{\rho}_{\text{out}}^{\text{c}}$,上述四种算符的集合可以表示为 $\{\hat{\rho}_{\text{in}},\hat{\rho}_{\text{in}}^{\text{c}},\hat{\rho}_{\text{out}},\hat{\rho}_{\text{out}}^{\text{c}}\}$,不同算符在接收端的量子测量中将具有不同的特性。

理论 2(量子测量极限):假设 x 表示激光传感器在接收端进行的特定量子测量结果,利用 $P_{\text{r}}(x \in X | \hat{\rho})$ 表示检测结果落入集合 X 的概率,其中 $\hat{\rho}$ 表示发射端态,则当信道噪声足够使得发射量子态退化为经典态时,测量结果满足

$$\left| P_{\text{r}}(x \in X | \hat{\rho}_{\text{in}}) - P_{\text{r}}(x \in X | \hat{\rho}_{\text{in}}^{\text{c}}) \right| \leqslant 2 \sum_{m=1}^{M} \sqrt{\frac{N_m}{N_m + 1}} \qquad (2.85)$$

根据理论 1 和理论 2,对于 Type-1 和 Type-3 的局限性分析就变得非常简单了。

理论 3(Type-1 量子传感器应用限制):假设 $\hat{\rho}_m$ 表示激光传感器发射的 M 模非经典量子态,$\hat{\rho}_{\text{in}}^{\text{c}}$ 表示其退化后的经典量子态,其中 $\hat{\rho}_m$ 所有模式平均光子数 N_{sm} 远大于 1,发射-目标-接收链路传输系数 κ_m 和高斯噪声的平均光子数 N_m 满足 $\kappa_m < N_m$,且二者均远小于 1,此时

$$\left| \text{tr}\left(\hat{\rho}_{\text{in}}^{\text{c}} \sum_{m=1}^{M} \hat{N}_{S_m} \right) - \text{tr}\left(\hat{\rho}_{\text{in}} \sum_{m=1}^{M} \hat{N}_{S_m} \right) \right| \leqslant \text{tr}\left(\hat{\rho}_{\text{in}} \sum_{m=1}^{M} \hat{N}_{S_m} \right) \qquad (2.86)$$

$$\left| P_{\text{r}}(x \in X | \hat{\rho}_{\text{in}}) - P_{\text{r}}(x \in X | \hat{\rho}_{\text{in}}^{\text{c}}) \right| \leqslant 2 \sum_{m=1}^{M} \sqrt{\frac{N_m}{N_m + 1}} = 1 \qquad (2.87)$$

式中:$\hat{N}_{S_m}$ 为激光传感器发射光子数态算符;x 为接收端量子测量后的输出结果。

若前面假设的条件均成立,对于激光传感器发射的非经典量子态和接收端采取的量子测量,由于量子态的退化使得发射机的平均光子数几乎没有增加,对于量子测量结果的影响也微乎其微,简而言之,Type-1 量子传感器在路径衰减极大的情况下,没有获得太多的性能得益。

理论 4(Type-3 量子传感器应用限制):假设 $\hat{\rho}_{\text{in}}$ 表示激光传感器发射的双模非经典量子态,其中一路作为信号光,另外一路作为闲置光,每一路的平均光子数 N_{sm} 远大于 1,$\hat{\rho}_{\text{in}}^{\text{c}}$ 表示其退化后的经典量子态。假设闲置光在传感器内处于无损、无噪声状态,但是信号光传输过程中存在极大的损耗 $\kappa_m \ll 1$ 和外界噪声 $N \gg 1$。若信道使得信号光与闲置光的联合态 $\hat{\rho}_{\text{out}}$ 属于经典态,则

$$\left| \text{tr}(\hat{\rho}_{\text{in}}^{\text{c}} \hat{N}_S) - \text{tr}(\hat{\rho}_{\text{in}} \hat{N}_S) \right| = \text{tr}(\hat{\rho}_{\text{in}} \hat{N}_S) \qquad (2.88)$$

$$\left| P_{\text{r}}(x \in X | \hat{\rho}_{\text{in}}) - P_{\text{r}}(x \in X | \hat{\rho}_{\text{in}}^{\text{c}}) \right| \leqslant \frac{2\kappa}{N} = 1 \qquad (2.89)$$

式中：$\hat{N}_S$ 为激光传感器发射光子数态算符；x 为接收端对信号光和闲置光的联合量子测量后的输出结果。

根据理论 4 可以看出，在前提假设成立的情况下，Type-3 采用的双模量子态的性能与经典传感器的性能基本一致，即量子效应所期望带来的性能提升非常有限。

因此许多研究开始重点关注图 2.3 中给出的传感器架构，它在接收端采用压缩真空注入和相位敏感放大技术实现量子图像增强（QIE）。此外，一种新型的 Type-3 量子传感器称为"量子照明"，被认为在点目标分辨、目标探测和安全通信等领域具有巨大应用潜力。

2.5.2　量子传感器角度分辨的原理与方法[13-17]

对于经典成像传感器而言，发射端发射信号照射目标区域，然后利用接收口径接收目标散射回波信号，然后利用零差探测阵列进行信号探测和成像。对于 Type-2 量子传感器而言，其发射端与经典成像传感器一致，但是在接收口径和探测阵列之间，增加 QIE 模块。QIE 一方面在接收口径后，应用空间宽带 SVI 技术，弥补由于口径衰减引起的空间频率信息的损失；另一方面在零差探测阵列前，应用空间宽带 PSA 技术，解决零差探测过程中的探测效率低的问题。通过在接收端增加量子成像模块，可以有效提升对单个距离单元内多个目标的角度分辨能力。

此外，为了获取距离向分辨性能的提升，在接收处理中引入共轭相位测距技术，同样可以提升传感器在距离上的分辨性能。

2.5.2.1　量子增强接收处理的基本组成与特性

图 2.5 中给出了一种应用于激光成像传感器的量子增强接收机示意图。图中左侧表示用于分析传感器角度分辨力的两个点目标（两个目标与传感器的距离均为 L），两个点目标沿着垂直于接收口径射线角度的两侧对称分布。图 2.5 中 $\hat{E}_R$ 表示量子理论下目标回波场的算符，该信号通过空间口径 $A(\rho')$ 后，与一个注入的压缩真空场算符 $\hat{E}_S$ 相互作用，输出场算符 $\hat{E}'_R$ 将在与本振场 LO 混频和零差探测之前，先进行 PSA 处理。图 2.5 中假设存在一个连续的零差探测阵列。相比较经典零差探测的接收体制（如上一节描述），量子增强接收处理中增加了压缩真空场，并引入 PSA 处理。

图 2.5 中系统对应的发射端与经典激光传感器一致，通过发射相干光脉冲串照射目标，然后通过接收目标反射的信号实现成像。假设存在一个平面目标，与传感器件的距离为 L（距离满足远处的条件），在经典理论下，源于该目标且被

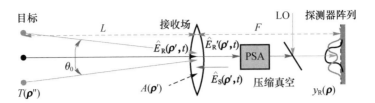

图 2.5 量子增强接收处理原理框图(见彩图)

传感器口径接收到的回波场 E_R 的复包络可以表示为

$$E_R(\rho,t) = \int \sqrt{E_T}s(t-2L/c)\xi_T(\rho')T(\rho')\frac{e^{-jk\rho'\rho/(L)+jk|\rho|^2/(2L)}}{j\lambda L}d\rho' \quad (2.90)$$

式中:E_T 表示发射信号的脉冲能量(以单个量子能量为测量单位);$s(t)$ 表示发射脉冲的归一化基带信号;c 表示光速;$\xi_T(\rho')$ 表示归一化发射波束方向图;$T(\rho')$ 表示目标散射系数;ρ 和 ρ' 分别表示相对于接收口径和目标平面的二维空间位置矢量,在式(2.90)中忽略了大气传输和散射效应,以及背景光的影响[16,17]。

对于经典传感器而言,目标回波信号首先通过接收口径,然后聚焦在零差探测阵列上。式(2.90)中表现了类平面目标的回波信号场,其本质就是被照射目标反射场的空间傅里叶变化。因此,有限尺寸的接收口径衰减抑制了目标回波中的高空间频率分量,进而影响了激光雷达的角度分辨性能。下面,首先利用经典电磁场理论和光电探测理论,对经典激光传感器的角度分辨特性进行介绍,然后再扩展到量子理论,从而更好地描述量子增加接收机中 SVI 和 PSA 的作用和工作原理。

经典理论下的实际情况中,接收口径所接收到的信号场可以表示为

$$E_R'(\rho',t) = A(\rho',t)E_R(\rho',t) \quad (2.91)$$

然后,零差探测过程可以表现为在对聚焦在光电探测平面的入射场进行空间积分和时域的匹配滤波。其中积分可以由光电探测阵列中的本振差频过程实现。零差探测的结果表现为空间随机过程,即

$$y_r(\rho) = \text{Re}\left\{\sqrt{\eta}\int\sqrt{E_T}\left(\frac{\sqrt{\pi R^2}}{2\lambda L}\right)\xi_T(\rho')\xi_P(\rho-\rho')T(\rho')d\rho'\right\} + n_r(\rho)$$

$$(2.92)$$

式中:η 为接收零差探测效率。式(2.92)中的第一项 $\xi_P(X')$ 表示联合接收口径中高斯衰减效应后,所对应的点扩散函数 PSF(类似雷达中的天线方向图),即

$$\xi_P(\rho') = \int dfA(\lambda Lf)e^{i2\pi f\rho} = \frac{\pi}{2}\left(\frac{R}{\lambda L}\right)^2 e^{-k^2|\rho'|^2 R^2/8L^2} \quad (2.93)$$

式(2.92)的第二项 $n_r(\rho')$ 表示零均值,实高斯白噪声,功率密度为 1/4。零差探测器中的测量白噪声式限制激光雷达角度分辨的重要因素,测量噪声中包括了由于渐变口径导致的目标中空间频率中高频部分的损失所对应的噪声。

对于经典传感器而言,经典的光电探测理论和电磁场理论均可以对此类传感器的性能进行准确的评估。在经典光电探测理论中,光源被视为经典的电磁场,且高灵敏度光电探测器中的基底噪声是源于电子电流产生的短噪声。因此,经典理论中将式(2.92)中的噪声项视为零差探测过程中,功率较强的本振信号所引入的短噪声。当落在探测器上的发射量子态,属于相干态或由相干态构成的随机混合态时,经典光电探测理论定量准确。激光光源属于经典态,所有经典理论可以对经典传感器进行准确的定量分析。但是在对于噪声的产生机理上,经典理论与量子理论存在完全不同的解释(如上一节中的介绍),从而产生了量子传感器,利用量子效应压制噪声,提升性能。为了准确分析,下面需要量子理论对接收信号进行重新分析。量子增加处理的原理进行介绍[18,19]。

首先,假设 SVI 在接收口径接收信号的同时实现,使得接收口径的接收信号满足

$$\hat{E}'_R(\rho',t) = A(\rho')\hat{E}_R(\rho',t) + \sqrt{1 - A^2(\rho')}\hat{E}_S(\rho',t) \tag{2.94}$$

式中:$\hat{E}'_R$ 为式(2.90)所示信号场本征量的相干态;$\hat{E}_S$ 为需要注入的压缩真空场算符,其目的是使得成像平面的零差探测可以测量到低噪声的空间积分结果。在实际应用中,压缩真空场 $\hat{E}_S$ 的产生可以表示为

$$\hat{E}_S(\rho',t) = \cosh(r)\hat{E}_{in}(\rho',t) - \sinh(r)\hat{E}^\dagger_{in}(-\rho',t) \tag{2.95}$$

式中:$r > 0$;$\hat{E}_{in}$ 表示空态场,这个算符使得入射信号经过空间积分,即零差探测后,空态场的影响被压缩 e^{-2r}。如果没有注入压缩真空态,则 $\hat{E}_S$ 将处于空态;而压缩真空注入将降低原先较高的空态噪声对于零差探测的影响。

除了 SVI 技术以外,PSA 技术是量子增加接收机中应用的第二个量子效应。其目的是实现对于被接收后,即将进行零差探测的信号场 $\hat{E}'_R$ 的无噪声放大。PSA 技术可以通过光学参量放大器(OPA)[20]实现,此外,这种无噪声放大可以在较宽的空间带宽上实现,因此可以满足不同角度目标回波的需求,则信号场经过 PSA 放大后可以表示为

$$\hat{E}(\rho,t) = \sqrt{G}\hat{E}'_R(\rho,t) + \sqrt{G-1}\hat{E}'^\dagger_R(\rho,t) \tag{2.96}$$

式中:$G > 1$ 表示 OPA 的放大倍数,并假设被放大的信号是经过 SVI 的低噪声积分结果的实部。

量子增加接收在经过上面处理后,还包括最后一个环节,即对信号的时域匹

配滤波后,对信号实部进行零差积分探测。图 2.6 中匹配滤波输出的噪声与式(2.92)所示的经典传感器一致,但是信号场中目标回波部分被 PSA 放大 G_{eff},其与 OPA 的放大倍数 G 之间满足

$$G_{\text{eff}} = (\sqrt{G} + \sqrt{G-1})^2 \tag{2.97}$$

最终的输出结果可以表示为

$$y_r(\rho) = \left(\frac{\sqrt{\pi\eta G_{\text{eff}} E_T R^2}}{2\lambda L}\right)\text{Re}\left\{\int \xi_T(\rho')\xi_P(\rho-\rho')T(\rho')\mathrm{d}\rho'\right\} + n_r(\rho) \tag{2.98}$$

式中:$n_r(\rho)$ 表示零均值高斯随机过程,其谱函数可以表示为

$$S_{n_r n_r}(f) = \frac{\eta G_{\text{eff}}}{4}(\mid P(\lambda L f)\mid^2 + (1 - \mid P(\lambda L f)\mid^2)\mathrm{e}^{-r}) + \frac{1-\eta}{4} \tag{2.99}$$

式中:括号中的第一项表示由于目标回波闪烁引起的噪声分量,括号中的第二项则表示由于压缩真空注入引起的噪声分量($r > 0$ 表示注入参数),括号以外的分量表示亚像素探测效率损失的影响。

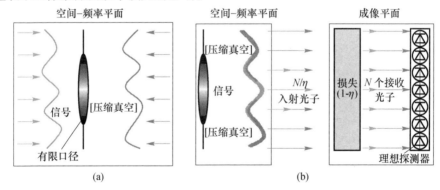

图 2.6 量子成像增强中压缩真空注入和相位敏感放大技术原理示意图(见彩图)

当 $G_{\text{eff}} = 1$ 且 $r = 0$ 时,真空压缩注入和相位敏感放大技术均无效,则式(2.98)中的噪声分量将与经典传感器一致。但是,当 $r > 0$ 时,由于渐变口径导致的高空间频率衰减所引起的噪声将降低,同样,当 $G_{\text{eff}} > 1$ 时,由于亚像素零差探测的非理想特性(探测效率 $\eta < 1$),引起的噪声分量将降低。与此同时,还需要一种量子图像增加技术,通过应用该技术,使得高空间频率存在衰减的成像图像,如式(2.98)所示,在较低噪声水平下,依然能够有效分辨。

为了清晰简明地表述 Type-2 型量子传感器中,SVI 和 PSA 技术对于系统分辨力的影响,可以假设存在将两个相对于传感器指向对称放置,且与距离传感器具有相同距离的点目标,如图 2.5 所示,分辨力可以表示为传感器对于两个点

目标的区分能力,即一个经典的假设检验问题。对于高斯假设前提下,受限于渐变口径的实际尺寸 R,瑞利角度分辨极限 θ_{Ray} 可以表示为

$$\theta_{Ray} = \frac{0.6\lambda}{R}$$

(2.100)

对于目标回波信号而言,回波信号与目标表面粗糙度有关,考虑到激光雷达的信号波长($\lambda \approx 1\mu m$),典型目标的散射过程均属于 Quasi – Lambertian 散射,因此,目标回波信号具有相干散射瓣特性。

基于最大似然检测原理,可以推导判决准则的最小误差概率,并以两目标的角度分离结果和信噪比(SNR)为变量计算误差概率。在量子机制下信噪比定义为:测量时间内探测到的信号平均光子数。无论是否采用 SVI 和 PSA 等量子增强手段,目标的信噪比均采用相同的定义方式。关于推导的详细过程可以参见参考文献[13 – 15],本书受限于篇幅,对于角度分辨性能的推导不再赘述。角度分辨力在本书中定义为:当错误概率小于设定门限时,传感器的角度区分能力。图 2.7 中给出了相干斑散射目标回波的实测结果,图 2.7 中的错误概率门限设置为 3% 。[20,21]

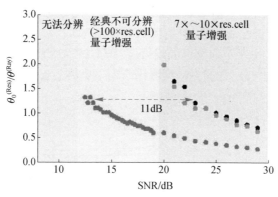

图 2.7　零差探测效率 $\eta = 0.25$ 时,归一化角度分辨力指标与 SNR 的关系(见彩图)

图 2.7 中,黑色点表示经典传感器角度分辨力与信噪比对应关系的曲线(零差探测的效率 $\eta = 0.25$),绿色点表示相同条件下,接收端利用 SVI 技术增强后,传感器角度分辨与信噪比对应关系曲线,粉色点表示接收端利用 SVI 和 PSA 技术增强后,传感器角度分辨与信噪比的对应关系曲线。图 2.7 中的无法分辨区域表示角度判决出现严重偏差。通过上述曲线可以得出,在高信噪比条件下,角度分辨力 $\theta^{(Res)}$ 与信噪比 SNR 的关系近似满足

$$\theta^{(Res)} \propto SNR^{-3/10}$$

(2.101)

当信噪比低于一定门限值时(例如门限为 20dB),由于信号能量不足以支撑单目标或双目标的检测,因此无法实现有效的角度分辨力。

为了有效评估 Type-2 量子传感器在应用 SVI 和 PSA 技术后,角度分辨性能的提升,本书下面将分析经典激光雷达在相同条件下,分别应用 SVI 技术和 PSA 技术后的性能。在图 2.8 中,绿点对应的曲线表示在零差探测效率 $\eta = 0.25$,没有采用 PSA 技术,SVI 参数为 15dB 时的角度分辨性能改善的性能曲线。这条曲线性能改善有限的原因,主要还是零差探测效率所导致的空态复噪声将抹杀 SVI 技术在抑制接收噪声方面的技术优势。图中粉色点曲线表示当 PSA 的增益为 9.3dB,SVI 参数同样为 15dB 时对应的信噪比曲线,从中可以看出,在所有信噪比条件下,角度分辨性能均得到显著改善。此外,对于信噪比处于经典传感器无法有效分辨的区域($12\text{dB} < \text{SNR} < 20\text{dB}$)时,通过 SVI 和 PSA 技术的应用,量子传感器依然可以实现良好的分辨。

量子传感器在角度分辨性能上的提升同样可以由信噪比得益进行定量的描述,即相同分辨力条件下,量子传感器所需的信噪比与经典传感器之差。为了系统展现量子传感器在角度分辨方面性能的提升,图 2.8 中给出了在不同探测效率 η 和 PSA 增益 G(即 OPA 所实现的增益,不同于 G_{eff},二者关系如式(2.97)所示)的条件下的信噪比得益。从中可以明显看出,只有当零差探测效率 η 较高时,单纯采用 SVI 技术才能够获取较好的性能改善,随着 η 的降低,单纯使用 SVI 技术逐步不具备性能优势,但是当 PSA 技术与 SVI 技术联合使用时,情况明显好转。从图 2.8 中所示的黑色曲线来看,PSA 技术所获取的信噪比得益曲线服从 $1/\eta$。因此在 η 较低的时候,信噪比改善主要得益于 PSA 所具有的增益。

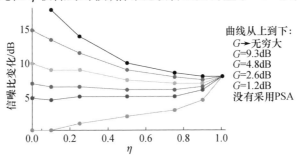

图 2.8　不同零差效率 η 和 PSA 增益 G 下,量子传感器的
信噪比得益曲线(相同分辨力)(见彩图)

2.5.2.2　量子增强接收处理的仿真分析

为了更加量化和直观地表示量子增强处理如何提高图像质量,获取更多细节信息,本章将通过数值仿真,对图 2.5 中所示的系统进行分析。不同之处在于仿真中采用扩展的平面目标代替点目标进行成像,进而分别反演目标场的反射系数的实部和虚部。

假设仿真中激光传感器的接收机中嵌入 50∶50 的分光镜,分光镜的两路输出各自处理,从而各自获取 SVI 和 PSA 增强成像后,目标散射场系数的实部和虚部的成像结果。因此,两路接收到的信号类似于式(2.98)所示信号实部,但其同时还包括信号的虚部,即

$$y_1(\rho) = \left(\frac{\sqrt{\pi\eta G_{\mathrm{eff}} E_{\mathrm{T}} R^2}}{2\lambda L} \right) \mathrm{Re}\left\{ \int \xi_{\mathrm{T}}(\rho') \xi_{\mathrm{P}}(\rho - \rho') T(\rho') \mathrm{d}\rho' \right\} + n_1(\rho)$$

$$(2.102)$$

$$y_2(\rho) = \left(\frac{\sqrt{\pi\eta G_{\mathrm{eff}} E_{\mathrm{T}} R^2}}{2\lambda L} \right) \mathrm{Im}\left\{ \int \xi_{\mathrm{T}}(\rho') \xi_{\mathrm{P}}(\rho - \rho') T(\rho') \mathrm{d}\rho' \right\} + n_2(\rho)$$

$$(2.103)$$

在如下的分析中,同样假设具有高斯衰减特性的接收口径形式为直径为 D 的圆形镜头。所以接收口径对应的传递函数可以表示为

$$A(\rho') = \begin{cases} \mathrm{e}^{-2|\rho'|^2/R^2} & |\rho'| \leqslant D/2 \\ 0 & \text{其他} \end{cases}$$

$$(2.104)$$

式(2.102)~式(2.103)中所示的噪声项 n_1 和 n_2 彼此独立,且满足零均值的高斯分布,其谱函数如式(2.99)所示。为了与经典传感器对比,可以通过设置 $r=0$ 和 $G_{\mathrm{eff}}=1$ 来实现。虽然为了获取信号实部和虚部,需要一对零差探测器,但是其在统计意义上与单个零差探测器完全一致。

若将实部和虚部信号整合在一起,共同表示为一个复函数的形式,即

$$\begin{aligned} y(\rho) &= y_1(\rho) + jy_2(\rho) \\ &= \left(\frac{\sqrt{\pi\eta G_{\mathrm{eff}} E_{\mathrm{T}} R^2}}{2\lambda L} \right) \int \xi_{\mathrm{T}}(\rho') \xi_{\mathrm{P}}(\rho - \rho') T(\rho') \mathrm{d}\rho' + n(\rho) \\ &= s(\rho) + n(\rho) \end{aligned}$$

$$(2.105)$$

式中:$s(\rho)$ 表示成像结果中的信号部分,$n(\rho) = n_1(\rho) + jn_2(\rho)$ 表示噪声部分。根据式(2.93)可以明显看出,目标回波场 $y(\rho)$ 中的调制传输函数(MTF,光学成像系统中描述成像质量的重要评价指标)就是 $A(\lambda L f)$,通过将空间频率中的噪声项 $n_1(\rho)$ 和 $n_2(\rho)$ 一同考虑,可以对复零差探测成像结果中的空间频率概率有一个较为完整的认识。但是考虑到口径限制,使得目标的空间频率大于 $D/2\lambda L$ 时,受限于物理口径限制,信号将无法被接收口径接收,即在该空间频率内只有噪声,因此在仿真中假设存在一个理想的空间频率滤波器,将口径以外的信号完整滤除。因此,在仿真中的成像结果 $|y'(\rho)|^2$ 表示为

$$y'(\rho) = \int \mathrm{d}\rho' y(\rho') h_D(\rho - \rho') = s'(\rho) + n'(\rho)$$

$$(2.106)$$

式中

$$h_D(\rho) = \int_{|f| \leqslant D/2\lambda L} \mathrm{d}f e^{i2\pi f\rho} = \frac{\pi D^2}{4(\lambda L)^2} \frac{J_1(\pi D|\rho|/\lambda L)}{\pi D|\rho|/\lambda L} \qquad (2.107)$$

仿真中假设所有感兴趣的目标的散射过程满足散斑特性,因此,仿真中采用激光雷达理论中频繁使用的理想模型对目标散射过程进行建模,也就是说 $T(\rho'')$ 属于零均值的复高斯过程,其非零的二阶矩可以表示为

$$\langle T(\rho''_1)T(\rho''_2) \rangle = \lambda^2 T_{\mathrm{ave}}(\rho''_1)\delta(\rho''_1 - \rho''_2) \qquad (2.108)$$

式中: $T_{\mathrm{ave}}(\rho'')$ 表示目标在发射轴 ρ'' 上的平均反射密度。

仿真中的目标采用美国空军(USAF)的标准分辨图章,并将仿真的结果展现出来。图2.9中给出了仿真的结果。原始的 $T_{\mathrm{ave}}(\rho'')$ (图2.9(a))经过半径为 $R = D/2$ 的高斯渐变口径接收后,图像出现了一定程度的模糊(图2.9(b)),模糊的出现表示经典激光传感器的成像结果,其中经典激光传感器需要一定的信噪比为前提,且目标散斑效应可以通过多次成像平滑处理进行抑制。由于散斑的特性,激光传感器对于常规目标的单次成像结果也将会有非常强的空间变化。为了表现上述特点,首先定义激光传感器获取的复图像中单个点目标的信噪比 $\mathrm{SNR}_1(\rho)$:"目标回波强度均值的平方(表示为 $< |s'(\rho)|^2 >$),除以复图像在目标所在点的方差(表示为 $\mathrm{Var}(< |y'(\rho)|^2 >)$)"。

除了上述定义以外,常规的信噪比 SNR 定位其还可以表示为目标回波复信号 $s'(\rho)$ 的均值与噪声复信号 $n'(\rho)$ 均值的比[21],即

$$\mathrm{SNR}(\rho) = \langle |s'(\rho)|^2 \rangle / \langle |n'(\rho)|^2 \rangle \qquad (2.109)$$

式(2.109)所示的定义与 $\mathrm{SNR}_1(\rho)$ 之间存在的关系可以表示为

$$\mathrm{SNR}_1(\rho) = \frac{\mathrm{SNR}(\rho)/2}{1 + \mathrm{SNR}(\rho)/2 + 1/2\mathrm{SNR}(\rho)} \rightarrow 1 \qquad (2.110)$$

从式(2.110)中等号成立的条件就是 $\mathrm{SNR}(\rho) \rightarrow \infty$,这种逼近关系也代表了目标散斑的极限。当然,如果图像中所有散射点均具有完全相同的散斑波动,则散斑效应将引起成像结果的整体随机波动。但是在实际情况中,却不是如此,由于目标散射场存在的 δ 相关特性,使得复图像中每个点的衍射场存在彼此独立(或者近似独立)的散斑波动。正因为这个原因,通过将源于同一目标点的 M 副图像序列进行平滑处理,平滑图中目标点的 $\mathrm{SNR}_1^{(M)}$ 将提升 M 倍。即平滑后信噪比 $\mathrm{SNR}_1^{(M)}(\rho) = M \times \mathrm{SNR}_1$,其中,$\mathrm{SNR}_1$ 的定义如式(2.110)所示。需要注意的是,渐变口径所造成的目标信息损失,即接收信号空间频率中将丢失部分高频分量,从而使得成像的信噪比无法达到理论极限。因此,尽管通过平滑的手段可以增加图像的信噪比,但是通过包括 SVI 和 PSA 技术的量子增强技术弥补高频分量的损失,才能够从本质上提升图像的质量。为了提供对于 SAR 图像的评估指

标,下面将定义一个全新的指标$\overline{\mathrm{SNR}}_1^{(M)}$,其表示整个成像区域内所有元素的
$\mathrm{SNR}_1^{(M)}(\rho)$在空间上的平均结果。

图 2.9(c)给出了当 $M=100$ 和光电探测器的探测效率 $\eta=0.25$ 的情况下,
经典激光传感器对于 USAF 标准分辨图形的成像结果。此外,在与图 2.9(c)相
同的条件下,图 2.9(d) ~ 图 2.9(f)分别给出了利用 SVI、PSA 和二者的结合使
用时,采用量子增加技术成像的结果。从仿真结果来看,由于零差探测效率较
低,因此单独采用 SVI 技术时,性能的提升相应有限,但是 PSA 技术带来的性能
提升则非常明显。不过从图 2.9(c)和图 2.9(f)的对比可以明显看出,相比较经
典传感器,将 SVI 和 PSA 技术相结合所带来的性能提升是最明显的。当探测效
率 $\eta=0.25$ 时,经典传感器成像结果的信噪比指标$\overline{\mathrm{SNR}}_1^{(M)}$只有6dB,然而通过
SVI 和 PSA 技术的应用,使得成像结果的信噪比指标$\overline{\mathrm{SNR}}_1^{(M)}$达到13dB。信噪比
指标的提升所带来的是成像结果在视觉上质量的提高。

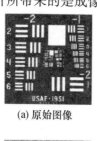

(a) 原始图像

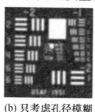

(b) 只考虑孔径模糊
效应后的图像

(c) 零差检测

(d) 只进行压缩
真空注入

(e) 只进行相敏放大

(f) 同时进行压缩真空
注入和相敏过大

图 2.9　不同接收体制下 USAF 标准分辨图样的成像结果

从直观上来看,使用 USAF 标准分辨图像的数据,可以对量子增加接收机对
于信号和噪声在空间频率上不同的响应特性进行分析。式(2.106)给出的经典
传感器的探测效率为 1 时,入射场中信号和噪声的谱密度的一维切片,如图
2.10(a)所示。信号功率谱的形状是由渐变口径的传递函数引起的,而噪声分
量可以认为在 h_{D} 通道对应的空间频率上均为白噪声。图 2.9(b)表示类似的经
典探测器,只是探测效率 η 降低至 0.25。由此可以看出信号功率谱等比例地下
降了 η 倍,而噪声水平则保持不变,由此使得 SNR 的降低。在 $\eta=0.25$ 时,当单
独应用 SVI 技术后,效果非常有限,与图 2.10(b)所示的性能几乎一致。图 2.10
(c)则给出了在 $\eta=0.25$ 的条件下,利用 PSA 技术($G_{\mathrm{eff}}=10\mathrm{dB}$)后,信号和噪声

都被放大,但是信噪比与图2.10(a)中所示的理想情况($\eta=1$)几乎一致。最后,在图2.10(d)中展示了SVI和PSA二者相结合后的性能。其中SVI抑制高频噪声基底而PSA克服零差探测效率较低的问题,使得噪声谱的形状与渐变口径传递函数相对应,由此所得到的信噪比得益比单纯使用PSA技术更加明显。

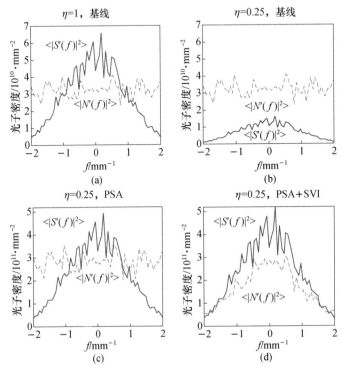

图2.10　信号和噪声分量的功率谱一维切片函数(见彩图)

2.5.2.3　小结

上面表述了量子成像增强技术中最常用的两种手段,即PSA和SVI,二者均可以应用于克服经典激光传感器中渐变口径和零差探测所引起的性能瓶颈,从而提升接收机信噪比和空间分辨力。其中PSA技术用于克服零差探测中损失的信噪比,如由于零差失配和亚像素探测所导致的损失。虽然上面所介绍的各项技术均以零差探测为应用背景,但是在直接探测等其他探测体制中,PSA技术也可以得到有效的应用。除了探测效率引起的噪声以外,目标空间频率的高频部分信息被渐变口径接收受到损失,等效在相应空间频率引入噪声,与之互补的SVI技术则降低了此类噪声,提升了信噪比和空间分辨力。因此,在探测效率没有趋近1的条件下,为了避免高空间频率部分的信噪比恶化影响成像,SVI技术必须与 PSA 技术配合使用。

需要注意的是,量子增强接收仅仅在接收端进行量子特性处理,而采用的 SVI 和 PSA 技术均不依赖于发射信号特定的量子态,也不会由于量子态的大气传输、目标散射等因素而影响性能。对于量子增强传感器性能的评估可以通过两种手段,一种是利用假设检验,检测回波源于一个或者两个目标,由此分辨分析 SVI 和 PSA 技术的空间分辨性能;此外,还可以基于 USAF 标准分辨图样进行仿真,然后通过信号和噪声的功率谱来进行判断。

对于量子增强传感器未来的研究需要进一步的细化,并着重于可实现性。例如,分析中假设 PSA 和 SVI 均在理想条件下实现,在实际情况下,首先,用于产生压缩态的非线性晶体和 PSA 均属于有限空间带宽[22];其次,压缩真空态注入、相位敏感放大和零差探测的测量过程彼此均存在差异,而非理论分析中所假设的相同测量条件;最后,实际目标不会是平稳的平面目标,实际目标的位置和速度均未知且时变。因此,量子增强传感器后续需要优化接收结构,使得各种技术得以真正的应用。

2.6 量子传感器与量子雷达探测

根据雷达的经典定义可知,雷达的基本用途是检测感兴趣的目标和提供有关目标位置、运动、尺寸和其他参数的信息[23]。从广义上来说,雷达属于传感器的范畴,从这个角度上来看,量子传感器项目(QSP)[12]和量子激光雷达项目[24]已经初步矗立了量子雷达这个全新的研究领域,并且从现在的研究成果来看,利用量子技术完全可以突破经典分辨极限,提高雷达对于目标空间的分辨力。

雷达面临的首要任务是实现目标的探测。其本质是在系统噪声中检测是否存在目标的回波。只有在回波信号被检测后,才会进一步分析确定目标的距离、方位等参数。因此,实现目标的可靠检测,是决定雷达性能和作战意义的首要前提。从这个角度上来说,量子传感器项目和量子激光雷达项目均没有将量子技术深入到雷达真正核心的技术领域,但是不可否认,上述两个项目中突破的关键技术,包括相干态传播、目标量子散射等,均为量子雷达探测概念的提出和后续技术攻关奠定了坚实的理论基础。

此外,对于雷达而言,无论是进行成像分析还是目标探测,其核心都是信号的信噪比;而对于量子传感器而言,其实现角分辨性能提升的手段,无论是 SVI 或是 PSA,亦或是发射纠缠态光子对,都是为了能够降低接收端的噪声功率,提升回波信号的信噪比,最终达到提高对于两个点目标检测的能力,因此说**信号检测理论是量子传感器成像与量子雷达探测的共同理论基础,而信噪比则是二者**

的核心。若将该机理延伸至雷达探测过程的信号检测中,则等价于提升对目标的探测性能,从而提升雷达的探测性能。

2.6.1　雷达目标探测中的信号检测问题[25]

雷达目标探测的目的就是根据观测到的回波信号,做出目标是否存在的判决。实际中,由于外部与内部各种干扰的存在,雷达接收机接收到的被干扰或噪声淹没的随机信号,就使得判决产生了不确定性。每次判决不可能都是正确的,因此,目标探测中的判决问题是一种必须从概率统计性能加以分析的判决,其属于统计判决问题的范畴。

统计判决产生错误的根本原因在于:几种可能往往导致同样的观测结果,即使在无干扰与噪声的情况下,这种现象依然不可避免地存在。日常生活中人们不乏类似的经验:医生在进行诊断时,往往需要对患者进行必要的化验,而医生根据化验结果做出诊断时,在明显的正常与异常的化验结果以外,往往存在临界的"交叉区域",这就会出现诊断上的困难与失误。

在存在干扰与噪声的前提下,识别观测数据中是含有信号或是纯属干扰与噪声,这一识别问题构成了典型的信号检测问题;将以上"信号检测问题"再加以扩展形成如下识别问题,即当存在干扰与噪声的前提下,就需要判决观测数据中所含信号的类型("不存在信号"亦可作为一种信号类别),显然,此类信号检测问题的解决蕴含前述目标探测中"信号有无"问题的判决。

综上所述。"目标探测"问题实质上就是一类特殊的统计识别问题,此类识别问题设计的是观测样本中是否存在信号以及信号类别的判决。为了提高目标探测能力,即信号检测的性能,提高信号相对于噪声的信噪比具有重要意义。可以说,观测样本中的信号相对于噪声的信噪比越高,检测性能越佳,此结论具有普遍意义。下面对此类结论进行简单的分析。

首先通过简单的二择一假设检验的判决性能分析:

$$H_1:y = A + n, H_0:y = n \tag{2.111}$$

式中:A 为大于零的常数;n 为零均值的高斯噪声。

以上的双择一假设检验问题是指存在加性高斯噪声前提下,判决样本 y 中是否存在确定信号 A 的问题,对此类问题采用聂孟–皮尔逊准则呢,即判决规则为

$$z = \frac{f(y \mid H_1)}{f(y \mid H_0)} \geqslant \text{th} \tag{2.112}$$

即满足式(2.112)判为 H_1,反之判为 H_0。门限 th 由给定的 P_{fa} 确定。

目前条件下,两种假设的似然函数可以表示为

$$f(y \mid H_0) = \frac{1}{\sqrt{2\pi}\sigma}\exp\left\{-\frac{y^2}{2\sigma^2}\right\} \tag{2.113}$$

$$f(y \mid H_1) = \frac{1}{\sqrt{2\pi}\sigma}\exp\left\{-\frac{(y-A)^2}{2\sigma^2}\right\} \tag{2.114}$$

将式(2.113)和式(2.114)代入式(2.112)中,可以得到以下判决准则,为

$$\exp\left\{\frac{1}{\sigma^2}\left(Ay - \frac{1}{2}A^2\right)\right\} \geqslant \text{th} \tag{2.115}$$

即满足式(2.115)判为 H_1,反之判为 H_0。门限 th 由给定的 P_{fa} 确定。

检测门限 th 可以由下式给出,即

$$\int_{\text{th}}^{\infty} f(y \mid H_0)\,\mathrm{d}y = \int \frac{1}{\sqrt{2\pi}\sigma}\exp\left\{-\frac{y^2}{2\sigma^2}\right\}\mathrm{d}y = P_{fa} \tag{2.116}$$

一旦求出门限 th,发现概率可以由下式计算,即

$$P_d = \int_{\text{th}}^{\infty} f(y \mid H_1)\,\mathrm{d}y = \int \frac{1}{\sqrt{2\pi}\sigma}\exp\left\{-\frac{(y-A)^2}{2\sigma^2}\right\}\mathrm{d}y \tag{2.117}$$

经过变量替换,令 $\text{th}' = \text{th}/\sigma$ 后,可得

$$P_d = \int_{\text{th}'-A/\sigma}^{\infty} \frac{1}{\sqrt{2\pi}}\exp\left\{-\frac{z^2}{2}\right\}\mathrm{d}z \tag{2.118}$$

显而易见,当 P_{fa} 给定后,th' 随之确定,P_d 将随 A/σ 的不同而取不同值。A/σ 越大,发现概率越高。定义信号相对于噪声的信噪比 $\text{SNR} = A^2/\sigma^2$,则可知 SNR 的值越大,发现概率越高。

虽然上面的分析仅以二元假设检验为例进行分析,但是理论依据证明,无论何种检测器,检测器的性能与信噪比的高低之间有关系。如何增加信噪比是信号检测理论与技术非常重要的领域。

2.6.2 量子传感器成像中的信号检测问题

量子传感器项目研制的不同类型量子传感器,从本质上说都是通过量子操作(如 SVI 和 PSA 技术),提升回波信号的信噪比。如量子增加传感器就是提高零差探测中信号的信噪比,提升传感器的角度分辨性能。为了定量的分析量子传感器中信噪比,可以引入二元假设检验作为手段,将目标分辨问题转化为等距离环上,单个目标和两个目标的检测问题。为了简化分析,均假设点目标具有理想散射特性,即所有的点目标散射的平均光子数均相同。

鉴于目标检测的错误概率取决于点目标间的相对角度,因此为了便于分析,两个点目标仅在一维坐标 x 上存在角度差异,由此得出 H_1(仅存在单个点目标)

和 H_2 (存在两个点目标)可以分别表述为[26]

$$T(x'') = \begin{cases} \sqrt{\lambda d_T} v_0 \delta(x'') & H_1 \\ \sqrt{\lambda d_T/2} [v_+ \delta(x'' - \theta_0 L) + v_- \delta(x'' + \theta_0 L)] & H_2 \end{cases} \quad (2.119)$$

式中：d_T 表示单个点目标的散射截面积；$\delta(\cdot)$ 表示单位脉冲冲激响应；$\{v_0, v_+, v_-\}$ 表示一组独立、正交且同分布的高斯随机变量集，用于表示每一个点目标的散射函数。

目前已经证明，傅里叶空间中处理假设检验问题是相对容易的，因此，后续分析将基于频域数据 $\{Y_d(f_x): -\infty < f_x < \infty\}$ 进行分析，此外考虑到高斯分布的样本有利于分析，因此，假设 Y_d 中不包含非均匀样本，然后利用白化滤波器进行预滤波后，进行单目标和双目标的检测，即

$$Y_d'(f_x) \equiv \sqrt{\frac{2}{S_{n_d n_d}(f_x)}} Y_d(f_x) \quad (2.120)$$

式中：$Y_d(f_x)$ 和 $S_{n_d n_d}(f_x)$ 分别表示为式(2.98)和式(2.99)的一维傅里叶变换形式，由此可以将 $Y_d(f_x)$ 的实部和虚部分别表示为

$$\mathrm{Re}[Y_d'(f_x)] = \left(\frac{\sqrt{\pi \eta G_{\mathrm{eff}} E_T R^2}}{\lambda L \sqrt{2 S_{n_d n_d}(f_x)}} \right) Ev[\tilde{T}_r(f_x)] A(\lambda L f_x) + n_r'(f_x) \quad (2.121)$$

$$\mathrm{Im}[Y_d'(f_x)] = -\left(\frac{\sqrt{\pi \eta G_{\mathrm{eff}} E_T R^2}}{\lambda L \sqrt{2 S_{n_d n_d}(f_x)}} \right) Od[\tilde{T}_r(f_x)] A(\lambda L f_x) + n_i'(f_x)$$

$$(2.122)$$

式中：$n_i(f_x)$ 和 $n_r(f_x)$ 是独立同分布的零均值，单位方差的实高斯噪声。E_v 和 O_d 分别表示傅里叶变换的奇数项和偶数项。由此可以将式(2.121)~式(2.122)中的奇数偶数项分别表示为

$$Ev[\tilde{T}_r(f_x)] = \begin{cases} \sqrt{\lambda d_T} \mathrm{Re}(v_0) & H_1 \\ \sqrt{\lambda d_T/2} \mathrm{Re}(v_+ + v_-) \cos(2\pi \theta_0 L f_x) & H_2 \end{cases} \quad (2.123)$$

$$Od[\tilde{T}_r(f_x)] = \begin{cases} 0 & H_1 \\ \sqrt{\lambda d_T/2} \mathrm{Im}(v_+ - v_-) \sin(2\pi \theta_0 L f_x) & H_2 \end{cases} \quad (2.124)$$

根据经典高斯背景下的二元检测理论，可以将随机矢量 $r = [r_c, r, r_s]$ 分别表示为

$$r_c \equiv \int df_x \mathrm{Re}[Y_d'(f_x)] \frac{A(\lambda L f_x)}{\sqrt{2 S_{n_d n_d}(f_x)}} \left(\frac{4(\lambda L)^2}{\pi R^2} \right)^{1/4} \cos(2\pi \theta_0 L f_x) \quad (2.125)$$

$$r \equiv \int df_x \mathrm{Re}[Y_d'(f_x)] \frac{A(\lambda L f_x)}{\sqrt{2 S_{n_d n_d}(f_x)}} \left(\frac{4(\lambda L)^2}{\pi R^2} \right)^{1/4} \quad (2.126)$$

$$r_{s} \equiv \int df_{x} \mathrm{Re}\big[Y_{d}'(f_{x}) \big] \frac{A(\lambda L f_{x})}{\sqrt{2S_{n_{d}n_{d}}(f_{x})}} \Big(\frac{4(\lambda L)^{2}}{\pi R^{2}} \Big)^{1/4} \sin(2\pi\theta_{0}L f_{x}) \quad (2.127)$$

上述三个变量构成的矢量构成最小误差概率准则下最优接收机的充分统计量。当只有一个目标存在时（H_{1} 假设），可以将零均值高斯随机矢量 r 的协方差矩阵表示为

$$\Lambda_{1} = \begin{bmatrix} 8G_{\mathrm{eff}}\eta\bar{n}C_{1}^{2} + C_{0} + C_{2} & \sqrt{2}(4G_{\mathrm{eff}}\eta\bar{n}C_{0}+1)C_{1} & 0 \\ \sqrt{2}(4G_{\mathrm{eff}}\eta n C_{0}+1)C_{1} & (4G_{\mathrm{eff}}\eta\bar{n}C_{0}+1)C_{0} & 0 \\ 0 & 0 & C_{0} - C_{2} \end{bmatrix} \quad (2.128)$$

同样，当存在两个目标时（H_{2} 假设），同样可以将零均值高斯随机矢量 r 的协方差矩阵修正为

$$\Lambda_{2} = \begin{bmatrix} \Lambda & \mathbf{0} \\ \mathbf{0}^{\mathrm{T}} & \big[2G_{\mathrm{eff}}\eta\bar{n}(C_{0}-C_{2})+1 \big](C_{0}-C_{2}) \end{bmatrix} \quad (2.129)$$

式中：$\mathbf{0} = [\,0\ \ 0\,]$，且

$$\Lambda = \begin{bmatrix} \big[2G_{\mathrm{eff}}\eta\bar{n}(C_{0}+C_{2})+1 \big](C_{0}+C_{2}) & \sqrt{2}\big[2G_{\mathrm{eff}}\eta\bar{n}(C_{0}+C_{2})+1 \big]C_{1} \\ \sqrt{2}\big[2G_{\mathrm{eff}}\eta\bar{n}(C_{0}+C_{2})+1 \big]C_{1} & 4G_{\mathrm{eff}}\eta\bar{n}C_{1}^{2} + C_{0} \end{bmatrix}$$
$$(2.130)$$

式（2.130）中的常数项依次表示为

$$C_{0} = \int df_{x} \frac{A^{2}(\lambda L f_{x})}{4S_{n_{d}n_{d}}(f_{x})} \sqrt{\frac{4(\lambda L)^{2}}{\pi R^{2}}} \quad (2.131)$$

$$C_{1} = \int df_{x} \frac{A^{2}(\lambda L f_{x})}{4S_{n_{d}n_{d}}(f_{x})} \sqrt{\frac{4(\lambda L)^{2}}{\pi R^{2}}} \cos(2\pi\theta_{0}L f_{x}) \quad (2.132)$$

$$C_{2} = \int df_{x} \frac{A^{2}(\lambda L f_{x})}{4S_{n_{d}n_{d}}(f_{x})} \sqrt{\frac{4(\lambda L)^{2}}{\pi R^{2}}} \cos(4\pi\theta_{0}L f_{x}) \quad (2.133)$$

$$\bar{n} = \frac{I_{\mathrm{T}}d_{\mathrm{T}}\tau_{\mathrm{P}}}{\hbar\omega_{\lambda}L} \sqrt{\frac{\pi R^{2}}{4}} \quad (2.134)$$

对于经典传感器而言，对于 C_{1} 等参数具有一个简单的解析表达式，即

$$C_{0} = 1 \qquad C_{1} = e^{-(k\theta_{0}R/4)^{2}} \qquad C_{2} = e^{-(k\theta_{0}R/2)^{2}} \quad (2.135)$$

但是，更为重要的是对 $\bar{n}$ 的物理解释。在任何一种情况下，该参数均表示经过激光传感器渐变口径的平均光子数。所以 $2\eta\bar{n}$ 恰好表示在经典零差探测效率为 η 情况的回波信噪比。

基于充分统计量 r，最小误差概率密度准则的假设检验可以表示为

$$r^{\mathrm{T}}\left[\left(\Lambda_1\right)^{-1}-\left(\Lambda_2\right)^{-1}\right]r \underset{H_1}{\overset{H_2}{\gtrless}} 2\ln\left(\frac{|\Lambda_2|^{1/2}}{|\Lambda_1|^{1/2}}\right) \qquad (2.136)$$

基于协方差矩阵 Λ_1 和 Λ_2，分别产生相应的零均值高斯统计量，然后基于式（2.136）的检测准则，可以通过对充分检测量 r 的蒙特卡洛仿真，可以计算出错误概率 P_E。针对不同的平均光子数 $\bar{n}$ 和两个目标的角度间隔 θ_0 分别进行仿真，每一组参数均分别在 H_1 和 H_2 假设下，进行 10000 次独立试验。并且将经典传感器、仅采用 SVI 技术的量子增强、仅采用 PSA 技术的量子增强和二者联合的量子增强传感器进行性能对比，如图 2.11 所示。此外，误差概率 PE 的 Chernoff 界同样可以从理论推导出来[27]。

图 2.11(a) 中给出了经典传感器（即 $r=0$，$G_{\mathrm{eff}}=1$）在理想零差探测效率（即 $\eta=1$）下，发射不同平均光子数的条件下，误差概率 P_E 随目标角度间隔 θ_0 变化的曲线。从图中可以看出，随着目标角度间隔 θ_0 和发射平均光子数 $\bar{n}$ 的增加，错误概率 P_E 相应降低，这个结论是显而易见的。

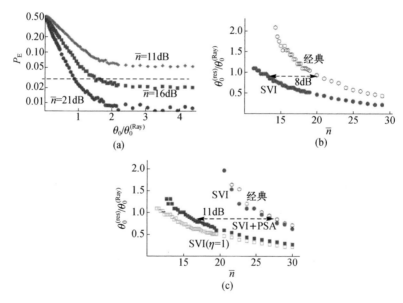

图 2.11　不同各类型传感器的错误检测概率的变化曲线（见彩图）

其中令人感兴趣的是，即使当 $\theta_0 \to 0$ 时，错误概率 P_E 只是趋近于 0 而达不到 0。从物理上解释，是由于目标散斑的存在使得即使 SNR 无穷大，也依然无法实现对一个或者两个目标的完美区分，且这个错误概率与两个目标间的角度间隔无关。

为了评估 SNR 在分辨中的作用,首先定义目标可分辨的门限,即检测目标数目为一个还是两个的最小错误概率 $P_E < 0.03$,如图 2.11(a) 中所示的点状线。图中的瑞利角度的定义可以表示为 $\theta_0^{(Ray)} = 0.32\lambda/R$,其对应于渐变口径 $A(x) = \exp(-2x'^2/R^2)$。从图中可以看出,经典系统也同样具有突破瑞丽分辨极限,达到亚像素分辨的性能。此外,从图 1.5(a) 中还可以看出,当 $\bar{n} = 16dB$ 时,可以实现目标分辨的角度间隔为 $\theta_0 = 1.6 \times \theta_0^{(Ray)}$;当 $\bar{n} = 21dB$ 时,可以实现目标分辨的角度间隔缩小为 $\theta_0 = 0.9 \times \theta_0^{(Ray)}$;对于 $\bar{n} = 11dB$ 的场景,目标则完全无法分辨。图 2.11(b) 中给出了经典传感器角度分辨 θ_0 与平均光子数 $\bar{n}$ 之间的关系。根据 Chernoff 界可知,当 $\bar{n}$ 较大时,分辨力与 $\bar{n}^{-3/4}$ 成正比;而当 $\bar{n}$ 较小时,则需要进行数值求解了。

下面针对零差探测效率为 100% 的激光传感器,在渐变口径中单纯引入 15dB 的 SVI 技术,即 $e^{2r} = 10^{1.5}$,其分辨性能随 $\bar{n}$ 变化的曲线如图 2.11(b) 中红线所示。从图中曲线看,在发射平均光子数较高,即 SNR 较高时,SVI 技术的应用使得分辨力性能几乎提高 1 倍。此外,该曲线也表明在相同分辨力条件下,SVI 技术的应用使得传感器对于信噪比的要求降低约 8dB。

为了进一步量化激光传感器中 PSA 技术,解决零差探测效率非理想问题中的技术优势,首先假设零差探测效率 $\eta = 0.25$,图 2.11 中依次给出了三条曲线,分别是①在零差探测效率为 0.25 时,经典传感器的分辨力随平均光子数的曲线;②零差探测效率为 1 时,SVI 量子增强传感器的分辨力随平均光子数的曲线;③零差探测效率为 0.25 时,SVI 和 PSA 联合量子增强传感器的分辨力随平均光子数变化的曲线。从图中可以看出,由于考虑了零差探测的非理想性,相比较图 2.11(b),经典传感器的分辨力曲线整体恶化约 6dB($\approx 1/\eta$)。零差探测效率的非理想导致 SVI 技术几乎无法提升传感器的性能,主要由于探测效率 $\eta < 1$ 产生的空态(Vacuum - State)量子噪声,将压缩带来的性能优势几乎完全损失掉。但是利用将 PSA 与 SVI 技术相结合,可以将由于零差探测损失所导致的 SNR 损失完全弥补回来,如图 2.11(c) 所示。

总体而言,图 2.11(c) 中所采用的 SVI 和 PSA 技术,在 $\eta = 0.25$ 的条件下,将分辨力指标近似提高了 3 倍,将分辨所需的信噪比降低了 8dB,对于雷达探测而言,等效于在相同分辨力指标条件下,作用距离推远了 1.58 倍。

2.6.3 信噪比是量子传感与量子雷达探测的共同的核心[28]

从上面的分析可以看出,量子传感提升传感器分辨性能的最终途径依然是提高信噪比。从经典雷达角度出发,增加信噪比的途径,一方面应适当地增加信号功率,在实际中信号的增加往往受到诸多实际因素的牵制,例如,对于雷达系统而言,雷达接收信号的信噪比与发射信号的强弱有关,而发射信号功率的提高往往受到器件等因素的限制;另一方面通过各种可能的途径与处理方法,尽量减小或削弱观测样本中的干扰与噪声。

对于现代经典雷达而言,均采用相参体制提高回波信号的信噪比,其特点为:在观测样本已给到的信噪比前提下,通过增加观测样本数,最终导致在实时判决时的检测统计量中,信号成分相比较噪声分量的信噪比提升,以达到改善检测性能的目的。这种增加观测样本数导致信噪比增强的效应成为积累,而利用信号在频率和相位上一致性的积累称为相参积累。通过相参积累提高信噪比的方法在雷达探测中获得了广泛应用。

所谓相参处理,就是在雷达信号处理时,希望雷达接收信号的能量完全能用于目标检测,信号的相参积累是有效方法,它可将分布在时域中每个时间段的信号能量,在频域中聚焦于比较小的频域,而噪声信号能量分布不改变。

若雷达回波为实信号,表示为

$$s(t) = A\sin(2\pi f_d t + \phi_0)$$
$$= A\frac{e^{j(2\pi f_d t + \phi_0)} - e^{-j(2\pi f_d t + \phi_0)}}{2j} \tag{2.137}$$

式中:f_d 为多普勒频率;ϕ_0 为初始相位。

由此可见,信号的能量将分散在两个谱线上,这会造成检测性能下降 3dB,故实际雷达系统的接收机输出信号为复信号,幅度归一化的信号为

$$s(t) = Ae^{j(2\pi f_d t + \phi_0)} \tag{2.138}$$

积累处理过程就是对信号积分处理,现代信号通常是离散数字信号,离散信号则为将信号求和。离散信号可表示为

$$s(n) = Ae^{j(2\pi f_d \Delta T n + \phi_0)} \tag{2.139}$$

式中:ΔT 为离散后的时间刻度;n 为有多少个离散刻度。

若共有 N 点信号,则其和可以表示为

$$S = A\frac{\sin\pi f_d N\Delta T}{\sin\pi f_d \Delta T}e^{j(\pi f_d \Delta T(N-1) + \phi_0)} \tag{2.140}$$

当 $f_d = 0$ 时,即信号幅度增益最大 N 倍;当 $f_d \neq 0$ 时,信号幅度增益将衰减。为了在 $f_d \neq 0$ 时,补偿信号幅度的损失,则采取的方法是对式(2.140)中的多普勒频率补偿后再积累,设补偿的权值为 $e^{-j2\pi f\Delta T n}$,对 f 进行搜索补偿,则补偿积累的表达式为

$$S(f) = \sum_{n=0}^{N-1} s(n)e^{-j2\pi f\Delta T n} \tag{2.141}$$

此式为典型的傅里叶变换,故傅里叶变换反映了信号在不同频率的积累情况。

当 f 越接近 f_d 时，信号幅度增益越接近 N。目标检测是根据回波信噪比完成的，若信号幅度为 A，噪声功率为 N_0，则时域信噪比为

$$\mathrm{SNR} = \frac{A^2}{N_0} \qquad (2.142)$$

相参积累的目的是保证目标回波信号能量能有效积累，在频谱中体现为信号谱峰功率，而噪声能量分布于带宽内（噪声谱密度），在频谱中体现为噪声基底。若噪声信号形式可表示为 $\mathrm{Noise}(n)$，则噪声谱功率可以表示为

$$
\begin{aligned}
N_{\mathrm{oise}}^2(k\Delta f) &= \sum_{n=0}^{N-1} \mathrm{Noise}(n)\, \mathrm{e}^{-\mathrm{j}2\pi k\Delta f\Delta T\frac{n}{N}} \times \sum_{m=0}^{N-1} \mathrm{Noise}^*(m)\, \mathrm{e}^{\mathrm{j}2\pi k\Delta f\Delta T\frac{m}{N}} \\
&= \sum_{n=0}^{N-1} \sum_{m=0}^{N-1} \mathrm{Noise}^*(m) \times \mathrm{Noise}(n)\, \mathrm{e}^{\mathrm{j}2\pi k\Delta f\Delta T\frac{m-n}{N}}
\end{aligned} \qquad (2.143)
$$

而实际检测目标的信噪比可定义为

$$\mathrm{SNR}(k\Delta f) = \frac{S^2(k\Delta f)}{N_{\mathrm{oise}}^2(k\Delta f)} \qquad (2.144)$$

若以信号最大峰值点代表相参积累得益，则当 $k\Delta f = f_d$ 时，有 $S_{\max}^2(f_d) = NA$，N 为积累脉冲个数，A 为信号功率；由于噪声功率在频带内均匀分布，故噪声频谱可以表示为

$$N_{\mathrm{Noise}}^2(k\Delta f) = \sum_{n=0}^{N-1} N_n = N N_0 \qquad (2.145)$$

那么相参积累的信噪比最大得益为

$$\mathrm{SNR}_{\max}(f_d) = N\frac{A^2}{N_0} \qquad (2.146)$$

式（2.146）说明了 N 点相参积累得益 N 倍，在不同频域采样率条件下所采到信号波瓣位置是不相同的，会产生采样损失。

相比经典雷达提高信噪比的手段，量子传感则从一个全新角度实现信噪比的提升。从量子传感成像的分析中可以看出，其利用量子理论对噪声的全新解释，揭示了接收机噪声在微观层面上所具有的特殊物理现象，从而利用 SVI 和 PSA 等量子操作，或者联合发射端进行非经典量子态调制，在信号相参积累的基础上，进一步压低接收机噪声，达到提高信噪比的目的。

对于量子成像而言，其利用量子效应的目的，一方面是克服渐变口径带来的空间频率高频部分的损失，以及由此所导致的分辨力损失；另一方面是压低接收端噪声，特别空间频率高频部分的噪声，从而提高回波信噪比。相比较而言，量子雷达探测与量子成像具有一些异同点。

相同点：量子雷达探测的目的也是利用量子效应，压缩接收机的噪声基底，

从而在信号相参积累的基础上,进一步提高回波信号信噪比,从而达到推远作用距离的目的;此外,由于接收机导致的信号损失不仅在量子成像中存在,而且同样存在于目标探测中;

不同点:量子成像中,从信号检测理论对于分辨力的解释,表示为是存在一个目标(H_1)和两个目标(H_0)的二元假设检验问题;而对于量子雷达探测而言,从信号检测理论对于目标探测的解释,表示为没有目标存在(H_0)和存在目标(H_1)的二元假设检验问题。因此二者所对应的似然函数具有差异,进而导致后续所采取的接收处理方式和量子操作存在差异。

参考文献

[1] Helstrom C W. Quantum Detection and Estimation Theory[M]. New York：Academic Press, 1976.

[2] Fano U. Description of States in Quantum Mechanics by Density Matrix and Operator Techniques[J]. Reviews of Modern Physics, 1957, 29(1):74 – 93.

[3] Born M , Wolf E. Principles of Optics[M]. 7th ed. Cambriodge Town,English：Cambridge University Press, 1999.

[4] Jackson J D. Classical Electrodynamics[M]. 2nd ed. Wiley,1975.

[5] Loudon R. The Quantum Theory of Light [M]. 3rd ed. Oxford, UK：Oxford University Press, 2000.

[6] Mandel L, Wolf R. Optical Coherence and Quantum Optics[M]. Cambriodge Town,English：Cambridge University Press, 1995.

[7] Scully M O, Zubairy M S. Quantum Optics[M]. Cambriodge Town,English：Cambridge University Press, 1997.

[8] Shapiro J H. Quantum Noise and Excess Noise in Optical Homodyne and Heterodyne Receivers [J]. IEEE Journal of Quantum Electronics, 1985, QE – 21(3)：237 – 250.

[9] Shapiro J H. The quantum theory of optical communications[J]. IEEE J. Sel. Top. Quantum Electron, 2009, 15:1547 – 1569.

[10] Van Trees H L. Detection, Estimation, and Modulation Theory Part I[M]. Wiley, 1968.

[11] Erkmen B I, Shapiro J H. Phase – conjugate optical coherence tomography[J]. Phys. Rev. A 74, 2006.

[12] Harris. Quantum Sensors Program[R]. Final Technical Report, AFRL – RI – RS – TR – 2009 – 208, 2009

[13] Shapiro J H, Error bounds for conventional soft – aperture coherent – detection imaging[R]. Harris team internal memorandum, Dec. 21, 2007.

[14] Shapiro J H. Error bounds for soft – aperture coherent – detection imaging with squeezed – vacuum injection[R]. Harris team internal memorandum, Feb. 26, 2008.

[15] Shapiro J H. Error bounds for soft – aperture homodyne – detection imaging with squeezed –

vacuum injection and phase – sensitive amplification[R]. Harris team internal memorandum, Oct. 4, 2008.

[16] Shapiro J H. Modulation transfer function analysis for squeezed – vacuum injection[R]. Harris team internal memorandum, August 4, 2008.

[17] Guha S. The SVI + PSA receiver: propagation model, an MTF analysis, image simulations, and results[R]. Harris team internal slide set, Jan. 29, 2009.

[18] Dutton Z. Scaling of LIDAR target resolution: speckle case[R]. Harris team internal memorandum, Feb. 8, 2008.

[19] Dutton Z. Resolution improvement with squeezed vacuum injection[R]. Harris team internal memorandum, June 18, 2008.

[20] Shapiro J H. Optics configuration for squeezed – vacuum injection[R]. Harris team internal memorandum, June 17, 2008.

[21] Shapiro J H. Capron B A. Harney R C. Imaging and target detection with a heterodyne – reception optical radar[J]. Appl. Opt. ,1981. 20:3292 – 3313.

[22] Vasilyev M, Stelmakh N, Kumar P. Estimation of the spatial bandwidth of an optical parametric amplifier with plane – wave pump[J]. J. Mod. Opt. , 2009, 56:2029 – 2033.

[23] Skolnik M I, Radar Handbook[M]. 2nd ed. Beijing: Publishing House of Electronics Industry, 2003.

[24] Nicholson D J, Quantum Lidar – Remote Sensing at The Ultimate Limit[R]. Final Technical Report, AFRL – RI – RS – TR – 2009 – 180, 2009.

[25] Steven K M. 统计信号处理基础 – 估计与检测理论[M]. 北京:电子工业出版社, 2006.

[26] Dutton Z, Shapiro J H, Guha S. LADAR Resolution Improvement using Receivers Enhanced with Squeezed – Vacuum Injection and Phase – Sensitive Amplification[J]. J. Opt. Soc. Am. B, 2010, 6(27):A63 – A72.

[27] Chernoff H. A measure of asymptotic efficiency for tests of a hypothesis based on the sum of observations [J]. Ann. Math. Stat. , 1952, 23:493 – 507.

[28] 江涛. 量子探测雷达的基本概念和发展[J]. 先进雷达探测技术, 2014, 2:8 – 14.

第③章
量子雷达的传输和散射

◤ 3.1 引　言

对于雷达而言，其基本原理就是通过发射不同类型的电磁波信号，在经过传输环境的散射和目标的反射后，到达接收端进行检测等处理的过程。因此，信号传输特性是量子雷达非常核心且关键的环节。

对于量子雷达而言，受限于目前器件的探测能力，工作频率目前仅限于光波频段，因此光量子的大气散射特性是本章节中重点研究的内容。相比较微波频段的散射特性，光波由于其波长极短，与大气中的气溶胶具有类似的尺寸，导致大气中的水、雾和云等粒子对于光量子的强度和量子态的影响均非常大，因此本章中首先介绍大气散射粒子的微观特性和散布模型，从而为后续的分析提供基础支撑。

对于量子雷达而言，其发射信号的特点是不同类型的量子态，根据其体现物理特性的差异，可以划分为经典量子态和非经典量子态，不同量子态在雷达探测中的应用方式不同。本章以偏振量子态作为经典量子态的代表，以三种典型纠缠态作为非经典量子态的代表，分别分析大气散射对于量子态的影响。

对于偏振量子态而言，其属于经典量子态，因此经典的电磁场理论是可以适用于偏振态的分析，因此本章以经典电磁场理论，对偏振量子态的散射特性进行建模和仿真分析，对大气粒子对偏振量子态的退偏特性进行分析，并给出了理论和实验的结果。从分析中看出偏振量子态在真实大气中具有较强的稳健性。

对于纠缠量子态而言，其属于非经典量子态，为了便于分析，本章中引入密度矩阵和约化密度矩阵来描述纠缠态，并以有限阶分光镜级联构建有损传输模型。以此为基础对 NOON 态和随机纠缠态等几种纠缠态的传输损耗特性进行分析，并以退相关性作为统一的评价标准。同时给出了几种纠缠态的退相关性随传输距离变化的曲线。

从本章的分析可知，首先，偏振态作为经典量子态，其在大气传输过程中具有较强的稳健性，即偏振态的退偏特性非常微弱，但是纠缠态就显得没有那么稳健；其次，不同纠缠态的退相干程度差异较大，对于 NOON 态而言，其在有损环境下几乎无法实现远距离传输，但是随机纠缠态在真实大气中显得更加稳健，并也具有较强的退相干特性；最后，即使纠缠态的相干特性受到破坏，但是依然保留了部分的相干特性，这些特性是否依然可以充分利用，以提升雷达的威力，这个问题是目前研究的热点，也直接关系到纠缠态的应用领域，从目前的研究成果来看，国内外均未给出明确的答复。

3.2　大气散射粒子的微观特性和模型

3.2.1　散射的基本物理概念

为了讨论问题的方便，这里介绍几个关于散射的基本物理概念。散射截面是粒子散射问题的基本概念，它是衡量散射强弱的重要指标。先来定义粒子的差分散射截面，即

$$\sigma_{\mathrm{d}}(\hat{\boldsymbol{o}},\hat{\boldsymbol{i}}) = \lim_{R \to \infty}\left[(R^2 S_{\mathrm{s}})/S_{\mathrm{i}} \right] = |\boldsymbol{f}(\hat{\boldsymbol{o}},\hat{\boldsymbol{i}})|^2 \tag{3.1}$$

式中：S_{i} 和 S_{s} 分别为入射场和散射场的功率流密度，即

$$S_{\mathrm{i}} = \frac{1}{2}(E_{\mathrm{i}} \times H_{\mathrm{i}}^*), \quad S_{\mathrm{s}} = \frac{1}{2}(E_{\mathrm{s}} \times H_{\mathrm{s}}^*) \tag{3.2}$$

由式（3.1），可以将差分散射截面积解释为：从 $\hat{\boldsymbol{i}}$ 方向入射、经过差分散射截面面积 $\sigma_{\mathrm{d}}(\hat{\boldsymbol{o}},\hat{\boldsymbol{i}})$ 的入射功率等于沿 $\hat{\boldsymbol{o}}$ 方向的单位立体角上的散射功率。散射截面可用差分散射截面表示，即

$$\sigma_{\mathrm{s}} = \int_{4\pi} \sigma_{\mathrm{d}}\mathrm{d}\omega = \int_{4\pi} |\boldsymbol{f}(\hat{\boldsymbol{o}},\hat{\boldsymbol{i}})|^2\mathrm{d}\omega \tag{3.3}$$

式中：ω 是立体角。比较式（3.1）和式（3.3）可以看出，散射截面积可解释为：沿 $\hat{\boldsymbol{i}}$ 方向入射、经过散射截面面积 σ_{s} 的入射功率等于沿所有方向的散射功率之和。类似地可以定义出粒子的吸收截面，即散射粒子对入射光的总的吸收功率等于遥过吸收截面面积上的入射光的功率。

在上面介绍的基础上，进一步介绍两个概念，即散射截面和吸收截面的和为消光截面：$\sigma_{\mathrm{t}} = \sigma_{\mathrm{s}} + \sigma_{\mathrm{a}}$。散射粒子的反照率为散射截面与消光截面之比，为 $W_0 = \sigma_{\mathrm{s}}/\sigma_{\mathrm{t}}$。

上述散射截面是相对单个粒子来说的。体散射系数表示当单位辐照度的光入射时，被单位体积的散射粒子从光束中去掉的总光通量[1]。因为散射过程是非相干的，N 个粒子去掉的光通量恰好为每个粒子去掉的光通量的 N 倍。对于单分散系散射粒子，所有的粒子尺寸相同，其体总散射系数 β_{s} 和 β_{ex} 分别表示为

$$\beta_s = N\sigma_s$$

$$\beta_{ex} = N\sigma_s + N\sigma_a \tag{3.4}$$

式中:N 为粒子浓度;σ_a 为吸收截面;对于粒子尺寸满足分布 $n(r)$ 的多分散系散射粒子,总散射系数 β_s 和 β_{ex} 分别修正为

$$\beta_s = \int_{r_1}^{r_2} \sigma_s(r)n(r)\mathrm{d}r$$

$$\beta_{ex} = \int_{r_1}^{r_2} \left[\sigma_s(r) + \sigma_a(r) \right] n(r)\mathrm{d}r \tag{3.5}$$

3.2.2　大气散射粒子的微观物理特性

对于量子而言,虽然在物理定义中,"量子"并没有对频率进行限定,但是单个量子的能量 h_γ(h 为普朗克常数,γ 为量子的频率)与频率成正比,在目前的技术手段下,尚且只能探测到光波频段的量子,因此光频段的量子,即光量子,依然是目前应用的主要对象。而大气散射粒子的微观物理特性,则是光波在散射大气中传输的基础。

大气散射粒子主要包括气体分子、气溶胶、云、雾等,散射粒子的尺寸大小、形状、粒子数浓度、折射率对光散射特性有重要影响。因此下面将对气溶胶、云、雾等微观物理特性进行分析。

3.2.2.1　气溶胶的微观物理特性和粒子谱分布

气溶胶是悬浮在气体中的小粒子构成的弥散系。从广义上来说,云雾粒子也属于气溶胶,但是一般把云雾粒子单独考虑。气溶胶的来源广泛,如宇宙尘埃、火山灰、植物的分泌、燃烧的产物、海水的盐粒等都能在气溶胶中发现。由于来源广泛,气溶胶的成分很繁杂,且随高度、地点、环境等因素的变化而变化。气溶胶粒子一般都不是球形的,具有不规则形状。对于研究光散射而言,有意义的气溶胶粒子的范围在 $0.01 \sim 10\,\mu m$,其中对应最大粒子数浓度的半径在 $0.1\,\mu m$ 左右。

气溶胶属于多分散系,其粒子尺度的变化范围有二三个数量级。粒子数在各尺度范围的分布方式由其谱分布函数决定。常用的谱分布有指数分布、幂指数分布、对数正态分布等指数谱分布函数又称为变形的 Γ(gamma)函数[2]。具有如下形式,为

$$n(r) = ar^\alpha \exp(-br^\gamma) \tag{3.6}$$

式中:a,b,α,γ 为正常数,这一分布不仅能模拟气溶胶还能模拟云、雾甚至雨的各种模式 r 为粒子尺寸,单位为 μm。浓度由式(3.6)从零到无穷积分得到。

图 3.1 是满足式(3.6)对应不同模式的气溶胶分布[3]，其中，模式 H 适用于平流层尘埃粒子；模式 L 一般代表大陆性气溶胶；模式 M 对应海洋性和沿海地区气溶胶，如表 3.1 所示。其中浓度只是形式上的，气溶胶的浓度为每立方厘米几千到几万个[4]。

表 3.1　几种满足修正 Γ 函数的气溶胶分布

分布类型	N/cm^{-3}	a	$r_c/\mu\text{m}$	α	γ	b	$n(r_c)$
H	100	4.0000×10^5	0.10	2	1	20.0000	$541.4\,\text{cm}^{-3}\,\mu\text{m}^{-1}$
L	100	4.9757×10^6	0.07	2	1/2	15.1186	$446.6\,\text{cm}^{-3}\,\mu\text{m}^{-1}$
M	100	5.3333×10^4	0.05	1	1/2	8.9443	$360.9\,\text{cm}^{-3}\,\mu\text{m}^{-1}$

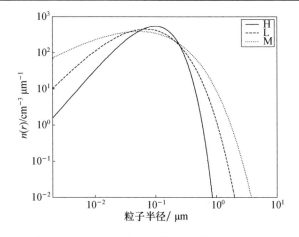

图 3.1　满足修正伽马函数的气溶胶粒子分布

幂指数律谱分布是由 Junge 提出的。其具体形式可以表示为

$$n(r) = \frac{\text{d}N}{\text{d}\log r} = cr^{-v} \tag{3.7}$$

或

$$n(r) = \frac{\text{d}N}{\text{d}r} = 0.434cr^{-(v+1)} \tag{3.8}$$

图 3.2 是遵从式(3.7)的大陆性和海洋性气溶胶粒子谱分布。各个不同地方的测量表明，幂指数律良好地代表了粒子的谱分布[1,5]。指数 v 一般在 2~4 之间变化。

除了上述两种分布以外，用对数正态分布来拟合气溶胶的粒子谱分布，在某些特定情况下，可以取得最优性能。对数正态分布的表达式为

$$n(r) = \frac{N_0}{\sigma\sqrt{2\pi}r}\exp\Big[-\frac{(\log r/E(r))^2}{2\sigma^2}\Big] \tag{3.9}$$

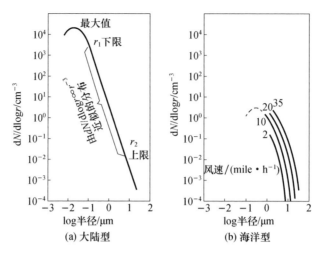

图 3.2　满足幂指数律的气溶胶粒子分布

式中:$E(r)$ 为半径 r 的期望;σ 为其标准差。

由前面的讨论可知,气溶胶粒子的平均尺寸在 $0.1\mu m$ 量级。粒子数浓度一般在几千到几万之间。那么这样一种散射大气对于在其中传输的光束会产生怎样的衰减呢? 1962 年,Knestrik[6] 等测量了美国切萨皮克湾的气溶胶的衰减系数。Yamamoto[7] 等根据这些测量结果反演了气溶胶的粒子谱分布和体积浓度,如图 3.3 所示。图中小圆圈是测量值,直线是根据幂指数分布的拟合曲线。图中的衰减系数是 $0.35 \sim 2.27\mu m$ 的平均值,体积浓度是尺度范围在 $0.1 \sim 5\mu m$ 的平均值。Charlson[8] 于 1967 年测量了气溶胶粒子的衰减系数,并给出了气溶胶的质量浓度和衰减系数的关系,如图 3.4 所示。

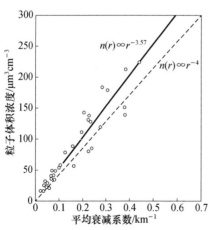

图 3.3　切萨皮克湾的气溶胶粒子
体积浓度与衰减系数的关系

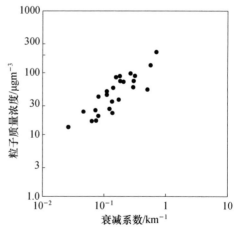

图 3.4　西雅图霾气溶胶粒子的
质量浓度与衰减系数的关系

在 5km 以下,气溶胶的浓度随高度的增加近似呈指数减小。Elterman[9]给出了气溶胶粒子浓度的垂直分布,如图 3.5 所示。定义光学厚度为衰减系数沿光束路径上的积分,整层大气的气溶胶的光学厚度一般都不超过 1。

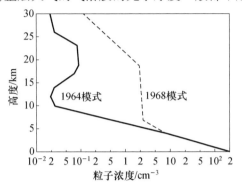

图 3.5　用于大气衰减模式的粒子浓度垂直廓线

气溶胶的折射率一般比水的折射率大。表 3.2 是大气中各种晶体盐类及石英颗粒的折射率值[10]。

表 3.2　具有结晶结构的气溶胶粒子的折射率值

粒子成分	折射率	粒子成分	折射率
NH_4Cl	1.64	$CaSO_4$	1.57
NH_4NO_3	1.60	KCl	1.49
$(NH_4)_2SO_3$	1.52	Na_2SO_4	1.48
$MgCl_2$	1.54	SiO_2	1.49
$NaNO_3$	1.59	K_2SO_4	1.49

3.2.2.2　雾的微观物理特性和粒子谱分布

雾滴是近地面空气层达到饱和时由吸湿性气溶胶演变而来的,其折射率可以用水的折射率代替。由气溶胶演变为雾滴的关键因素是相对湿度。按照相对湿度增加的气象过程不同,雾可以分为:平流雾、辐射雾、平流 – 辐射雾、蒸汽雾、上坡雾和锋面雾。

根据 Neiburger 等的理论,吸湿性气溶胶演化为雾滴的过程中粒子的谱分布变化可用图 3.6 描述[11]。随着相对湿度的提高,大滴由于凝结增长起来,小滴在达到足够过饱和时也增长起来。在 50min 时,形成双峰结构。接下来,长波长处的峰会继续往长波长处移动。到 100min 时,雾基本形成,粒子谱分布变化很缓慢。某些雾的光谱衰减测量表明,用双峰结构的谱分布来反推光谱衰减得到的结果最好,这间接证明了这种双峰结构的存在。

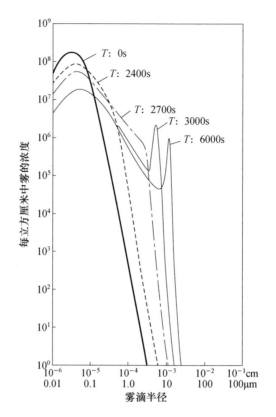

图 3.6 雾滴的理论谱分布随时间的演变

在雾的散射计算中,经常采用如式(3.6)所示的修正型 Γ 分布来模拟雾的谱分布。,即针对雾,可以将式(3.6)修正为

$$n(r) = ar^{\alpha}\exp\left[-\frac{\alpha}{\gamma}\left(\frac{r}{r_c}\right)^{\gamma} \right] \tag{3.10}$$

Tampiere 等采用这一分布对前人所测的实验数据进行了拟合,得到了各种参数取值的修正型 Γ 分布[12],如表3.3 所列。

表 3.3   满足修正 Γ 函数的雾分布

模型	$r_c/\mu m$	α	γ
辐射雾 1	2.13	4	0.70
辐射雾 2	4.98	4	1.23
辐射雾 3	8.06	4	1.77
辐射雾 4	12.22	5	1.62
蒸汽雾	1.86	4	0.56

（续）

模型	$r_c/\mu m$	α	γ
平流雾 1	2.75	4	0.85
平流雾 2	5.04	5	1.17
平流雾 3	6.20	3	1.05
平流雾 4	8.10	6	1.47
平流雾 5	21.16	5	3.09

Garland[13]的一组测量数据表明,雾滴的浓度在几十到几千之间。自然界中不同浓密程度的雾,气象视距有很大差异,从薄雾的 1km 量级到浓雾的 50m 以下量级,对应的散射系数分别为 3.9 和 78.2 左右[14-16]。

3.2.2.3　云的微观物理特性和粒子谱分布

简单地说,云就是悬浮在空中的水滴和冰晶颗粒的集合。按照高度不同,云可以分为低云、中云和高云。每种云在不同纬度所处的高度有差异。一般来说,各种形式的卷云是由冰晶组成的。中云(比如高层云和高积云)由冰晶和过冷水滴组成,这两种相态之间存在水分的交换。低云(比如积云、层云等)多数是由球形水滴组成。这些水滴被对流的气流带上去后就变为过冷水滴。在这些云里水滴的半径从 1~30μm。

由于水的表面张力的作用,液态的水云滴一般是球形状的。但是固态的冰晶粒子的形状十分复杂多样。它主要取决于温度和气压。主要的形状有盘状、柱状、针状、树枝状、星状和子弹状。也会经常看到针状和子弹状的组合形状。原生冰晶的形状一般为六棱柱和六棱盘。在冰晶云内,冰晶的形状和尺寸是高度的函数。在云的底部,较大尺寸的子弹花瓣状和聚积物状冰晶较多;较小尺寸的柱状和平板状冰晶居多。冰晶的尺寸一般用最大线性尺寸 H 来描述,它和有效尺寸满足一定关系[17]。通常单个冰晶的尺寸在 0.1~6mm 之间,雪晶聚集体的尺寸在 1~15mm 之间,较小的冰晶,如最大尺寸在 20μm 左右的冰晶,也能在冰云中找到。冰晶的粒子数浓度在 50~50000m^{-3} 之间[18]。

常用的云滴粒子谱分布为如式(3.6)所示的修正型 Γ 分布,不同参数表示不同云模式的粒子谱分布。Deirmendjian[3]给出了积云、电晕云、贝母云的谱分布的参数,如表 3.4 所示。浓度 N 只是一个形式参数。其中,积云是水云,贝母云是由长的棱形冰晶组成。

除了 Γ 分布以外,也可以采用对数正态分布函数来描述云的粒子谱分布,文献[19]建立了主要水云类的模型。

表 3.4　几种云的粒子谱分布参数

分布类型	N/cm^{-3}	a	$r_c/\mu m$	α	γ	b	$n(r_c)$
积云	100	2.3730	4	6	1	3/2	$24.09\text{cm}^{-3}\mu m^{-1}$
电晕云	100	0.01085	4	8	3	1/24	$49.41\text{cm}^{-3}\mu m^{-1}$
贝母云	100	5.5556	2	8	3	1/3	$98.82\text{cm}^{-3}\mu m^{-1}$

此外,云滴的折射率对光的传输也有重要影响。冰和液态水的折射率略微有些差异。图 3.7(a)和图 3.7(b)分别是它们的折射率的实部和虚部随波长的变化关系[20]。由图 3.7 可知,在可见光波段,冰的折射率实部约为 1.31,液态水折射率实部约为 1.33,它们折射率的虚部都小于 10^{-7}。

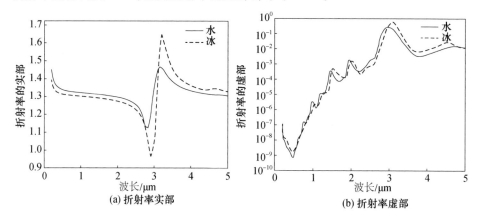

(a) 折射率实部　　　　　(b) 折射率虚部

图 3.7　水和冰的折射率随波长的变化关系

3.3　偏振量子态大气传输散射的原理与特性

3.3.1　偏振态的描述与测量

平面电磁波是横波。沿 z 方向传播的光波可以表示为空间矢量:

$$E = \hat{x}E_{0x}\cos(\tau + \delta_1) + \hat{y}E_{0y}\cos(\tau + \delta_2) \tag{3.11}$$

式中:$\tau = \omega t - kz$。可以证明该电场矢量的端点描绘的轨迹是一个椭圆。这种电磁波在光学上被称为椭圆偏振光。当 $\delta = \delta_1 - \delta_2 = m\pi(m = 0,\pm 1,\pm 2,\cdots)$ 时,椭圆偏振光退化为线偏振光;当 $\delta = \delta_1 - \delta_2 = m\pi/2(m = 0,\pm 1,\pm 3,\cdots)$ 且 $E_{0x} = E_{0y}$ 时,椭圆偏振光退化为圆偏振光。偏振光的描述方法有三角函数表示法、琼斯矢量法、邦加球法、斯托克斯矢量法等。在大气散射问题中一般采用斯托克斯矢量法。斯托克斯矢量可以描述完全偏振光即自然偏振光,部分偏振光和完全偏振光;可以是单色光也可以是具有一定带宽的准单色光。斯托克斯矢量由四

个分量构成,对于由式(3.11)表示的单色偏振光,斯托克斯矢量各分量和电场矢量的各分量的关系为

$$\begin{cases} I = E_{0x}^2 + E_{0y}^2 \\ Q = E_{0x}^2 - E_{0y}^2 \\ U = 2E_{0x}E_{0y}\cos\delta \\ V = 2E_{0x}E_{0y}\sin\delta \end{cases} \tag{3.12}$$

对于更一般的具有一定带宽的光波而言,E_{0x}、E_{0y} 及 δ 都是时间的慢变函数,对应的斯托克斯矢量的分量用时间平均表示为

$$\begin{cases} I = \langle E_{0x}^2 \rangle + \langle E_{0y}^2 \rangle \\ Q = \langle E_{0x}^2 \rangle - \langle E_{0y}^2 \rangle \\ U = 2\langle E_{0x}E_{0y}\cos\delta \rangle \\ V = 2\langle E_{0x}E_{0y}\sin\delta \rangle \end{cases} \tag{3.13}$$

由此得到 $I^2 > Q^2 + U^2 + V^2$,对于完全偏振光等号成立;对于自然偏振光 $I = 2\langle E_{0x}^2 \rangle$,$Q = U = V = 0$。偏振度的定义为

$$P = \frac{Q^2 + U^2 + V^2}{I^2} \tag{3.14}$$

发射光经过大气传输之后,其斯托克斯矢量由 (I, Q, U, V) 变为 (I', Q', U', V'),这两个矢量通过一个 4×4 矩阵联系,即

$$\begin{pmatrix} I' \\ Q' \\ U' \\ V' \end{pmatrix} = \begin{pmatrix} M_{11} & M_{12} & M_{13} & M_{14} \\ M_{21} & M_{22} & M_{23} & M_{24} \\ M_{31} & M_{32} & M_{33} & M_{34} \\ M_{41} & M_{42} & M_{43} & M_{44} \end{pmatrix} \begin{pmatrix} I \\ Q \\ U \\ V \end{pmatrix} = M \begin{pmatrix} I \\ Q \\ U \\ V \end{pmatrix} \tag{3.15}$$

式中:矩阵 M 称为穆勒矩阵(Mueller Matrix)。

要对光的偏振进行完备测量,就必须通过测量得到光的斯托克斯矢量(I, Q, U, V);这可以通过波片和检偏器的组合来实现[3]。如图 3.8 所示,假设当待测光经过波片以后,E_r 比 E_1 滞后的相位为 Γ,检偏器的检偏方向与 E_1 方向的夹角为 ψ 时检测到的光强为 $I(\Gamma, \psi)$,则得到斯托克斯矢量各分量与 $I(\Gamma, \psi)$ 的关系:

$$I = I(0°, 0) + I(90°, 0)$$

$$Q = I(0°, 0) - I(90°, 0)$$

$$U = I(45°, 0) - I(135°, 0)$$

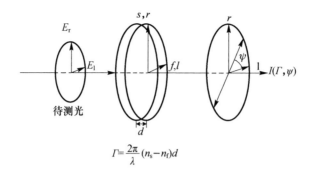

$$\Gamma = \frac{2\pi}{\lambda}(n_s - n_f)d$$

图 3.8　斯托克斯矢量的测量

$$V = -\left[I\left(45°, \frac{\pi}{2}\right) - I\left(135°, \frac{\pi}{2}\right) \right] \tag{3.16}$$

3.3.2　偏振量子态的大气散射特性分析

3.3.2.1　单次散射对单光子偏振态的影响

1）单次散射的远场描述

当平面光波照射到单个粒子时,一部分光将被粒子吸收,其余部分光将沿一定的角度分布向各个方向传播。量子单次散射原理如图 3.9 所示。在离散射粒子的距离 R 处,总场是入射场和散射场的叠加。假设粒子的最大线性尺度为 D,当 $R > D^2/\lambda$ 时,散射场以球面波的形式往外传播,散射场可以写为

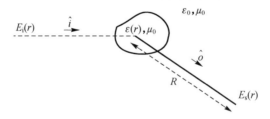

图 3.9　传输过程中量子单次散射原理示意图

$$E_s(r) = f(\hat{o}, \hat{i}) e^{ikR}/R \tag{3.17}$$

式中:$f(\hat{o}, \hat{i})$ 包含了沿 $\hat{i}$ 方向传播的单位幅度的平面波入射时,所产生的沿 $\hat{o}$ 方向传播的散射远场的幅度、相位及偏振方向的信息。

定义入射光线和散射光线组成的平面为偏振参考平面,并定义平行于散射平面的场分量为 E_l,垂直于散射平面的场分量为 E_r,则散射电场和入射电场的关系可以写为[3]

$$\begin{pmatrix} E_l^s \\ E_r^s \end{pmatrix} = \frac{e^{-ikR+ikz}}{ikR} \begin{pmatrix} S_2 & S_3 \\ S_4 & S_1 \end{pmatrix} \begin{pmatrix} E_l^i \\ E_r^i \end{pmatrix} \tag{3.18}$$

对于一般的情况,S_1、S_2、S_3、S_4 既与散射光线相对于入射光线的方位角(θ,φ)有关,又与散射粒子的空间取向有关。散射场和入射场的关系也可以通过斯托克斯矢量的变换来表达

$$\begin{pmatrix} I^s \\ Q^s \\ U^s \\ V^s \end{pmatrix} = \frac{F}{k^2 R^2} \begin{pmatrix} I^i \\ Q^i \\ U^i \\ V^i \end{pmatrix} \tag{3.19}$$

为了描述问题的方便,引入散射相矩阵 $\boldsymbol{P}$ 的概念,它和矩阵 $\boldsymbol{F}$ 之间满足

$$\frac{\boldsymbol{F}(\theta)}{k^2 r^2} = C\boldsymbol{P}(\theta) \tag{3.20}$$

式中:系数由强制 $\boldsymbol{P}$ 矩阵的第一个矩阵元素的归一化来确定,即

$$\int_0^{2\pi} \int_0^{\pi} \frac{P_{11}(\theta)}{4\pi} \sin\theta \mathrm{d}\theta \mathrm{d}\phi = 1 \tag{3.21}$$

由后面散射截面 σ_s 的定义,可得

$$C = \frac{\sigma_s}{4\pi r^2} \tag{3.22}$$

由上述定义,可得 $\boldsymbol{P}$ 矩阵各元素与式(3.18)所示 $S_j(j=1,2,3,4)$ 的关系。

$\boldsymbol{P}$ 矩阵是一个 4×4 矩阵,共由 16 个元素组成。一般而言,通过对称性可以降低独立元素的个数[4]。例如,对于球形散射体,独立元素降为 4 个;对于随机取向,且单个粒子具有至少一个对称平面的散射粒子,独立元素降为 6 个。

上面通过斯托克斯矢量来描述偏振光经过散射后的偏振态的改变。在实验中这需要测量四个物理量。在大部分情况下,我们只关心偏振光经过大气传输之后,所产生的垂直于入射光偏振平面的光的强度。这时就可以用退偏比(Depolarization Ratio)来描述。它只需要测量两个正交偏振方向的光强。它的定义为

$$\delta = \frac{|I_\perp|^2}{|I_{//}|^2} \tag{3.23}$$

式中:$I_{//}$ 是当检偏器的偏振平面与入射光的偏振平面平行时测到的光强;$I_\perp$ 是当检偏镜的偏振平面与入射光的偏振平面垂直时测到的光强。

2) 球形粒子的散射远场及其偏振影响

球形粒子的散射具有空间各向同性的特性,因此它的散射远场和入射场的关系可以写为

$$\begin{pmatrix} E_r^s \\ E_1^s \end{pmatrix} = \frac{\mathrm{e}^{-ikR+ikz}}{ikR} \begin{pmatrix} S_1(\theta) & 0 \\ 0 & S_2(\theta) \end{pmatrix} \begin{pmatrix} E_r^i \\ E_1^i \end{pmatrix} \tag{3.24}$$

并由前述公式可得对应的散射相矩阵的形式为

$$\boldsymbol{P} = \begin{pmatrix} P_{11} & P_{12} & 0 & 0 \\ P_{12} & P_{11} & 0 & 0 \\ 0 & 0 & P_{33} & -P_{34} \\ 0 & 0 & P_{34} & P_{33} \end{pmatrix} \qquad (3.25)$$

式中

$$\begin{cases} P_{11} = \dfrac{4\pi}{2k^2\sigma_s}(i_1 + i_2) \\[2mm] P_{12} = \dfrac{4\pi}{2k^2\sigma_s}(i_2 - i_1) \\[2mm] P_{33} = \dfrac{4\pi}{2k^2\sigma_s}(i_3 + i_4) \\[2mm] P_{34} = -\dfrac{4\pi}{2k^2\sigma_s}(i_4 - i_3) \\[2mm] i_j = |S_j|^2 \, (j = 1, 4) \end{cases} \qquad (3.26)$$

通过求解麦克斯韦方程,再加上边界条件,可以得到

$$\begin{cases} S_1(\theta) = \displaystyle\sum_{n=1}^{\infty} \dfrac{2n+1}{n(n+1)} \left[a_n \pi_n(\cos\theta) + b_n \tau_n(\cos\theta) \right] \\[3mm] S_2(\theta) = \displaystyle\sum_{n=1}^{\infty} \dfrac{2n+1}{n(n+1)} \left[b_n \pi_n(\cos\theta) + a_n \tau_n(\cos\theta) \right] \\[3mm] \pi_n(\cos\theta) = \dfrac{1}{\sin\theta} P_n^1(\cos\theta) \\[3mm] \tau_n(\cos\theta) = \dfrac{\mathrm{d}}{\mathrm{d}\theta} P_n^1(\cos\theta) \end{cases} \qquad (3.27)$$

式中:a_n、b_n 和散射粒子相对波长的尺寸及相对于周围介质的折射率有关。

由式(3.19),对于球形散射体,垂直于散射平面的入射光只产生垂直于散射平面的散射光,平行于散射平面的入射光只产生平行于散射平面的散射光,如图 3.10 所示。

作为举例,图 3.11 描述的是垂直于散射平面和平行于散射平面的散射光光强($I_\perp$ 与 $I_{//}$)随散射角 θ 的变化规律,图 3.11 中的三幅图分别对应三种不同尺寸的球形水滴,光波长为 0.6328μm,周围介质折射率为 1。由于球体具有各向同性,$I_\perp$ 和 $I_{//}$ 与 φ 无关。图 3.11 中的参数 $\alpha = 2\pi r/\lambda$,

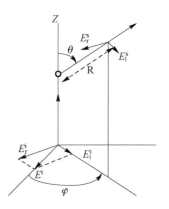

图 3.10　偏振光的散射的示意图

它是散射粒子的尺度参数。由图 3.11 可知,粒子尺寸越大,散射能量越集中于前向小角度内,且随散射角的振荡频率增高。在 0°散射角上,$I_\perp = I_{//}$,在其余前向小角度内,$I_\perp$ 和 $I_{//}$ 相差很小。在较大散射角上,$I_\perp$ 和 $I_{//}$ 有明显的差异。因此,如果入射光的偏振方向与散射平面的夹角为 φ,则散射光的偏振方向与散射平面的夹角 $\varphi' \neq \varphi$。这是偏振光经过散射煤质传输之后产生退偏振的来源之一。作为举例,图 3.12 显示的是散射光偏振平面相对入射光的偏振平面的旋转角 $\varphi' - \varphi$ 与散射角 θ 的变化规律,图中假定入射光的偏振方向为 $\varphi = 45°$,散射体参数与图 3.5 对应。由图可知,与图 3.12 对应,在 0°附近的前向小角度内,旋转角度很小,随着散射角的增大,旋转角呈现非等幅振荡,振荡频率随着粒子半径的增大而增大。

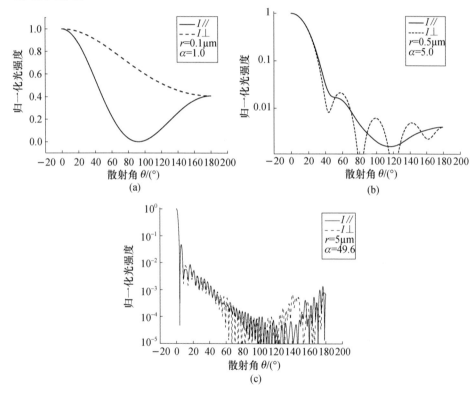

图 3.11　不同偏振的散射光强随散射角的变化

3）非球形粒子的远场及其对偏振态的影响

由前面的讨论,对于球形粒子的光散射可以求得精确解。但是在自然界中还存在着大量的非球形散射体,比如云中存在着大量非球形的冰晶颗粒。与球形粒子相比,非球形粒子散射的计算要复杂得多。与前者相比,它所对应的散射相矩阵有更多的非零元素,而且自变量更多。

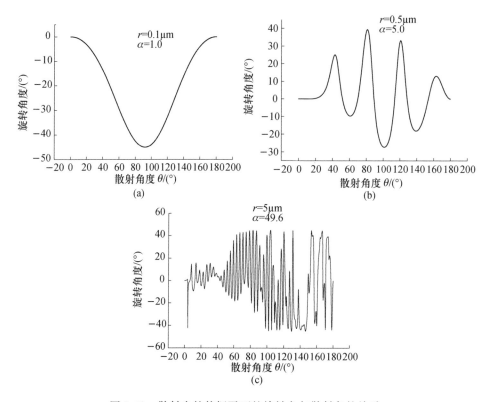

图 3.12　散射光的偏振平面的旋转角与散射角的关系

关于非球形散射粒子的散射计算方法[20-23]，主要有 T 矩阵法[20]、离散偶极子近似[21]（适用于尺寸参数小于 10 ~ 15 的散射粒子）、时域有限差分[8]（适用于尺寸参数小于 20 的散射粒子的精确高效的方法）、几何光学近似法[9]等。几何光学方法适用于较大尺寸粒子的散射。在早期的几何光学方法中，没有考虑偏振，后来 Cai 和 Liou 把偏振及干涉引入其中[22]，后来又引入了双折射、粒子的水平取向、尺寸分布等[23]，使该方法得到进一步的完善。到目前为止，几何光学方法已被应用到各种复杂形状的冰晶粒子散射中。

非球形粒子的远场的完整求解，就是求解它的散射相矩阵。对于随机取向，且单个粒子具有至少一个对称平面的散射粒子的散射矩阵 P 具有如下的形式为

$$P = \begin{pmatrix} P_{11} & P_{12} & 0 & 0 \\ P_{12} & P_{22} & 0 & 0 \\ 0 & 0 & P_{33} & P_{34} \\ 0 & 0 & -P_{34} & P_{44} \end{pmatrix} \qquad (3.28)$$

则偏振态可以进一步表示为

$$
\begin{pmatrix} I^s \\ Q^s \\ U^s \\ V^s \end{pmatrix} = CP \begin{pmatrix} I^i \\ Q^i \\ U^i \\ V^i \end{pmatrix} = C \begin{pmatrix} P_{11} & P_{12} & 0 & 0 \\ P_{12} & P_{22} & 0 & 0 \\ 0 & 0 & P_{33} & P_{34} \\ 0 & 0 & -P_{34} & P_{44} \end{pmatrix} \begin{pmatrix} I^i \\ Q^i \\ U^i \\ V^i \end{pmatrix}
\tag{3.29}
$$

式中:$C = \sigma_s / 4\pi r^2$ 为一个常数。

按照斯托克斯矢量的定义,即

$$
I = \langle |E_l|^2 \rangle + \langle |E_r|^2 \rangle
$$
$$
Q = \langle |E_l|^2 \rangle - \langle |E_r|^2 \rangle
\tag{3.30}
$$

如图 3.13 所示,当 $\varphi = 0$ 时,入射光的偏振方向平行于散射平面,此时散射光的退偏比为

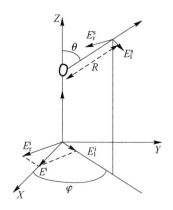

图 3.13 非球形粒子的单次散射的示意图

$$
\delta_{//} = \frac{\langle |E_{\perp}^s|^2 \rangle}{\langle |E_{//}^s|^2 \rangle} = \frac{I^s - Q^s}{I^s + Q^s} \Bigg|_{(I^i, Q^i, U^i, V^i) = (1,1,0,0)}
$$

$$
= \frac{P_{11} - P_{22}}{P_{11} + 2P_{12} + P_{22}} = \frac{1 - P_{22}/P_{11}}{1 + 2P_{12}/P_{11} + P_{22}/P_{11}}
\tag{3.31}
$$

当 $\varphi = \pi/2$ 时,入射光的偏振方向平行于散射平面,此时散射光的退偏比为

$$
\delta_{\perp} = \frac{\langle |E_{//}^s|^2 \rangle}{\langle |E_{\perp}^s|^2 \rangle} = \frac{I^s + Q^s}{I^s - Q^s} \Bigg|_{(I^i, Q^i, U^i, V^i) = (1,-1,0,0)}
$$

$$
= \frac{P_{11} - P_{22}}{P_{11} - 2P_{12} + P_{22}} = \frac{1 - P_{22}/P_{11}}{1 - 2P_{12}/P_{11} + P_{22}/P_{11}}
\tag{3.32}
$$

当 $\varphi = \pm \pi/4$ 时,入射光为 45°(或 -45°)偏振时,此时散射光的退偏比为

$$\delta_{45^\circ} = \frac{\langle |E_{-45^\circ}|^2 \rangle}{\langle |E_{45^\circ}|^2 \rangle} = \frac{I^s - U^s}{I^s + Q^s}\Bigg|_{(I^i, Q^i, U^i, V^i) = (1,0,1,0)}$$

$$= \frac{P_{11} - P_{33}}{P_{11} + P_{33}} = \frac{1 - P_{33}/P_{11}}{1 + P_{33}/P_{11}} \tag{3.33}$$

$$\delta_{-45^\circ} = \frac{\langle |E_{45^\circ}|^2 \rangle}{\langle |E_{-45^\circ}|^2 \rangle} = \frac{I^s + U^s}{I^s - Q^s}\Bigg|_{(I^i, Q^i, U^i, V^i) = (1,0,-1,0)}$$

$$= \frac{P_{11} - P_{33}}{P_{11} + P_{33}} = \frac{1 - P_{33}/P_{11}}{1 + P_{33}/P_{11}} \tag{3.34}$$

由式(3.31)和式(3.32)可知,与球形粒子的散射不同,当平行于(垂直于)散射平面的光入射到非球形粒子时,散射光中会产生与散射平面垂直(平行)的光。Takano 等采用几何光学方法计算了空间随机取向的六棱柱和六棱盘的散射相矩阵[24]。图 3.14 是对应六棱柱和六棱盘的散射相矩阵的各元素随散射角的变化。

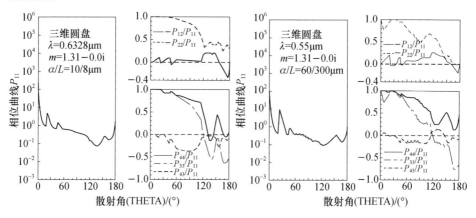

图3.14 空间随机取向的六棱盘、六棱柱的散射相矩阵元素

从物理意义上来说, $-P_{12}/P_{11}$ 代表非偏振光入射时,散射光的线偏振度; P_{22}/P_{11} 与线偏振光入射时散射光的退偏振有关。由图 3.14 可知,在前向,尺寸较大的六棱柱冰晶的散射产生的线偏振度要相对大一些;并且线偏振光入射时产生的前向散射光的退偏振也要强一些。图 3.15 是与图 3.14 相同的散射粒子在线偏振光入射时,散射光的退偏振比随散射角的变化。

由图 3.15 可知,与球形粒子的散射不同,对于非球形粒子,当平行于(垂直于)散射平面的光入射时,散射光中会产生与散射平面垂直(平行)的光。

3.3.2.2 多次散射对单光子偏振态的影响

大气中随机分布着大量的散射颗粒。对于一束穿过大气的光,当大气的光

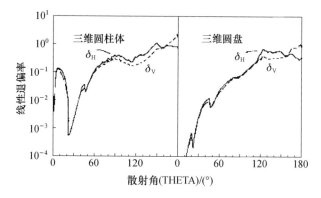

图 3.15　退偏振比随散射角的变化

学厚度大于 0.1 时,就要考虑多次散射效应。所谓多次散射是指发射端发出的光经过多个粒子的散射才到达接收端。为了分析多次散射对于偏振态的影响,可以引入矢量辐射传输方程和蒙特卡洛方法。

1) 矢量辐射传输方程

当光束在散射煤质中传输时,由于发生散射或吸收,光强会衰减,同时多次散射会使一部分原来散射向其他方向的光最终进入所研究的方向内,根据这一思想就可以得到辐射传输方程,其形式[25]为

$$\left\{\mu \frac{\partial}{\partial z} + \sigma_{tot}\right\}\hat{S}(z,\boldsymbol{n}) = \frac{\sigma}{4\pi}\int d\boldsymbol{n}' \hat{d}(\boldsymbol{n},\boldsymbol{n}')\hat{S}(z,\boldsymbol{n}') \tag{3.35}$$

式中

$$\hat{S}(z,\boldsymbol{n}) = (I \quad Q \quad U \quad V)$$

式中:每个分量代表的是位于 z 处,沿 $\boldsymbol{n}$ 方向传输的单位面积单位立体角内的功率。如图 3.16 所示,定义斯托克斯参数的偏振参考平面为光传输方向 $\boldsymbol{n}$ 或 $\boldsymbol{n}'$ 与 $\boldsymbol{n}_0(z$ 轴)方向构成的子午平面。矩阵 $\hat{d}(\boldsymbol{n},\boldsymbol{n}')$ 描述的是沿 $\boldsymbol{n}'$ 传输的光在经过单次散射之后往 $\boldsymbol{n}$ 方向传输的过程中斯托克斯参数的变换关系。因为入射光和散射光的偏振参考平面都是子午平面,$\hat{d}(\boldsymbol{n},\boldsymbol{n}')$ 和以散射平面为参考平面的散射相矩阵 $P(\boldsymbol{n},\boldsymbol{n}')$ 的关系为

$$\hat{d}(\boldsymbol{n},\boldsymbol{n}') = \hat{L}(\pi - \beta)P(\boldsymbol{n},\boldsymbol{n}')\hat{L}(-\beta') \tag{3.36}$$

式中

$$\hat{L}(-\beta') = \begin{pmatrix} 1 & 0 & 0 & 0 \\ 0 & \cos2\beta' & -\sin2\beta' & 0 \\ 0 & \sin2\beta' & \cos2\beta' & 0 \\ 0 & 0 & 0 & 1 \end{pmatrix} \tag{3.37}$$

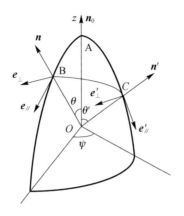

图 3.16 单次散射中偏振参考平面的变化

式(3.37)描述了入射光的斯托克斯参数的参考平面由子午平面(n_0,n')变换到散射平面(n,n')。其中

$$\cos 2\beta' = 1 - \frac{2(1-\mu^2)(1-\cos^2\psi)}{1-(nn')^2}$$

$$\sin 2\beta' = \frac{2\sqrt{1-\mu^2}\,(\mu\sqrt{1-\mu'^2}-\mu'\sqrt{1-\mu^2}\cos\psi)\sin\psi}{1-(nn')^2} \tag{3.38}$$

其中

$$nn' = \mu\mu' + \sqrt{(1-\mu^2)(1-\mu'^2)}\cos\psi$$

$$\mu = \cos\theta$$

$$\mu' = \cos\theta'$$

$$\psi = \varphi - \varphi'$$

矩阵$\hat{L}(\pi-\beta)$描述的是偏振平面由散射平面(n,n')变换到子午平面(n_0,n)。

2）蒙特卡洛方法

由上可知,矢量辐射传输方程是一个多变量相互耦合的微积分方程,一般没有解析解。为了能够定量的分析,可以采用蒙特卡洛的方法进行近似求解。

蒙特卡洛方法采用统计的方法模拟光子在离散随机分布的散射体中的传输轨迹。它的物理本质与辐射传输理论相同。只是它通过大量光子的统计平均来模拟实际偏振光束的多次散射过程,由它可以确定多次散射之后的退偏振及损耗特性。光子从发射端出发之后存在两种状态,一种是沿直线行进,行进距离满足指数分布

$$p(d_i) = \frac{1}{D}\exp\left(-\frac{a_i}{D}\right) \tag{3.39}$$

式中: D 是该距离的概率平均值,忽略吸收作用, $D = 1/\beta_t$, β_t 是消光系数。另一种状态是与散射体发生散射作用,此时光子以一定概率被吸收,以一定概率分布沿各个方向传播,光子的传播方向可以由统计方法确定,使得光子数足够多时,沿各个方向散射的光子数密度分布逼近散射相函数。光子在散射煤质中传输时,不断在这两种状态之间变化,当它的空间位置满足一定条件时,光子停止运动,记录下其最终的斯托克斯参数。

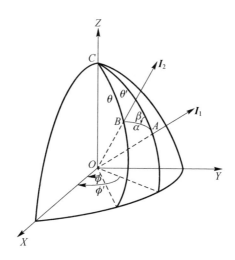

图 3.17 蒙特卡洛方法中单次散射中偏振参考平面的变化示意图

偏振光在散射体媒质中传输时,光子每经历一次散射,偏振方向就有可能发生改变。因此需要不断跟踪光子的偏振状态。偏振态采用斯托克斯矢量描述,首先得定义一个偏振参考平面。在图 3.17 中, z 轴是发射端光束的出射方向,我们规定 z 轴与光子在散射过程中的传播方向构成的子午平面为偏振的参考平面。在图 3.17 中 AOC 和 BOC 分别是单次散射过程中入射光的偏振参考平面和出射光的偏振参考平面。蒙特卡洛法模拟偏振光的多次散射的流程如图 3.17 所示[26],主要分为以下几个步骤:

(1)光子发射。事先确定发射光子的总数,一般以记录到的光子总数在 10^6 为宜,并确定光子在发射面上的空间分布。如图 3.17 所示,规定 z 轴为光子的初始传播方向,以 z 轴和 x 轴组成的子午平面作为初始的偏振参考平面,规定光子偏振方向为 x 轴方向。

(2)光子移动。光子移动的距离 Δs 是个随机变量,可以通过一个在 $[0,1]$ 区间上均匀分布的随机变量 ζ 构造,即 $\Delta s = -\ln(\zeta)/\beta_t$,这样构造的随机变量 Δs 满足如式(3.39)所示的指数分布。移动了 Δs 距离后,光子的位置 (x',y',z') 可以这样确定

$$x' = x + u_x \Delta s$$

$$y' = y + u_y \Delta s \qquad\qquad (3.40)$$

$$z' = z + u_z \Delta s$$

式中:(x,y,z)是移动前的位置,(u_x,u_y,u_z)是移动方向的方向余弦表示。

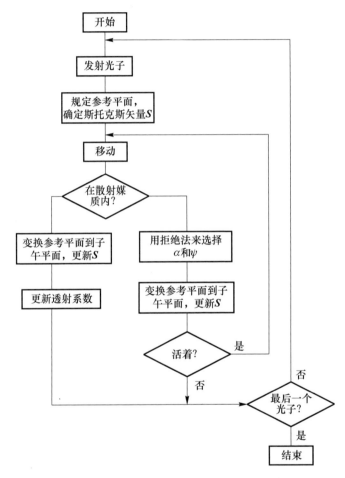

图 3.18　蒙特卡洛法模拟偏振光的多次散射的流程图

（3）确定散射方向[27]。在蒙特卡洛方法中,当光子与散射粒子发生散射之后,需要通过统计的方法生成新的传播方向,即图 3.1 中的 $\alpha \sqrt{\beta}$,其概率分布函数和散射相函数 $\boldsymbol{P}(\alpha,\beta)$ 成正比。假定入射光的斯托克斯参数为 $S_i = [I_i,Q_i,U_i,V_i]$,由前面对应球形粒子的散射相矩阵(式(3.25))及对应空间随机矢量可知粒子本身具有一个对称平面的非球形粒子的散射相矩阵(式(3.28)),可得

$$P(\alpha,\beta) = (P_{11} \quad P_{11} \quad 0 \quad 0)L(\beta)S_{\mathrm{i}}$$

$$= s_{11}(\alpha)I_0 + s_{12}(\alpha)\big[Q_0\cos(2\beta) + U_0\sin(2\beta)\big] \qquad (3.41)$$

采用拒绝法可以生成满足高斯分布的随机变量 α、β。由 α、β 及散射之前的方向余弦 (u_x, u_y, u_z),可以得到散射以后的方向余弦 (u'_x, u'_y, u'_z),即

$$u'_x = \frac{1}{\sqrt{1 - u_z^2}}\sin\alpha\big[u_x u_y\cos\beta - u_y\sin\beta\big] + u_x\cos\alpha$$

$$u'_y = \frac{1}{\sqrt{1 - u_z^2}}\sin\alpha\big[u_x u_z\cos\beta - u_x\sin\beta\big] + u_y\cos\alpha$$

$$u'_z = \frac{1}{\sqrt{1 - u_z^2}}\sin\alpha\cos\beta\big[u_y u_z\cos\beta - u_x\sin\beta\big] + u_z\cos\alpha \qquad (3.42)$$

(4) 单次散射之后光子偏振态的确定。在发生散射之前,光子的偏振参考平面是子午平面,如图 3.17 所示。而描述散射过程的散射相矩阵是以散射平面为参考平面的,按照前面的规定,散射之后的光子又是以子午平面为参考平面。因此先把入射光的斯托克斯参数乘上变换矩阵,得到以散射平面为参考平面的入射光的斯托克斯参数,经过散射之后再乘上变换矩阵,得到以子午平面为参考平面的散射光的斯托克斯参数。整个过程可以用下面的等式来描述,即

$$\hat{S}' = \hat{L}(-\gamma)P(\alpha)\hat{L}(\beta)\hat{S} \qquad (3.43)$$

其中

$$\hat{L}(\beta) = \begin{pmatrix} 1 & & & 0 \\ & \cos2\beta & \sin2\beta & \\ & -\sin2\beta & \cos2\beta & \\ 0 & & & 1 \end{pmatrix} \qquad (3.44)$$

β 和 $-\gamma$ 为初始偏振参考平面沿着光子的传播方向顺时针转向目标参考平面所经过的角度。根据前文所述,α、β 由统计方法生成,γ 可以随之确定[17]:

$$\cos\gamma = \frac{-u_z + u'_z\cos\alpha}{\pm\sqrt{(1 - \cos^2\alpha)(1 - u_z'^2)}} \qquad (3.45)$$

式中:u'_z 由式(3-42)得到。当 $0 < \beta < \pi$ 时,上式等号右边分母取正号,当 $\pi < \beta < 2\pi$ 时,取负号。

(5) 光子寿命的结束。当光与散射粒子发生相互作用时,以概率 $\eta = \beta_{\mathrm{s}}/(\beta_{\mathrm{s}} + \beta_{\mathrm{a}})$ 发生散射,以概率 $1 - \eta$ 发生吸收。为了计入光子在散射过程中的吸收,设初始位置的权重因子 $W = 1$,光子每次发生散射之后,权重因子 W 乘上 η,发生 n 次散射以后权重因子变为 η^n。当权重因子小于一定门限之后,则抛弃光

子。当光子到达接收端以后,斯托克斯矢量的每个分量都乘上 W。另一种情况是光子越过接收平面,这时光子寿命也会结束。

3.3.3 偏振量子态传输特性的仿真与实测分析

3.3.3.1 偏振态传输散射的蒙特卡洛数值仿真结果

大气颗粒物的散射是产生偏振态退偏振的主要因素。在仿真分析中将以水云、雾这些主要由球形水滴构成的散射媒质为例,详细讨论偏振光在其中传输以后的退偏振特性,及相应的损耗特性。

根据本章第一节中给出的大气云雾等微观粒子的模型,采用修正伽马函数来模拟粒子数分布,具体形式即

$$n\left(\frac{r}{R_m}\right) = \rho\left(\frac{r}{R_m}\right)^{\alpha} \exp\left[-\frac{\alpha}{\gamma}\left(\frac{r}{R_m}\right)^{\gamma}\right] \tag{3.46}$$

选择文献[21]中雾模型的一组参数: $\alpha = 3$, $\gamma = 0.5$, $R_m = 5\mu m$, ρ 作为模拟中的可变参量,调节 ρ 来改变总的散射粒子的浓度,从而实现不同的体散射系数或者光学厚度。光学厚度是体散射系数沿传输路径的积分,它可以和光沿散射体路径上的损耗直接联系起来。

仿真中设置工作波长为 $0.6328\mu m$,对应的水的折射率为 $1.33 + j1.39 \times 10^{-8}$,折射率虚部很小,在下面的模拟中予以忽略。偏振光在云雾中的传输模型如图 3.19 所示。发射机和接收机之间充满着雾,假定两者之间的距离 $Z_r = 1km$。

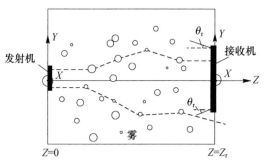

图 3.19 偏振光在云雾中的传输模型

首先,假定粒子数分布的峰值半径 $R_m = 5\mu m$,考察在不同的光学厚度即不同粒子数浓度情况下,接收平面上的光子数密度分布的变化。图 3.20(a)表示发射端光子数密度的二维空间分布,(b)表示在光斑中心处沿 x 方向的剖面。由于模型基于光线追迹法,没有考虑衍射的影响,因此发射端的光斑大小差异对到达接收端光子的透过率及退偏振影响不大。此外,假定发射端光子数密度沿

中心逐渐减小,到半径 1cm 处降为零。

图 3.20 显示的是不同的光学厚度情况下,接收平面上光子数密度分布的变化。对应每种光学厚度给出了光轴附近光子数密度的二维分布及在光斑中心处沿 x 方向的剖面。可以看出随着光学厚度的增大即粒子数浓度的增大,峰值光子数密度下降,光子往离开光轴的方向扩散,当光学厚度超过一定值时,光子数在空间近似呈均匀分布。

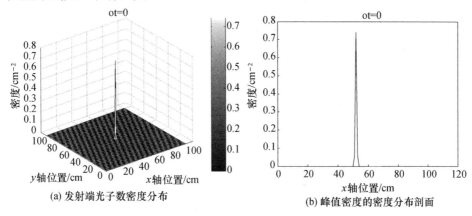

(a) 发射端光子数密度分布　　　(b) 峰值密度的密度分布剖面

图 3.20　仿真中发射光子密度分布示意图

图 3.21 中给出了在不同的光学厚度情况下,接收平面上光子数密度分布的变化。对应每种光学厚度给出了光轴附近光子数密度的二维分布及在光斑中心处沿 x 方向的剖面。从图中可以看出,随着光学厚度的增大即粒子数浓度 ot 的增大,峰值光子数密度下降,光子往离开光轴的方向扩散,当光学厚度超过一定值时,光子数在空间近似呈均匀分布。

图 3.22 中给出了粒子数峰值半径 $R_m = 5\mu m$,接收口径分别为 20cm 和 100cm 情况下,透过率和退偏比随接收角的变化规律。由图 3.22(a) 和(c) 可知,在某一接收角阈值以内,透过率随着接收角增大而明显增大,当接收角超过这一阈值时,透过率的增大不明显。增大接收口径,阈值没有明显变化,但是阈值内透过率随接收角的增大速率更快。由图 3.22(b) 和(d) 可知,在接收角阈值以内,退偏比随着接收角增大而快速增大,当接收角超过阈值之后,退偏比随着接收角缓慢增大,光学厚度越大,增大速率越高。很明显,退偏比随着接收口径增大而增大。

图 3.23 中给出了粒子数峰值半径为 0.5μm 时,接收口径分别为 20cm 和 200cm 情况下,透过率和退偏比随接收角的变化规律,由图 3.23(a) 和(c) 可知,当口径 R_A 为 20cm 时,随着接收角的增加透过率几乎没有变化,当口径为 200cm,在某一接收角阈值以内,透过率随着接收角增大而明显增大,当接收角

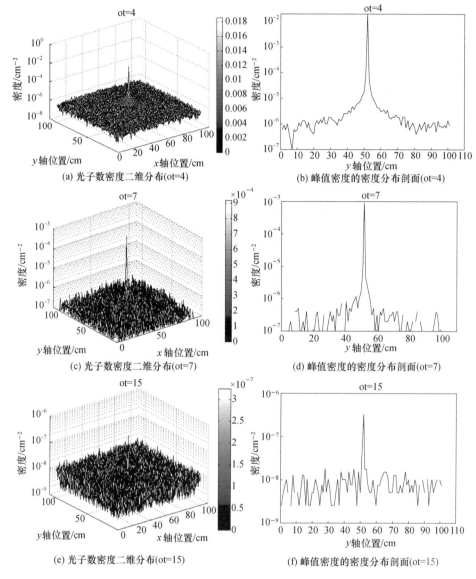

(a) 光子数密度二维分布(ot=4)

(b) 峰值密度的密度分布剖面(ot=4)

(c) 光子数密度二维分布(ot=7)

(d) 峰值密度的密度分布剖面(ot=7)

(e) 光子数密度二维分布(ot=15)

(f) 峰值密度的密度分布剖面(ot=15)

图 3.21　仿真中不同光学厚度下接收光子密度分布示意图

超过这一阈值时,透过率的增大不明显。由图 3.23(b)可知,当口径为 20cm 时,退偏比随着光学厚度的增大而增大,但是退偏比都很小,最大不超过 4×10^{-6},随着接收角的增大,退偏比没有明显的增大。由图 3.23(d)可知,当口径增大为 200cm 时,退偏比整体上有了明显的增大,最大值超过了 4×10^{-5},退偏比随着接收角的增大而增大,光学厚度越大,增大的速率越快。

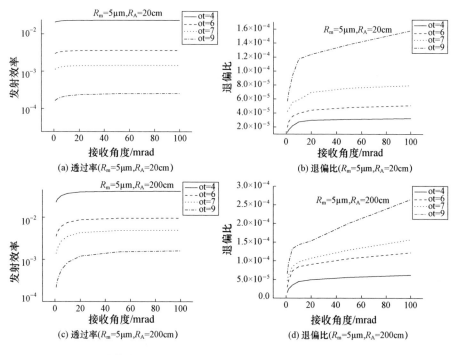

图 3.22 粒子峰值半径为 5μm 时,不同条件下光子透过率和退偏比的仿真结果

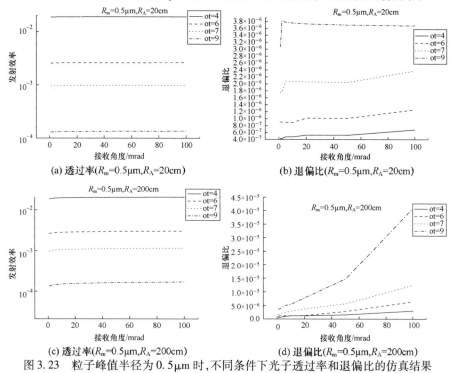

图 3.23 粒子峰值半径为 0.5μm 时,不同条件下光子透过率和退偏比的仿真结果

3.3.3.2　偏振态传输散射的试验测量结果[29]

为了验证蒙特卡洛方法的正确性,可以设计并搭建了一个偏振测量系统,进行偏振光在不同大气中传输的退偏振测量。图 3.24 是系统的原理示意图,系统由发射端和接收端构成。在发射端,连续工作的 650nm 的半导体激光器,经过准直以后,进入格兰泰勒棱镜线起偏器,再经过扩束镜输出。半导体激光器自身的偏振消光比在 20dB 左右,格兰泰勒棱镜的偏振消光比在 50dB 以上,最终经过扩束镜输出的线偏振光的偏振消光比为 60dB 左右。输出光的偏振方向可以通过旋转线起偏器进行调节。在接收端,经过大气传输的光先经过一个缩束镜,再经过格兰泰勒检偏镜,最后经过带有准直透镜的多模光纤传输到光功率计。

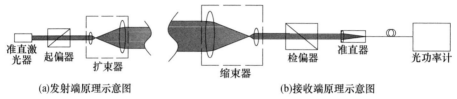

(a)发射端原理示意图　　　　　　　　　　　　　　　(b)接收端原理示意图

准直激光器　起偏器　扩束器　缩束器　检偏器　准直器　光功率计

图 3.24　偏振测量系统的示意图(见彩图)

具体的试验步骤主要包括:在进行室外偏振测量试验之前,先要在实验室内部标定出发射光的偏振方向及偏振消光比。具体步骤如下:先利用水平仪把发射端和接收端的光学平台都调成水平,然后旋转接收端的检偏镜,调到功率计读数最小时,记录下该功率值 P_1 及检偏镜的角度值,再把检偏镜旋转 90°,记录功率值 P_2,P_1/P_2 即整个系统的偏振消光比。

在实验室内完成标定测量之后,就可以进行室外大气退偏振测量试验。先使发射端和接收端初步对准,再把发射端和接收端的光学平台调成水平,再进行光轴对准,经过反复调整之后,使发射端和接收端的光学平台是水平的,且光轴是对准的。接下来旋转接收端的检偏镜,调到功率最小值处记录检偏镜角度及功率值,再把检偏镜旋转 90°记录下功率值。通过这些记录的数值,就可以推断出接收光的偏振主轴方向,及偏振消光比。与实验室数据对照就可以知道偏振光经过大气传输之后的退偏振。

以 2009 年 11 月为例,在合肥测量了不同天气下偏振光经过大气传输以后的退偏振。光束传输距离在 200m 左右。测试结果如图 3.25 所示。图上显示了测试当晚的初始气温及相对湿度。所测到的退偏比在 38 ~ 60dB 之间。

从测量结果可以看出,与上述数值仿真结果相比,实测结果的退偏特性与仿真结果基本一致,此外,也说明真实大气环境下,大气散射对于偏振态的影响几乎可以忽略。

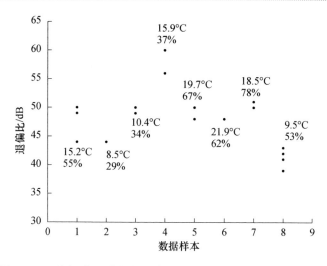

图 3.25　不同天气下偏振态在真实大气环境下的退偏比测量结果

▨ 3.4　非经典量子态大气传输的特性

3.4.1　非经典量子态传输的描述

相比较偏振态等经典量子态,非经典量子态往往需要配合特定的测量器件,如 NOON 态需要通过双路干涉仪进行测量等,因此整个分析和建模的过程更加复杂。为了便于后续的分析,本节将首先介绍一种分析非经典量子态有损传输过程的模型,该模型不仅可以用于分析非经典量子态,也适用于经典量子态。

在量子光学中,光子损失往往被建模为分光镜[29],为此,本节首先扩展经典的希尔伯特空间,使得其可以表征散射光子在经过散射后的量子态的轨迹。首先,需要将分光镜模型扩展为双模模式,从而代表光学干涉仪的两路输入,对于双端口干涉仪而言,任何包含 N 个光子的纯态输入均可以表示为

$$|\psi\rangle_{\text{input}} = \sum_{k=0}^{N} \alpha_k |N-k,k\rangle \tag{3.47}$$

式中:α_k 表示与特定量子态对应的概率值。几乎所有的量子态均可以由式(3.47)表征,并且在希尔伯特空间中表现为 $N+1$ 维空间。量子态经过无损干涉仪的光学器件(如分光镜、移相器等)转化的过程,均可以建模为 $N+1$(维)× $N+1$(维)的单位阵,对于式(3.47)所示量子态在无损干涉仪中的传输过程,可以简单表示为 $N+1$ 维希尔伯特矢量的旋转过程。

但是,当传输信道属于有损信号,即光子在传输过程中出现了衰减现象时,传统的态矢量就无法准确描述光在传输过程中的量子态,因此需要借助于密度

矩阵来扩展态矢量的应用范畴。首先需要建立包含散射光子所有模式的密度矩阵,然后确定对双通道干涉所对应的散射光子模式构成的子系统,通过对密度矩阵中子系统求迹,提取相应的约化密度矩阵。图 3.26 中给出了约化密度矩阵形象化的描述。

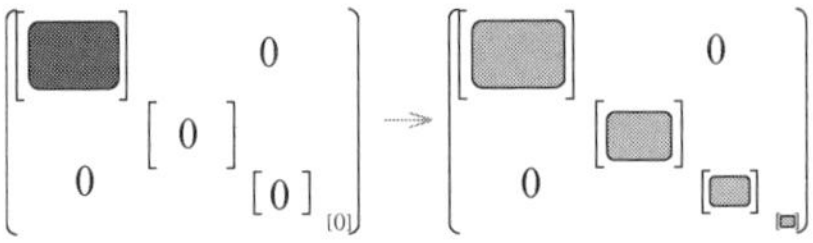

图 3.26　密度矩阵变化的示意图(左图为初始量子态的密度矩阵,右图为传输后的密度矩阵)(见彩图)

利用两个分光镜对干涉仪两个支路的传输衰减路径进行建模,则传输后两个主要模式的密度矩阵中包含 $N+1$ 个不同大小的子矩阵,每一个子矩阵(如图 3.26 右图所示的黄色方块)对应不同的光子衰减个数。也就是说,如果 L 个光子在传输中衰减,则其对应的量子态,可以由密度矩阵支撑的希尔伯特空间的第 $N+1-L$ 维来表示。

下面将以图 3.26 右图所示的第 L 个子矩阵中第 (i,j) 个元素为例进行分析。该元素所对应的算符可以表示为 $|N-L-i,i\rangle\langle N-L-j,j|$,而分析计算的目的就是在输入量子态 α_k 和衰减系数抑制的情况下,可以求解出密度矩阵中元素的数值。分光镜可以描述为输入和输出模式之间的单元转移矩阵[30,31],即

$$\begin{pmatrix} \hat{a}_{\text{out}} \\ \hat{b}_{\text{out}} \end{pmatrix} = \begin{pmatrix} r & t \\ t & r \end{pmatrix} \begin{pmatrix} \hat{a}_{\text{in}} \\ \hat{b}_{\text{in}} \end{pmatrix} \qquad (3.48)$$

式中:$\hat{a}_{\text{out}}$,$\hat{b}_{\text{out}}$(以及 $\hat{a}_{\text{in}}$,$\hat{b}_{\text{in}}$)分别表示输入量子态和输出量子态对应的湮灭算符;r 和 t 分别表示散射系数和传输系数。其中 r 和 t 满足如下条件,即

$$|r|^2 + |t|^2 = 1$$
$$rt^* + tr^* = 0 \qquad (3.49)$$

对于等比例分光镜而言,可以认为 $r = t = 1/\sqrt{2}$,若利用分光镜来对有损传输信道进行建模,则单光子的损耗概率可以表示为 $|r|^2$,其表示损耗系数。

下面回到前面分析的密度矩阵中第 L 维的第 (i,j) 个元素。首先分析左矢分量 $|N-L-i,i\rangle$,假设输入状态可以表示为 $|N-k,k\rangle$,由此可以构造传输过程中的概率振幅(概率幅)表示为

$$|N-k,k\rangle \Rightarrow |N-L-i,i\rangle \qquad (3.50)$$

如果 $N-k < N-L-i$,则传输概率为 0,因为在有损衰减过程中,不可能出现光子数增长的过程。因此,k 选取的约束条件可以表示为

$$i \leqslant k \leqslant i + L \tag{3.51}$$

相应的传输过程中概率振幅可以表示为

$$A_k = F_{1k} C_{N-k}^{N-L-i} t^{N-L-i} r^{L+i-k} F_{2k} C_k^i t'^i r'^{k-i} \tag{3.52}$$

式(3.52)中的二项式系数 C_{N-k}^{N-L-i} 的物理概念可以解释为式(3.48)中所示的上半支路传输过程中,从发射的 $N-k$ 个光子中,选择 $N-L-i$ 个光子通过分光镜(模拟路径损耗),其余 $L+i-k$ 个光子被反射回去。因此式(3.52)中的上标 $N-L-i$ 和 $L+i-k$ 分别对应接收功率和反射系数。相对应,$F_{2k} C_k^i t'^i r'^{k-i}$ 则表示下半支路的传输过程,而 t' 和 r' 则分别表示下半支路传输过程中的传输系数和散射系数。其中,F_{1k} 和 F_{2k} 可以分别表示为

$$F_{1k} = \sqrt{(N-L-i)!\,(L-i-k)!} \big/ \sqrt{(N-k)!} \tag{3.53}$$
$$F_{2k} = \sqrt{i!\,(k-1)!} \big/ \sqrt{k!}$$

从物理概念上来说,F_{1k} 和 F_{2k} 分别两条支路上,归一化数态和产生算符之间的数值比例,其中 $|n\rangle$ 可以表示为

$$|n\rangle = (\hat{a}^+)^n |0\rangle \big/ \sqrt{n!} \tag{3.54}$$

在传输概率振幅中考虑 F_{1k} 和 F_{2k} 的因素后,式(3.52)可以表示为

$$A_k = \sqrt{C_{N-k}^{N-L-i}} t^{N-L-i} r^{L+i-k} \sqrt{C_k^i} t'^i r'^{k-i} \tag{3.55}$$

下面重新审视算符 $|N-L-i, i\rangle\langle N-L-j, j|$,与前述分析相类似,假设输入态表示为 $|N-k', k'\rangle$,则

$$|N-k', k'\rangle \Rightarrow |N-L-j, j\rangle \tag{3.56}$$

则传输概率振幅 $B_{k'}$ 可以表示为

$$B_{k'} = \sqrt{C_{N-k'}^{N-L-j}} t^{N-L-j} r^{L+j-k'} \sqrt{C_k^j} t'^j r'^{k'-j} \tag{3.57}$$

对于算符 $|N-L-i, i\rangle\langle N-L-j, j|$ 而言,给定 N 个光子的量子态对应的密度矩阵可以表示为 A_k 和 $B_{k'}^*$ 的乘积。由于约化密度矩阵是通过对散射光子求迹得出,而上半支路和下半支路散射光子数应该相同,也就是说,对于 A_k 和 $B_{k'}$ 的表达式来说,对于散射光子数具备两个约束条件,即

$$L + i - k = L + j - k'$$
$$k - i = k' - j \tag{3.58}$$

可以证明上面两个约束条件是等价的,因此对于固定参数 L、i 和 j,可以获得匹配的数值对 k 和 k',即

$$(k, k') = (i, j), (i+1, j+1), \cdots, (i+L, j+L) \tag{3.59}$$

以式(3.47)所示的量子态为例,则约化密度矩阵可以表示为

$$\rho_{N,L,i,j} = \sum_{m=0}^{L} (\alpha_{i+m}\alpha_{j+m}^*) A_{i+m} B_{j+m}^* \qquad (3.60)$$

式中：α_k，A_k 和 B_k 可以分别由前面分析方法获得。需要注意的是，对于给定光子数 N 的情况，L 的选择确定了约化密度矩阵元素 $\rho_{N,L,i,j}$，其中 i 和 j 确定了元素在约化密度矩阵块中的元素。

式(3.60)给出了固定光子数条件下，一个特定双模输入态的传输损耗的完整描述。基于上述的分析结果，可以进一步开展研究，仅仅固定平均光子数条件下，量子态传输衰减更加通用的数学描述。

3.4.2 非经典量子态传输的理论和特性

3.4.2.1 非经典量子态有损传输的基本理论

熟悉了非经典量子态损耗特性以后，就非常易于分析有损传输过程中的物理特性。本节将众多不同类型纠缠态的有损传输视为以传输距离为变量的方程，分析的重点将聚焦在非经典量子态在传输后退纠缠度和退相关度这两个指标，而这两个指标将统一以损耗系数 μ 的形式给出。

对于非经典的，双模纠缠态在有损传输中存在的连续光子损失过程，可以建模为有限阶数的分光器级联，如图 3.27 所示。这个模型可以同时表征传输路径中的杂散光子噪声和光子损失过程，具有足够的通用性。利用该模型可以获取以传输距离为自变量的密度矩阵函数，这个函数不仅可以表征特定非经典量子态(如 NOON 态等)，而且可以表征通用的量子态，只是需要限定每个纯态的光子数不能超过 N。

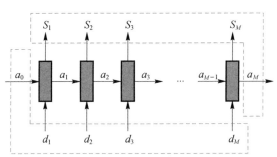

图 3.27　非经典量子态有损传输分析的有限阶分光镜级联模型(见彩图)

许多研究均表明，NOON 态在有损传输中的退相干呈现超指数分布。但是对于类似量子态而言，由于系数是随机产生的，因此退相干程度的差异很大，但是经典 Beer – Lambert 准则确定了最恶劣的退相干极限条件。

目前初步的研究成果表明，NOON 态的退相干超指数分布特性并不是一个通用化的结论,对于双光子信道的希尔伯特空间内的纠缠态而言,该结论并不具有通用性。假设即使通用量子态的部分相干特性,可以用于获取突破传统极限的性能,则依然具有许多量子态可以选择。

根据图 3.27 所示的基本传输模型,假设输入模式为 $a_0, d_1, \cdots, d_M$,输出模式为 $a_M, s_1, \cdots, s_M$,每一个虚拟分光镜单元 k,需要满足

$$\begin{cases} a_k = Ta_{k-1} + Ld_k \\ s_k = La_{k-1} + Td_k \end{cases} \quad (k = 1, 2, \cdots, M) \tag{3.61}$$

式中:T 为分光镜的透射系数;L 为分光镜的折射系数。

具体对于产生算符 $\hat{a}_k^+$,$\hat{d}_k^+$ 和 $\hat{s}_k^+$,可以将式(3.61)表示为

$$\begin{cases} \hat{a}_k^+ = \overline{T}\hat{a}_{k-1}^+ + \overline{L}\hat{d}_k^+ \\ \hat{s}_k^+ = \overline{L}\hat{a}_{k-1}^+ + \overline{T}\hat{d}_k^+ \end{cases} \quad (k = 1, 2, \cdots, M) \tag{3.62}$$

式中:输入和输出模式可以由单位矩阵联系起来,即

$$\begin{bmatrix} a_0^+ \\ d_1^+ \\ d_2^+ \\ \vdots \\ d_M^+ \end{bmatrix} = \boldsymbol{U} \begin{bmatrix} a_M^+ \\ s_1^+ \\ s_2^+ \\ \vdots \\ s_M^+ \end{bmatrix} \tag{3.63}$$

将上述关系进一步扩展,可以确定出由 M 个分光镜构建的传输模型表现为 $(M+1) \times (M+1)$ 维度的传输矩阵 $\boldsymbol{U}$,即

$$\boldsymbol{U} = \begin{bmatrix} T^M & L & LT & LT^2 & \cdots & LT^{M-1} \\ LT^{M-1} & T & L^2 & L^2T & \cdots & L^2T^{M-2} \\ LT^{M-2} & 0 & T & L^2 & \cdots & L^2T^{M-3} \\ LT^{M-3} & 0 & 0 & T & \cdots & L^2T^{M-4} \\ \vdots & \vdots & \vdots & \vdots & & \vdots \\ L & 0 & 0 & 0 & \cdots & T \end{bmatrix} \tag{3.64}$$

式中:L 和 T 彼此正交,由此可知 $\boldsymbol{U}$ 同样满足正则性要求,即

$$\left.\begin{array}{r} |L|^2 + |T|^2 = 1 \\ \overline{LT} + \overline{TL} = 0 \end{array}\right\} \Rightarrow U^+ U = I \tag{3.65}$$

由于输入和输出之间的关系可以表示为

$$\hat{a}_0^+ = T^M \hat{a}_M^+ + L\hat{s}_1^+ + LT\hat{s}_2^+ + \cdots + LT^{M-1}\hat{s}_M^+ \qquad (3.66)$$

因此,首先考虑如式(3.67)所示的 Fock 数态

$$|\psi_{\text{in}}\rangle = |N\rangle = \frac{1}{\sqrt{N!}}(a_0^+)^N|0\rangle \qquad (3.67)$$

经过由分光镜构成的传输模型后,输出量子态可以表示为

$$|\psi_{\text{out}}\rangle = \frac{1}{\sqrt{N!}}(T^M \hat{a}_M^+ + L\hat{s}_1^+ + LT\hat{s}_2^+ + \cdots + LT^{M-1}\hat{s}_M^+)^N|0\rangle \qquad (3.68)$$

根据式(3.68),可以通过求秩,计算自由度损失,以此作为最终密度矩阵的输出,即

$$\begin{aligned}
\rho_{\text{out}} &= Tr_{|s_1,\cdots,s_M|}|\psi_{\text{out}}\rangle\langle\psi_{\text{out}}| \\
&= \sum_{\substack{\{n_0,\cdots,n_M=0\} \\ \sum n_\alpha = N}}^{N} \frac{N!}{n_0! n_1! \cdots n_M!}|T|^{2n_0 M}|T|^{2\sum\limits_{i=1}^{M}(i-1)n_i}|L|^{2\sum\limits_{i=1}^{M}n_i}|n_0\rangle_{s_0}\langle n_0|_{s_0}
\end{aligned}$$

$$(3.69)$$

然后进行如下的变量替换,即

$$s_0 \equiv a_M \Rightarrow s_0^+ = a_M^+ \qquad (3.70)$$
$$|k\rangle_{s_0} \equiv |k\rangle_M$$

由此,可以将式(3.69)所示的结果修正为

$$\begin{aligned}
\rho_{\text{out}} &= \sum_{n_0=0}^{N} \frac{N!}{n_0!(N-n_0)!}|n_0\rangle_{s_0} \\
&\langle n_0|_{s_0} \sum_{\substack{\{n_0,\cdots,n_M=0\} \\ \sum n_\alpha = N}}^{N} \frac{N!}{n_0! n_1! \cdots n_M!}|T|^{2n_0 M}|T|^{2\sum\limits_{i=1}^{M}(i-1)n_i}|L|^{2\sum\limits_{i=1}^{M}n_i}
\end{aligned} \qquad (3.71)$$

针对输入是由 N 个光子构成的 Fock 数态,利用 Beer 极限定理,可以将输出的约化密度矩阵 $\boldsymbol{\rho}_{\text{out}}$ 与传输损耗 μ、传输距离 R 之间的关系表示为

$$\boldsymbol{\rho}_{\text{out}}(x) = \sum_{n=0}^{N} \binom{N}{n} e^{-n\mu R}(1 - e^{-n\mu R})^{N-n}|n\rangle\langle n| \qquad (3.72)$$

上述结果就是单模数态传输损耗的最终结果。

对于双模的情况(图3.28),可以在式(3.66)的基础上,将传输模型修正为

$$\begin{cases}
a_0^+ = T_a^M a_M^+ + L_a s_1^+ + L_a T_a s_2^+ + \cdots + L_a T_a^{M-1} s_M^+ \\
b_0^+ = T_b^M b_M^+ + L_b t_1^+ + L_b T_b t_2^+ + \cdots + L_b T_b^{M-1} t_M^+
\end{cases} \qquad (3.73)$$

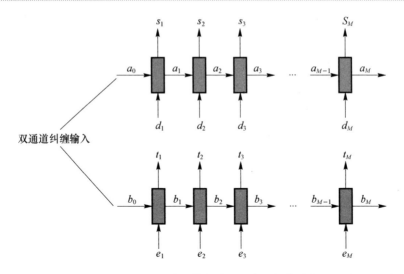

图 3.28　基于有限阶光分器的非经典双模纠缠量子态有损传输模型示意图(见彩图)

输入的双模 NOON 态可以表示为

$$|\psi_{\text{in}}\rangle = \frac{1}{\sqrt{2}}(\ |N\rangle_a |0\rangle_b + |0\rangle_a |N\rangle_b)$$

$$= \frac{1}{\sqrt{2N!}}[\ (a_0^+)^N + (b_0^+)^N\ ]\ |0\rangle_a |0\rangle_b \tag{3.74}$$

由于传输过程中，a_0^+ 和 b_0^+ 的表达式如式(3.73)所示。将式(3.73)代入式(3.74)，可以得出最终输出的约化密度矩阵 $\boldsymbol{\rho}_{\text{out}}$

$$\rho_{\text{out}} = Tr_{\{s_1,\cdots,s_M,t_1,\cdots,t_M\}}\ |\psi_{\text{out}}\rangle\langle\psi_{\text{out}}| \tag{3.75}$$

在上述两个传输信道中应用 Beer 极限定理，可以将 NOON 态条件下的输出约化密度矩阵表示为

$$\boldsymbol{\rho}_{\text{out}}(R) = \frac{1}{2}\sum_{n=0}^{N}\binom{N}{n}(\,\mathrm{e}^{-n\mu_a R}(1 - \mathrm{e}^{-n\mu_a R})^{N-n}\ |n\rangle_a |0\rangle_b\langle 0|_a\langle n|_b)$$

$$+ \frac{1}{2}\sum_{n=0}^{N}\binom{N}{n}(\,\mathrm{e}^{-n\mu_a R}(1 - \mathrm{e}^{-n\mu_a R})^{N-n}\ |n\rangle_a |0\rangle_b\langle 0|_a\langle n|_b)$$

$$+ \frac{1}{2}\mathrm{e}^{-\frac{N}{2}(\mu_a+\mu_b)R}(\,\mathrm{e}^{\mathrm{i}(\eta_a-\eta_b)R}\ |n\rangle_a |0\rangle_b\langle 0|_a\langle N|_b)$$

$$+ \frac{1}{2}\mathrm{e}^{-\frac{N}{2}(\mu_a+\mu_b)R}(\,\mathrm{e}^{-\mathrm{i}(\eta_a-\eta_b)R}\ |0\rangle_a |N\rangle_b\langle N|_a\langle 0|_b) \tag{3.76}$$

下面进一步分析输入信号属于更加通用化的双模纠缠态的情况，即最多存在 N 个光子，且处于模式 a 和模式 b，其可以表示为

$$|\psi_{in}\rangle = \sum_{l,m=0}^{N} \frac{\alpha_{lm}}{\sqrt{l!m!}} (a_0^{\dagger})^l (b_0^{\dagger})^m |0\rangle_a |0\rangle_b \tag{3.77}$$

$$\sum_{l,m=0}^{N} |\alpha_{lm}|^2 = 1$$

则利用前面的方法,对通用双模纠缠态的有损传输特性进行分析,假设 μ_a 和 μ_b 分别表示模式 a 和模式 b 的损耗系数,η_a 和 η_b 分别表示两种模式的相位变化率。中间推导的过程过于复杂,因此本节中直接给出结论,最终的结果为

$$\rho_{out}(x) = \sum_{p,q,p',q'=0}^{N} |p\rangle_a |q\rangle_b \langle p'|_a \langle q'|_b \times e^{-\frac{1}{2}(p+p')\mu_a R} e^{-\frac{1}{2}(q+q')\mu_b R} e^{i(p-p')\eta_a x} e^{i(q-q')\eta_b x} \times$$

$$\sum_{l,m=0}^{N} \frac{\alpha_{lm}\overline{\alpha}_{(l+p'-p)(m+q'-q)}}{(l-p)!(m-q)!} \left(\frac{l!(l+p'-p)!m!(m+q'-q)!}{p!q!p'!q'!} \right)^{1/2}$$

$$\times (1-e^{-\mu_a R})^{l-p} (1-e^{-\mu_b R})^{m-q} \tag{3.78}$$

3.4.2.2 非经典量子态有损传输的特性分析[32]

利用上面的分析方法,下面将对不同纠缠态在有损传输情况下,纠缠态相关性和纠缠度的退化过程进行数值仿真。仿真条件可以统一表示为光子个数 $N = 10$,衰减系数 $\mu_a = \mu_b = 0.2 \text{km}^{-1}$,相位变化率 $\eta_a = \eta_b = 1 \text{km}^{-1}$。

从图 3.29 中可以看出,对于 NOON 态而言,相关性的功率衰减呈现超指数分布特性(数学表达式如 $\exp(-2N\mu R)$),但是从图 3.30 中可以看出,对于随机纠缠态而言,相关性的衰减程度远远小于 NOON 态所表现出来的超指数分布特性。此外,需要注意的是,在整个衰减曲线中,在中间距离段(距离从 5 ~ 15km),衰减特性呈现平缓的态势,完全不服从经典理论中认为的超指数分布,但是超出这个距离段以后,衰减率又恢复初始状态。从上面分析中可以看出,不

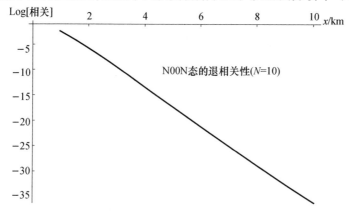

图 3.29　NOON 态相关性退化随传输距离的变化曲线仿真结果

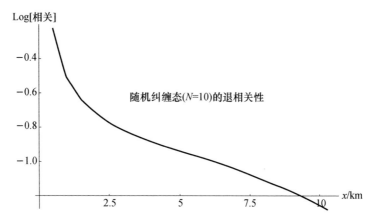

图 3.30　随机量子态相关性退化随传输距离的变化曲线仿真结果

同纠缠态的衰减特性差异较大,如图 3.31 所示。虽然均存在较为严重的退相关特性。但是可以认为在数十千米传输路径中,纠缠态的相干特性并没有被完全破坏。剩余的相关特性是否依然可以用于提升传感器的性能,这个问题是重点需要关注和分析的问题。

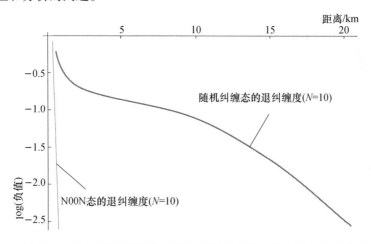

图 3.31　NOON 态和随机量子态退纠缠特性随传输距离的变化曲线仿真结果(见彩图)

◤ 3.5　量子雷达散射截面积[33]

到目前为止,上述讨论均未涉及目标的几何形状和构成。实际上,目标以一个特殊的模式反射传入的光子。在经典雷达理论领域内,雷达散射截面积用来确定一个特定目标的"雷达能见度"。雷达散射截面积在经典雷达理论中是作为一个关键概念出现的,因为它提供了一个对于雷达系统性能和现代装备平台隐身能力的客观衡量。

根据第 2 章中介绍的量子传感的分类方式,若量子雷达采用大功率经典光源作为发射,则目标的散射过程与经典雷达没有本质的区别,因此本节重点介绍,当量子雷达的发射信号为微弱信号,到达目标时的信号表现为若干个离散光子的条件下,目标的散射截面积所具有的特殊物理特性。

3.5.1　量子雷达散射截面积的基本定义

本节中,量子雷达散射截面积的定义特指当量子雷达的发射信号到达目标时表现为若干个光子的条件下,目标的散射特性所对应的散射截面积的概念。

当量子雷达的发射信号到达目标时,表现为一小束光子时,雷达 – 目标相互作用可以描述成光子 – 原子的散射过程,这一过程由量子电动力学的定义可得,与经典电磁场理论中的散射过程不同,因此,需要开发一个量子雷达散射截面的概念 σ_Q 来对一个特定目标"量子雷达能见度"的客观衡量。也就是说,需要定义 σ_Q 来分析量子雷达的性能,在这个场景中目标不是完美的反射物体,并且雷达信号是由一小束光子组成的。

为了便于后续分析,下面将简单回顾量子场的散射过程。目标散射过程是光子与原子作用,表现为发射和吸收。根据干涉真空计的分析,我们发现,在光子被 N 个原子反射后,通过检测点测量得到的密度 I_s 为

$$I_s = \langle \hat{I}_s(r_s, r_d, t) \rangle = \frac{1}{N} \left| \sum_{i=1}^N \Psi_\gamma^{(i)}(\Delta R_i, t) \right|^2 \qquad (3.79)$$

式中:光子的波动方程为

$$\Psi_\gamma^{(i)}(\Delta R_i, t) = \frac{k_0}{\Delta r_{id}} \Theta(t - \Delta R_i/c) \mathrm{e}^{-(i\omega + \Gamma/2)(t - \Delta R_i/c)} \qquad (3.80)$$

$$\begin{cases} k_0 = -\dfrac{\omega^2 |\hat{\boldsymbol{\mu}}|_{ab} \sin\eta}{4\pi\varepsilon_0 c^2 \Delta r_{id}} \\[4mm] \Gamma \equiv \dfrac{1}{\tau} = \dfrac{4\omega^3 |\hat{\boldsymbol{\mu}}|_{ab}^2}{4\pi\varepsilon_0 3\hbar c^3} \end{cases} \qquad (3.81)$$

式中:Γ 代表原子处于激发态时寿命的倒数;ω 为入射光子的频率;η 为原子 μ 的电偶极子力矩的角度;$\Delta r_{id} = r_i - r_d$ 为第 i 个原子与检测点之间的距离。在量子雷达环境中,ΔR_i 是从雷达发射机到目标和从目标到雷达接收机的干涉真空计的总距离;Θ 为阶跃函数;$\hat{\boldsymbol{\mu}}$ 为空间单位矢量。

从可操作性观点来看,σ_Q 的定义必须能够提供量子雷达对目标能见度的客观测量。因此,σ_Q 明显依赖于 I_s,当入射的光子数目很大时,极限与经典场强的概念一致,为

$$\lim_{n_\gamma \to \infty} \langle \hat{I}_s(r_s, r_d, t) \rangle \propto |\boldsymbol{E}_{S@r}|^2 \qquad (3.82)$$

另一方面,对于所有氮原子,忽略信号传播速度小于光速的部分,若假设目标为光电探测器,则目标表面接收到的平均强度 I_s^r 近似表示为

$$I_s^r = \langle \hat{I}_s(r_s, t) \rangle = \frac{1}{N} \sum_{i=1}^{N} |\Psi_\gamma^t(\Delta r_{si}, t)|^2$$

$$\approx \left(\frac{k_0}{R}\right)^2 e^{-\Gamma(t - R/c)} \qquad (3.83)$$

式中:假定感兴趣的区域为

$$\Delta r_{si} = |r_s - r_i| \approx R \qquad \forall i \qquad (3.84)$$

则,目标垂直投影区域的积分可以近似表示为

$$\int_{T_\perp(\theta,\phi)} \langle \hat{I}_s(\boldsymbol{r}_s, t) \rangle \mathrm{d}S \approx A_\perp(\theta, \phi) \langle \hat{I}_s(\boldsymbol{r}_s, t) \rangle$$

$$\approx \lim_{R_d \to \infty} \int_0^{2\pi} \int_0^{\pi} \langle \hat{I}_s(\boldsymbol{r}_s, t) \rangle R_d^2 \sin\theta \mathrm{d}\theta \mathrm{d}\phi \qquad (3.85)$$

因此,可以与经典雷达理论相对应,构建量子雷达散射截面积 σ_Q 的定义为

$$\sigma_Q = \lim_{R \to \infty} 4\pi R^2 \frac{\langle \hat{I}_s(r_s, r_d, t) \rangle}{\langle \hat{I}_i(r_s, t) \rangle}$$

$$\approx 4\pi A_\perp(\theta, \phi) \lim_{R \to \infty} \frac{\langle \hat{I}_s(\boldsymbol{r}_s = \boldsymbol{r}_d) \rangle}{\int_0^{2\pi} \int_0^{\pi} \langle \hat{I}_s(\boldsymbol{r}_s, \boldsymbol{r}_d) \rangle \sin\theta_d \mathrm{d}\theta_d \mathrm{d}\phi_d} \qquad (3.86)$$

式中:接收机采取散射强度的预期(期待)值。

这个近似式对分析研究量子雷达而言,其与经典雷达散射截面积的差异,核心就体现在 $A_\perp$ 上。在球形目标的情况下,经典雷达散射截面和量子雷达散射截面是一样的。在一般情况下,对于非球对称目标,两个量可能是不同的。

3.5.2　基于单个光子入射的量子雷达散射截面积的仿真实验

首先对单个矩形目标的量子雷达散射截面积 σ_Q 进行推导。目标传感器系统的几何结构如图 3.32 所示。仿真分析中忽略衍射和吸收影响。

根据解析表达式,可以推导出量子散射截面积为

$$\sigma_Q \approx 2\pi A_\perp(\theta, \phi) \lim_{R \to \infty} \frac{\left| \sum_{i=1}^{N} e^{i\omega \Delta R_i/c} \right|^2}{\int_0^{2\pi} \int_0^{\pi} \left| \sum_{i=1}^{N} e^{i\omega \Delta R'_i/c} \right|^2 \sin\theta' \mathrm{d}\theta' \mathrm{d}\phi'} \qquad (3.87)$$

图 3.33 给出了 σ_Q 对于 $\theta(\phi = 0)$ 的关系图,和 σ_C 相似,当目标指向镜面方

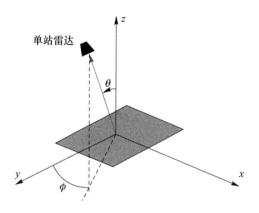

图 3.32　目标传感器的几何结构图(见彩图)

向时($\theta = 0$),σ_Q 达到最大值。此外,注意到副瓣结构,σ_Q 副瓣结构是一个由于量子扰动的纯粹的量子力学效应,而 σ_C 副瓣结构归结于终端区域的反射。

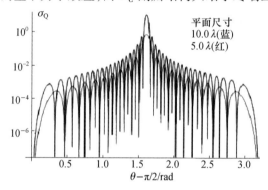

图 3.33　二维平板 σ_Q 对于 $\theta(\phi=0)$ 的仿真图(见彩图)

通过具有相同单位面积和相同强度比的仿真实验,可以获取 σ_Q 和 σ_C 的对比操作定义,结果如图 3.34 所示,可以看到对于大部分角变量 θ,σ_Q 和 σ_C 是近似相等的。

我们需要注意这个结果只对矩形目标有效,另外,对于球形目标而言,$\sigma_Q = \sigma_C$。然而,对于单曲面,σ_Q 的特性和 σ_C 有关还有待证明。

我们还注意到 σ_Q 和 σ_C 在大散射角的区域存在明显差异,这可能是由于在 σ_Q 方程中的近似是错误的。确实,在大散射角度的情况下物理光学近似趋势是错误的。

然而,应该着重注意的是,尽管 σ_Q 和 σ_C 相等,副瓣结构却有着完全不同的物理根源。在经典电磁场中,副瓣是表面电流不连续的结果;而在量子雷达中,

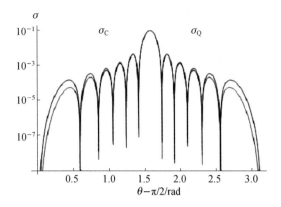

图 3.34　对于矩形目标的 σ_Q 和 σ_C 对比图(见彩图)

副瓣是量子扰动的结果。当然,两者在相同截面的数学描述结果是一样的。

　　然而,这些结果可以用做 σ_Q 量子副瓣结构检测目标指向镜面方向的偏离程度。在经典雷达领域,电流逐渐减小将抑制副瓣,而在量子雷达领域,很可能没有这样的效果。此外,值得探讨的是任何可能提高目标量子副瓣结构的感应机制。

　　下面进一步假设在同一区域有三个矩形目标,但是大小不一样,分别定义为

$$A_1 = 2.5 \times 4.0\lambda^2$$
$$A_2 = 5.0 \times 2.0\lambda^2$$
$$A_3 = 10.0 \times 1.0\lambda^2$$

这些目标的 σ_Q 对于 $\theta(\phi = 0)$ 的关系图如图 3.35 所示,可以看出,尽管它们在同一区域,但不同的大小改变了它们的 σ_Q。注意到,σ_Q 的最大值在所有情况下都是相同的,但是副瓣结构是不同的。

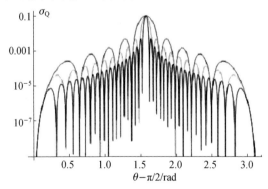

图 3.35　同一区域,不同大小的二维矩形平板的 σ_Q 仿真图(见彩图)

(红线:A_1;绿线:A_2;蓝线:A_3)

图 3.36 给出了小目标(相比于雷达波长)情况下的 σ_Q。对于 $\alpha = 5\lambda$,有平常的副瓣结构;对于 $\alpha = 5\lambda$,仅仅有 2 个副瓣;对于 $\alpha = 0.1\lambda$,量子雷达散射截面近似于常数。这些也可以在经典雷达散射截面中看到,对于小目标,雷达系统不能阐明所有细节,因为目标呈现的是球形对称结构。这个结果并不意外,一个基于光学的传感器仅仅利于解决大于其波长的目标。

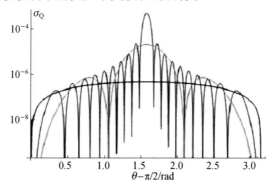

图 3.36　小目标的 σ_Q 特性图(见彩图)

3.5.3　基于多个光子入射的量子雷达散射截面积的仿真实验

到目前为止,我们所考虑的 σ_Q 结构是在量子雷达脉冲单一的光子信号情况下,非常容易概括出方程去描述 n_γ 个光子的量子雷达脉冲。σ_Q 的定义是一样的,但是我们要得到一个 I_s 的新方程。

下面考虑两个光子的例子,$n_\gamma = 2$,一个动量为 p,另一个动量为 q(为了简化我们忽略了极化状态)。在这种情况下,光电探测需要检测两个光子,一个是在 (r, t),另一个在 (r', t')。则测量光强度为

$$\langle \hat{I}_{pq}(\boldsymbol{r}, t, \boldsymbol{r}', t') \rangle = |\Psi_{pq}(\boldsymbol{r}, t, \boldsymbol{r}', t')|^2 \tag{3.88}$$

此外,应用量子场的表达式和 fock 态,可以得到

$$\begin{aligned}\Psi_{pq}(\boldsymbol{r}, t, \boldsymbol{r}', t') &= \langle 0 | \hat{E}^{(+)}(\boldsymbol{r}, t) \hat{E}^{(+)}(\boldsymbol{r}', t') | l_p l_q \rangle \\ &\propto \Psi_{pq}(\boldsymbol{r}, t, \boldsymbol{r}', t') \Psi_{\gamma p}(\boldsymbol{r}, t) \Psi_{\gamma q}(\boldsymbol{r}', t') + \Psi_{\gamma q}(\boldsymbol{r}, t) \Psi_{\gamma p}(\boldsymbol{r}', t')\end{aligned}$$

$$\tag{3.89}$$

综合可得光强度为

$$\langle \hat{I}_{pq}(\boldsymbol{r}, t, \boldsymbol{r}', t') \rangle \propto |\Psi_{\gamma p}(\boldsymbol{r}, t) \Psi_{\gamma q}(\boldsymbol{r}', t') + \Psi_{\gamma q}(\boldsymbol{r}, t) \Psi_{\gamma p}(\boldsymbol{r}', t')|^2 \tag{3.90}$$

上式是对称的二重波动方程,就像波色 – 爱因斯坦统计学中要求的一样,此外,注意到在一般情况下:

$$\langle \hat{I}_{pq}(\boldsymbol{r}, t, \boldsymbol{r}', t') \rangle \neq |\Psi_{\gamma p}(\boldsymbol{r}, t)|^2 |\Psi_{\gamma q}(\boldsymbol{r}', t')|^2 \tag{3.91}$$

上式表明在(r,t)和(r',t')的两个光电探测是独立的,但是相关的,原因是每个检测给出了关于量子场状态的信息,这个信息对随后检测的估计有影响。因此,式(3.90)给出了在对称二重状态的各光子状态之间的干扰,这是量子力学效应。确实,对于表述经典光的状态,这是对光强度作用仅有的因式分解。

我们考虑三个原子($N=3$)散射两个光子($n_\gamma=2$)的情况:

$$\langle \hat{I}_{pq}(\boldsymbol{r}_\mathrm{d},t)\rangle \propto \frac{1}{3}\mid \Psi_{\gamma 1}^{(1)}\Psi_{\gamma 2}^{(2)}+\Psi_{\gamma 1}^{(2)}\Psi_{\gamma 2}^{(3)}+\Psi_{\gamma 1}^{(3)}\Psi_{\gamma 2}^{(1)}\mid^2 \tag{3.92}$$

式中:波动方程的下标为光子;上标为散射原子。可以看出,两个光子可以和任何一个原子相互作用。注意到,因为光子是波色光子,所以没有光子指数的排列项。

则,对于 N 个原子和 n_γ 个光子:

$$\langle \hat{I}_{pq}(\boldsymbol{r}_\mathrm{d},t)\rangle \propto \frac{1}{\binom{N}{n_\gamma}}\mid \Gamma_{a_1 a_2\cdots a_{n_\gamma}}\prod_{j=1}^{n_\gamma}\Psi_{\gamma j}^{(a_j)}\mid^2 \tag{3.93}$$

图 3.37 给出了 $n_\gamma=1,2,5,\sigma_Q$ 随 $\theta(\phi=0)$ 的变化(由 10×5 个原子组成的矩形目标)。可以看到,随着光子数目的增加,在镜面方向的 σ_Q 最大值也随之增加,也就是说,当量子雷达照射时,接近镜面方向的目标看起来更大。因此,仅在经典光的光束情况下,若不考虑每束的光子数目,我们期望看到相同的散射截面。

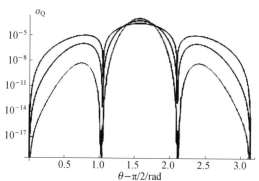

图 3.37　σ_Q 随 $\theta(\phi=0)$ 的变化图(见彩图)

$n_{\gamma_n}=1$(红线);$n_\gamma=2$(蓝线);$n_\gamma=5$(绿线)

然而,随着光子数目的增加,副瓣结构性能急剧下降,镜面方向 σ_Q 的宽度变得更窄。事实上,干扰分析仅仅考虑镜面反射和由于量子干扰关联的副瓣结构,随着光子数目的增加,散射动态过渡到经典雷达领域。此外,还说明量子副瓣结构和经典雷达散射截面中副瓣结构是没有关系的,量子副瓣结构是一个纯粹的量子力学特性。

量子雷达散射截面在主瓣($\theta = 0$)和副瓣($\theta = \pi/4$)的峰值数值解,见表3.5。由于增加一个额外光子而出现的常量,几乎让主瓣峰值增大,然而,事实上让我们定义增长率 $G_r(n_\gamma)$ 为

$$G_r(n_\gamma) = \frac{\sigma_Q^{Max}(n_\gamma)}{\sigma_Q^{Max}(n_\gamma - 1)} \qquad (3.94)$$

式中:$\sigma_Q^{Max}(n_\gamma)$ 是 n_γ 个光子 σ_Q 的最大值,随着光子数目的增长,$\sigma_Q^{Max}(n_\gamma)$ 稳步下降。此外,最理想的情况自然是希望对于大量的光子,增长率将稳步下降到0。

表3.5 量子雷达散射截面在主瓣($\theta = 0$)和副瓣($\theta = \pi/4$)的峰值

量子数目	主瓣峰值	增长率	副瓣峰值
1	0.0003152		1.12×10^{-5}
2	0.0006474	2.054	1.14×10^{-6}
3	0.0009444	1.459	8.06×10^{-8}
4	0.0012262	1.298	4.84×10^{-9}

另一方面,随着光子数目的增长,副瓣峰值出现更快的指数级减小,还值得注意的是,由于增加了额外的光子到雷达脉冲,量子副瓣的"阻尼"取决于 N/n_γ。在很多现实例子中,当 $N \gg n_\gamma$ 时,阻尼不会像图中显示的那么严重。

下面讨论两个主要的量子力学效应,它们对量子雷达散射截面性能做出了贡献:

(1)由于量子波动方程的干涉,副瓣结构是一个纯粹的量子力学效应,没有经典的对应。确实,经典上没有由于边缘效应引起的不连续的表面电流,就不会有副瓣。

(2)随着量子雷达波束中光子数目的增加,量子雷达散射截面的最大值也跟着增大,这种效应也是由于光子之间的干涉所致。

鉴于对应原理,对于大量的光子,我们希望量子雷达散射截面成为经典雷达散射截面。第一个效应看起来违背了这个原理,因为随着光子数目的增加,副瓣会消失;第二个效应则坚持了这个原理,因为随着照射到目标的光子数目的增加,量子雷达散射截面的最大值会持续增长。

确实,即使有大量的光子,Fork 态用于计算量子雷达散射截面也是非经典的,为了得到第二个效应的对应原理,明确需要使用大量平均光子数的相干态,仅在此情况下,强度的表达式才可以表示为

$$\langle I_{12} \rangle = \langle I_1 \rangle \langle I_2 \rangle$$

上式意味着没有干涉效应,并且雷达散射截面的值不改变。

因此,在少量光子体制中,镜面反射会出现,并且量子干涉是影响 σ_Q 值的主要因素。如果使用工作在少量光子体制中的量子雷达副瓣结构去检测目标是可能的,这值得考虑。

在这一章中,我们讨论了定义量子雷达散射截面 σ_Q 的要求,这个定义采取了下列和经典雷达 σ_C 一样的结构,基于量子电动力学的干涉测量参数确定了雷达接收机测量的强度,对于单个光子的量子雷达,σ_Q 有一个纯粹量子力学效应的副瓣结构(相反,σ_C 的副瓣结构是终端区域反射的结果)。我们发现如果量子雷达脉冲有一个以上的光子,则矩形目标在接近镜面方向的地方 $\sigma_Q > \sigma_C$;此外,正如多光子脉冲往往增加 σ_Q 的镜面反射,还缩小峰值和减少副瓣结构。这些结论表明使用量子雷达的副瓣结构检测目标是可能的,需要更加详细的探索。

参考文献

[1] Clark W E, Whitby K T. Concentration and Size Distribution Measurements of Atmospheric Aerosols and a Test of the Theory of Self – Preserving Size Distributions [J]. J. Atmos. Sci. , 24:677 – 687.

[2] Deirmendjian D. Scattering and Polarization Properties of Water Clouds and Hazes in the Visible and Infrared[J]. Appl. Opt. ,1964,3:187 – 196.

[3] Deirmendjian D. Electromagnetic Scattering on Spherical Polydispersions[M]. New York: American Elsevier,1969.

[4] Twomey S. 大气气溶胶[M]. 北京:科学出版社, 1984.

[5] Pasceri R E, Friedlander S K. Measurements of the Particle Size Distribution of the Atmospheric Aerosol: II. Experimental Results and Discussion [J]. J. Atmos. Sci. , 1965, 22: 577 – 584.

[6] Knestrick G L, Cosden T H, Curcio J A. Atmospheric Scattering Coefficients in the Visible and Infrared Regions[J]. J. Opt. Soc. Am. , 1962, 52:1010 – 1016.

[7] Yamamoto G, Tanaka M, Determination of Aerosol Size Distribution from Spectral Attenuation Measurements[J]. Appl. Opt. , 1969, 8:447 – 453.

[8] Robert J C. The direct measurement of atmospheric light scattering coefficient for studies of visibility and pollution [J]. Atmos. Environ. , 1:469 – 478.

[9] Elterman L. An Atlas of Aerosol Attenuation and Extinction Profiles for the Troposphere and Stratosphere [R]. Rept. AFCRL – 66 – 828. AFCRL, Bedford, Mass,2005.

[10] Bullrich K. Scattered radiation in the atmosphere[M]. New York: Academic Press,1967.

[11] Neiburger M, Chien C W. Computations of the growth of cloud drops by condensation using an electronic digital computer [D]. In Physics of Precipitation Monograph No. 5, American Geophysical Union, 1960.

[12] Garland J A. Some fog droplet size distributions obtained by an impaction method [J]. Quarterly Journal of the Royal Meteorological Society, 1971, 97:483 – 494.

［13］ Hulburt E O. Optics of atmospheric haze［J］. J. Opt. Soc. Am. , 31:467 – 476.

［14］ 邹上进,刘长盛,刘文保. 大气物理基础［M］. 北京:气象出版社,1982.

［15］ 北京大学地球物理系大气物理教研室云物理教学组. 云物理学基础［M］. 北京:农业出版社, 1981.

［16］ Yang P, Liou K N, Wyser K, et al. Parameterization of the scattering and absorption parameters of individual ice crystals［J］. J. Geophys. Res. , 105,4699 – 4718.

［17］ 廖延彪. 偏振光学［M］. 北京:科学出版社, 2003.

［18］ Liou K N. Theory of the scattering – phase – matrix determination for ice crystals ［J］. J. Opt. Soc. Amer. , 65,159 – 162.

［19］ Carher. L W,Cato G A,Essen U J. The Backscattering and Extinction of Visible and Infrared Radiation by selected Major Cloud Models［J］. Applied Optics,1967,6,1209 – 1216.

［20］ Mishchenko M I, Travis L D, Mackowski D W. T – matrix computations of light scattering by nonspherical particles: a review ［J］. J. Quant. Spectrosc Radiat Transfer, 1996, 55, 535 – 575.

［21］ Draine B T, Flatau P J. Discrete – dipole approximation for scattering calculations ［J］. J Opt Soc Am A 1994;11:1491 – 1499.

［22］ Cai Q, Liou K N. Polarized light scattering by hexagonal ice crystals: theory ［J］. Appl. Opt. 1982, 21: 3569 – 3580.

［23］ Takano Y, Liou K N. Solar radiative transfer in cirrus clouds. Part I［J］. Single – scattering and optical properties of hexagonal ice crystals［J］. J. Atmos. Sci. , 1989, 46, 3 – 19.

［24］ Takano Y, Jayaweera K. Scattering phase matrix for hexagonal ice crystals computed from ray optics ［J］. Appl. Opt. , 1985, 24(19): 3254 – 3255.

［25］ Gorodnichev E E, Kuzovlev A I, Rogozkin D B. Multiple scattering of polarized light in turbid media with large particles ［J］. Light Scattering reviews, Springer Praxis Books, 2006: 291 – 337.

［26］ William H P. C 数值算法［M］. 2nd. ed. 傅祖芸,赵海娜,丁岩石,等译,北京:电子工业出版社,2004.

［27］ Hovenier J W. Symmetry Relationships for Scattering of Polarized Light in a Slab of Randomly Oriented Particles ［J］. Journal of the Atmospheric Sciences, 1968, 26: 488 – 499.

［28］ 吴建荣. 空间量子密钥分配中的偏振劣化及系统改进设计［D］. 中国科学技术大学,2011.

［29］ Loudon R. The Quantum Theory of Light ［M］. Oxford: Oxford University Press, 2000.

［30］ Scully M,Zubairy M. Quantum Optics［M］. Cambridge University Press,1997.

［31］ Loudon R. The Quantum Theory of Light［M］. Oxford University Press,2000.

［32］ Nicholson D J. Quantum Lidar – Remote Sensing at The Ultimate Limit［R］. Final Technical Report,AFRL – RI – RS – TR – 2009 – 180,2009.

［33］ Lanzagorta M. 量子雷达［M］. 周万幸. 吴鸣亚. 金林,译. 北京:电子工业出版社, 2013.

第 4 章

量子雷达的检测与估计

■ 4.1 引 言

许多统计理论可以看作计算平均值。传统地,一个由变量 $x_1, x_2, \cdots, x_n$ 刻画的系统与一个概率密度函数相关,$p(x_1, x_2, \cdots, x_n)$,并且需要计算某个可测函数 $f(x_1, x_2, \cdots, x_n)$ 的平均值

$$E[f(x_1, x_2, \cdots, x_n)] = \int_{-\infty}^{\infty} \cdots \int_{-\infty}^{\infty} f(x_1, \cdots, x_n) p(x_1, \cdots, x_n) \mathrm{d}x_1 \cdots \mathrm{d}x_n \quad (4.1)$$

式中:E 表示取均值的算符。

而量子力学中,一个系统由一个密度算符 ρ 描述,它是系统力学变量的函数,并且一个量子力学算符为 F 的可观测量的期望值由迹给出[1,2]为

$$E(F) = \mathrm{Tr}(\rho F) \quad (4.2)$$

密度算符 ρ 是概率密度函数 $p(x_1, x_2, \cdots, x_n)$ 的量子对应。如同经典极限下,在对应于变量 $x_1, \cdots, x_n$ 的算符 $X_1, \cdots, X_n$ 的共同本征态 $|x_1, \cdots, x_n\rangle$ 中,ρ 是对角化的,为

$$\rho = \int_{-\infty}^{\infty} \cdots \int_{-\infty}^{\infty} |x_1, \cdots, x_n\rangle p(x_1, \cdots, x_n) \langle x_1, \cdots, x_n| \mathrm{d}x_1 \cdots \mathrm{d}x_n \quad (4.3)$$

方程(4.2)中的期望值简化为方程(4.1),其中

$$f(x_1, \cdots, x_n) = \langle x_1, \cdots, x_n | F | x_1, \cdots, x_n \rangle \quad (4.4)$$

在量子统计理论中,经典情形作为特例被包含[3]。

现代统计理论同样涉及规范化和方法论两个层面,表现为假设与检测理论的表述方式。它寻求对被观测系统进行最好的表述手段,表述的手段即可以表现为对系统状态假设的判决结果,也可以表述为量化的参数估计结果。表述所依赖的观测数据不可避免地存在误差,最好的办法就是尽可能减少误差的影响,评估观测值的质量,并确定由于测量的精度给统计带来的不确定性的极限边界。

在经典物理中,统计不确定性很大程度上是由于存在随机噪声,它主要来自

于分子无序运动。统计假设检验或者决策论已经广泛地应用于噪声中的声学和电磁信号测量,并且允许定义微弱信号,作为干扰噪声强度的函数,可以利用一个特定的误差概率被检测到[4-9]。估计理论已经被应用于信号参量的测量,如幅度、载频、到达时间,在遥感勘测和雷达中很重要。噪声决定了这些测量的精度的极限。

这里讨论用量子力学方式来表达统计决策和估计理论。它包括用量子力学密度算符取代经典理论中出现的概率密度函数。量子检测和估计理论的目标是确定随机噪声和量子力学不确定性是如何影响决策和参量估计的可靠性的。

▋ 4.2 量子统计理论[5]

4.2.1 经典检测与估计理论回顾

检测理论的本质就是对系统的各种假设进行选择。对于最简单的二元检测而言,就是对时间间隔 $(0,T)$ 内,接收机接收信号 $x(t)$ 中,目标信号 $s(t)$ 是否存在,构建两种假设如下。

假设 1:H_0(假设不存在目标信号):$x(t) = n(t)$;

假设 2:H_1(假设存在目标信号):$x(t) = n(t) + s(t)$。

式中:$n(t)$ 表示服从特定统计特征的噪声信号,其属于随机过程。假设检测过程是基于输入信号 $x(t)$ 在时间间隔 $(0,T)$ 内,获取的 n 个信号采样值 $x_i = x(t_i)$。这些信号在两种假设下的概率密度函数 $p_0(x_1, \cdots, x_n)$ 和 $p_1(x_1, \cdots, x_n)$ 均已知,在此基础上去寻找最优的检测准则。

实现最优检测的途径主要包括两种,第一种是贝叶斯检测。该框架下,需要获取假设 H_0 和 H_1 的先验概率 ζ 和 $(1-\zeta)$,并且获得假设 H_i 被判定为 $H_j(i,j = 0,1)$ 的四种代价函数 C_{ij}。通过寻求平均代价函数最小为准则,推导最有检测器。所谓贝叶斯策略(Bayes Strategy)就是 H_1 假设成立的条件为

$$\Lambda(x_1, \cdots, x_n) = \frac{p_1(x_1, \cdots, x_n)}{p_0(x_1, \cdots, x_n)} \geqslant \frac{\zeta(C_{10} - C_{00})}{(1-\zeta)(C_{01} - C_{11})} = \Lambda_0 \qquad (4.5)$$

反之则 H_0 假设成立。其中 $\Lambda(x_1, \cdots, x_n)$ 被称为似然比函数。

对于两个以上的多元假设的检测问题,可以采取与上述类似的方法解决。大多数情况下,可以假设不同检测误差的代价函数相同,从而使得误差的平均概率最小。这个准则等价于使得给定数据 $(x_1, \cdots, x_n)$ 的后验概率密度或者条件概率密度函数最大。

第二种是最佳二元检测。这种检测方法是以奈聂-皮尔逊准则(NP 准则)为基础发展起来的[10,11]。这种方法中定义了两种类型的误差。第一种是虚警

概率,定义为 H_0 假设为真,但是判为 H_1 的概率,即没有目标但是检测为有目标,在给定检测方法的情况下,该误差的概率被表示为 p_{fa},即虚警率。第二种是漏检概率,定义为 H_1 假设为真,但是判为 H_0 的概率,即有目标但是检测为没有目标,其相应的概率定义为 p_{fd},即漏检率。漏检率所对应的就是检测概率 $p_d = 1 - p_{fd}$。目前最优的检测策略就是在给定虚警率 p_{fa} 的条件下,使得检测概率 p_d 最大。

估计理论就是获取数据 $\boldsymbol{x} = (x_1, \cdots, x_n)$ 联合概率密度函数 $p(\boldsymbol{x}; \theta) = p(x_1, \cdots, x_n; \theta_1, \cdots, \theta_n)$ 中位置参数序列 $\boldsymbol{\theta} = (\theta_1, \cdots, \theta_n)$ 的过程。例如,获取的数据是接收机接收信号 $x(t) = s(t; \boldsymbol{\theta}) + n(t)$ 的采样序列,其中 $n(t)$ 是统计特征已知的噪声,$s(t; \boldsymbol{\theta})$ 是基于未知参数序列 $\theta = (\theta_1, \cdots, \theta_n)$ 的随机信号,未知参数包括幅度、到达时间、载频等。基于获取的信号序列 $\boldsymbol{x}(t)$,可以对未知参数进行尽可能精确的估计。

估计理论首先需要建立估计结果 $\hat{\theta} = (\hat{\theta}_1, \cdots, \hat{\theta}_m)$ 的误差所对应的代价函数,最常用的代价函数就是不同估计误差值的加权平均误差,即

$$C(\hat{\theta}, \theta) = \sum_{k=1}^{m} w_k (\hat{\theta}_k - \theta_k)^2 \tag{4.6}$$

根据式(4.6),就可以将估计问题转化为寻找最优的估计结果,使得平均代价函数最低。估计误差的极限值同样是值得关注的,而估计误差的数学表征方式主要包括均方估计误差,即 $E(\hat{\theta}_k - \theta_k)^2$,和估计偏差,其定义为估计值与真实值之间的偏差,表示为 $E(\hat{\theta}_k) - \theta_k$。

4.2.2　量子理论概述

经典检测与估计理论的核心是信号在不同假设下的概率密度函数 $p_0(x)$,$p_1(x)$ 和未知参数下的条件概率密度函数 $p(x; \theta)$。由此,针对量子信息系统,很自然联想到基于量子系统的密度算符 ρ_0, ρ_1 和 $\rho(\theta)$ 研究类似的理论体系,由此诞生了量子检测与估计理论[12-14]

在本章节的后续分析中,均假设存在一个理想的系统,其类似于一个理想的电磁场接收机,能够在外界存在信号时开启接收,不存在信号时则关闭,接收到的信号包括信号场和背景噪声或杂波。背景和辐射噪声场所对应的密度算符表示为 ρ_0(假设 H_0),信号场所对应的密度算符表示为 ρ_1(假设 H_1),检测过程涉及这几种假设的选择问题。此外,需要获取在自然背景辐射,给定虚警概率 p_{fa} 的条件下,不同检测概率 p_d 所对应的最小可检测信号。

另一个方面,信号场如果确知存在,则有必要测量信号场的相关参数,如幅度和载频等,这些参数可以表示为信号场的密度算符 $\rho(\boldsymbol{\theta}) = \rho(\theta_1, \cdots, \theta_m)$。同

样可以最小均方误差为准则,对信号中的相关参数进行估计。

对于量子检测与估计理论而言,其核心在于确定需要测量量子系统中哪些动态变量。在经典理论中,原则上可以对信号中所有参数进行测量,然后获取他们的联合概率密度函数,进而建立最优检测和估计过程。但是在量子体制下,只有由 Hermitian 算符表示的动态变量才能够被测量,且这些动态变量必须同时测量,因此变量所对应的算符必须互质(或者正交)。在贝叶斯理论框架下,不同的正交观测值集合将对应不同的代价函数。但是本质的问题依然是以寻找全局最低代价函数为准则,完成检测和估计过程。

如果存在一次观测过程,可以将所有的密度算符同时测量出来,那么利用这一次的观测,就可以基于经典的检测估计理论,实现对量子系统的有效检测和估计。量子检测与估计理论必须在量子系统的理论框架下才能够成立,而目前在量子世界中尚未发现,可以实现所有变量同时观测的观测过程。这也注定了量子检测与估计理论是完全不同于经典理论的。

◣ 4.3　量子检测理论

4.3.1　量子二元检测

4.3.1.1　检测算符

如前面所介绍的,检测过程就是对一个系统的两种假设中进行选择,其中 H_0 选择所对应的密度算符可以表示为 ρ_0,H_1 对应的密度算符为 ρ_1。而 H_0 的先验概率密度为 ζ,H_1 的先验概率密度则为 $(1-\zeta)$。而 $C_{ij}(i,j=0,1)$ 表示 H_j 为真时,检测结果为 H_i 的代价函数。假设彼此正交的观测算符,如 $X_1,X_2,\cdots$ 等,所获得的测量结果序列为 $x_1,x_2,\cdots$ 等。则检测需要依靠检测结果的函数 $f(x_1,x_2,\cdots)$。那么相对应的观测算符也应该是与 $f(X_1,X_2,\cdots)$ 相关。下面就需要讨论这种算符的具体形式。

其实,对于检测结果而言,其输出无外乎就是 0 和 1 两个数字。具体而言就是检测结果为 H_0 则输出 0,检测结果为 H_1 则输出 1。因此 $f(X_1,X_2,\cdots)$ 决定的算符所对应的本征值就应该是 0 和 1。这种算符就是投影算符,本书将其表示为 Π,并命名为检测算符。

对于系统而言,什么样的投影算符 Π 才是最优的呢?下面将以通过构建所有投影算符 Π 的平均代价函数,并以其最小为准则进行分析。平均代价函数取决于虚警概率 p_{fa} 和漏检概率 p_{fd}。前者表示假设 H_0 成立时检测为 H_1,即 H_0 成立时,Π 的测量结果为 1,即

$$p_{\text{fa}} = \Pr\{\Pi \rightarrow 1 \mid \text{H}_0\} = E(\Pi \mid \text{H}_0) = \text{Tr}\rho_0 \Pi \tag{4.7}$$

类似的,漏检概率 p_{fd} 可以表示为

$$p_{\text{fd}} = \text{Tr}[\rho_1(1 - \Pi)] = 1 - \text{Tr}\rho_1 \Pi \tag{4.8}$$

则平均代价函数表示为

$$\overline{C} = \zeta[C_{00}(1 - p_{\text{fa}}) + C_{10}p_{\text{fa}}] + (1 - \zeta)[C_{01}p_{\text{fd}} + C_{11}(1 - p_{\text{fd}})]$$

$$= \zeta C_{00} + (1 - \zeta)C_{01} - (1 - \zeta)(C_{01} - C_{11})\text{Tr}(\rho_1 - \lambda\rho_0)\Pi \tag{4.9}$$

其中

$$\lambda = \zeta(C_{10} - C_{00})/(1 - \zeta)(C_{01} - C_{11}) \tag{4.10}$$

由于 $C_{01} > C_{11}$,则在 $\text{Tr}(\rho_1 - \lambda\rho_0)\Pi$ 最大时,式(4.9)取最小值。

假设算符 $\rho_1 - \lambda\rho_0$ 的本征态为 $|\eta_k\rangle$,其本征值可以用离散形式表现为

$$(\rho_1 - \lambda\rho_0)|\eta_k\rangle = \eta_k|\eta_k\rangle \tag{4.11}$$

为了使得式(4.9)取最小值,则需要使得式(4.12)最大化,即

$$\text{Tr}(\rho_1 - \lambda\rho_0)\Pi = \sum_k \eta_k\langle\eta_k|\Pi|\eta_k\rangle \tag{4.12}$$

要达到式(4.12)最大化的目的,就必须满足如下条件,即

$$\begin{cases} \langle\eta_k|\Pi|\eta_k\rangle = 1 & \eta_k \geq 0 \\ \langle\eta_k|\Pi|\eta_k\rangle = 0 & \eta_k < 0 \end{cases} \tag{4.13}$$

因此,用于实现 H_0 和 H_1 检测的最佳投影算符可以表示为

$$\Pi = \sum_{k:\eta_k \geq 0} |\eta_k\rangle\langle\eta_k| \tag{4.14}$$

由此,可以获得虚警概率 p_{fa} 和漏检概率 p_{fd},即

$$p_{\text{fa}} = \sum_{k:\eta_k \geq 0} \langle\eta_k|\rho_0|\eta_k\rangle$$

$$p_{\text{fd}} = 1 - \sum_{k:\eta_k \geq 0} \langle\eta_k|\rho_1|\eta_k\rangle \tag{4.15}$$

由此获得的平均最小代价函数可以表示为

$$C_{\min} = \zeta C_{00} + (1 - \zeta)C_{01} - (1 - \zeta)(C_{01} - C_{11})\sum_{k:\eta_k > 0} \eta_k \tag{4.16}$$

将密度算符 ρ_0 和 ρ_1 的本征值分别表示为 P_{0k} 和 P_{1k}。如果算符是完全连续的,则本征值构成了离散谱。后续的理论分析将证明,算符 $\rho_1 - \lambda\rho_0$ 的本征值 η_m 同样是离散的,其中,第 k 个正的本征值不大于 P_{1k},第 k 个负的本征值不小于 $-\lambda P_{0k}$。

如果密度算符 ρ_0 和 ρ_1 彼此互易,则算符 $\rho_1 - \lambda\rho_0$ 的本征值为 $P_{1k} - \lambda P_{0k}$,当

$P_{1k} > \lambda P_{0k}$时,本征值均为正数。此时最优检测过程就是对ρ_0和ρ_1进行测量,或者利用合适的互易算符对ρ_0和ρ_1进行同时测量。根据测量结果获取系统的第k个共同的本征态,则$P_{1k} > \lambda P_{0k}$时,选择H_1假设;$P_{1k} < \lambda P_{0k}$时,选择H_0假设。这种方式类似于经典检测理论中的似然比检测准则。

下面假设系统为一个简单的谐波振荡器,例如单模场信号进入一个理想接收机,假设噪声的平均光子数为N_0(H_0假设),或者信号加噪声的光子数为N_1(H_1假设)。则密度算符可以表示为

$$\rho_k = \sum_{m=0}^{\infty} |m\rangle P_{km} \langle m| \qquad k = 0,1 \qquad (4.17)$$

式中

$$P_{km} = (1 - v_k) v_k^m \qquad k = 0,1$$
$$v_k = N_k / (N_k + 1) \qquad k = 0,1 \qquad (4.18)$$

考虑到计数算符n的本征态$|m\rangle$,则对算符n自身进行测量后,检测结果为H_1的条件可以表示为

$$[(1 - v_1)/(1 - v_0)](v_1/v_0)^m > \lambda \qquad (4.19)$$

式中:m表示测量结果。

4.3.1.2 纯态的选择问题

只有少量的非互易算符ρ_0和ρ_1,它们如式(4.11)定义的本征值可以实现求解。其中一个值得研究的情况,就是在两种假设下系统处于纯态,即

$$\begin{cases} \rho_0 = |\psi_0\rangle\langle\psi_0| \\ \rho_1 = |\psi_1\rangle\langle\psi_1| \end{cases} \qquad (4.20)$$

这里只有两种态,即$|\eta_0\rangle$和$|\eta_1\rangle$具有非零的本征值,他们是$|\psi_0\rangle$和$|\psi_1\rangle$的线性组合,即

$$|\eta_k\rangle = z_{k0}|\psi_0\rangle + z_{k1}|\psi_1\rangle \qquad k = 0,1 \qquad (4.21)$$

将式(4.20)和式(4.21)代入式(4.11),获取以z_{k0}和z_{k1}为变量的齐次线性方程组。方程有解的前提条件就是方程组之间彼此独立,由此产生了关于本征值η_0和η_1的二次方程,方程的解可以表示为

$$\eta_k = \frac{1}{2}(1 - \lambda) - (-1)^k R \qquad k = 0,1 \qquad (4.22)$$

式中

$$R = \left\{ \left[\frac{1}{2}(1 - \lambda) \right]^2 + \lambda q \right\}^{1/2}$$

$$q = 1 - |\langle \psi_1 | | \psi_0 \rangle|^2 \tag{4.23}$$

用于测量的检测算符可以表示为

$$\Pi = |\eta_1 \rangle \langle \eta_1| \tag{4.24}$$

则所对应的虚警概率和检测概率分别可以表示为

$$\begin{cases} Q_0 = |\langle \eta_1 | | \psi_0 \rangle|^2 = (\eta_1 - q)/2R \\ Q_d = 1 - Q_1 = |\langle \eta_1 | | \psi_0 \rangle|^2 = (\eta_1 + \lambda q)/2R \end{cases} \tag{4.25}$$

由此可以根据式(4.16)计算最小平均代价函数。

对于谐波振荡器的两个相干态 $|\eta_0\rangle$ 和 $|\eta_1\rangle$ 选择而言,式(4.23)所示的参数 q 就可以修正为[15]

$$q = 1 - |\langle \mu_1 | | \mu_0 \rangle|^2 = 1 - \exp(-|\mu_1 - \mu_0|)^2 \tag{4.26}$$

例如,如果 $\mu_0 = 0$,则相干信号存在与否的检测和错误检测的概率,均依赖于信号的平均光子数 $N_s = |\mu_1|^2$,如式(4.25)所示。

4.3.1.3　背景噪声中的相干信号

假设复幅度为 μ 的相干信号源于单模振荡器,假设 H_1 下存在该相干信号,反之则属于假设 H_0。若不存在背景噪声,则振荡器输出的就是相干态 $|\mu\rangle$,则其密度算符可以表示为

$$\begin{cases} \rho_0 = (\pi N)^{-1} \int \exp(-|\alpha|^2/N) |\alpha \rangle \langle \alpha | d^2\alpha \\ \rho_1 = (\pi N)^{-1} \int \exp(-|\alpha - \mu|^2/N) |\alpha \rangle \langle \alpha | d^2\alpha \end{cases} \tag{4.27}$$

$$N = [\exp(\hbar\Omega/KT)]^{-1}$$

式中: $\hbar$ 表示普朗克常数; Ω 表示相干信号的角频率; K 表示玻耳兹曼常数; T 表示接收机温度。即使如式(4.11)对算符 $\rho_1 - \lambda\rho_0$ 进行操作,但是在量子检测理论中依然属于无法求解的问题。式(4.11)可以表示为齐次线性方程的形式,其 kernel 积是高斯函数的线性组合。在此基础上推导检测概率,可明确获得背景噪声中,已知相位的相干信号的可探测性。

然而对于光波频段信号而言,复信号的绝对相位无法精确获取,因此可以假设相位满足 $(0, \pi)$ 范围内的均匀分布。且两种假设 H_0 和 H_1 彼此互质,因此直接测量信号的能量,是最佳的检测器[13]。

如果一个处于热平衡状态的接收机,接收的相干信号具有随机相位,且存在多种模态,可以通过线性变换,将问题近似简化为谐波振荡器输出信号的检测问题[14]。为此,需要信号的频带极窄,使得频带内热噪声的平均光子数与信号对应的光子数相当。此时,最优的检测操作可以描述为:产生一个单模场与信号进

行匹配接收,然后对这种操作输出的能量进行测量。

接收机确认没有信号存在的准则:简单来说就是对匹配模式下的光子进行计数处理,只要计数结果小于门限值 M,就判定没有目标。相应的虚警概率 p_{fa} 和检测概率 p_d 可表示为[13-18]

$$p_{fa} = \left(\frac{N}{N+1} \right)^M$$

$$p_d = 1 - (N+1)^{-1} \exp[-N_s/(N+1)]$$

$$\times \sum_{m=0}^{M-1} \left(\frac{N}{N+1} \right)^m L_m\{-N_s/[N(N+1)]\} \qquad (4.28)$$

如果接收机的检测准则为 NP 准则,则为了获取先验的虚警概率,需要进行随机化操作。由此可以获取当接收光子数为 M' 的条件下,接收机判为 H_1(即存在目标)的概率 f,以及相应的判为 H_0 的概率 $1-f$。当给定 f 以后,就可以通过获取 M',明确检测准则,即光子数少于 M' 时,则判为 H_0;反之则判为 H_1。上述检测机理下,检测概率与信号强度之间的关系可以参见文献[19]。

4.3.2　量子门限检测

4.3.2.1　经典门限检测

如果可以在固定虚警率的条件下,对所有期望信号均实现检测概率最大化,这种接收机是大家梦寐以求的。然而在基于经典最大似然准则下,上述情况出现的概率是非常稀少的。只有在某些特定假设条件下才成立,例如信号的幅相特性精确已知,且噪声符合高斯分布,此时最大似然准则是最优的检测器。然而实际中,往往追求对特定信号的检测性能最优,同时允许其他类型信号检测性能的恶化。此外,最大似然比很难由接收机直接输出。

因此需要对最大似然比检测量进行退化,往往采用所谓的门限检测量,即

$$U = \frac{\partial}{\partial A} \ln \Lambda(x_1, \cdots, x_n; A) \big|_{A=0} \qquad (4.29)$$

其中 Λ 表示似然比,可以表示为

$$\Lambda(x_1, \cdots, x_n; A) = p_1(x_1, \cdots, x_n; A)/p_0(x_1, \cdots, x_n) \qquad (4.30)$$

此外,$p_1(x_1, \cdots, x_n; A)$ 表示存在强度为 A 的信号所对应的概率密度函数,而 p_0 和 p_1 的关系可以直接表示为 $p_1(x_1, \cdots, x_n; A) = p_1(x_1, \cdots, x_n; 0)$。门限检测量是通过对似然比检测量,求关于信号强度 A 的偏导数,在 A 趋于 0 的条件下得出。然后将检测量与检测门限 U_0 进行比较,若检测量大于门限,则判定为 H_1,即存在目标。信号强度测量 A 需要确保式(4.29)可导,其往往与信号的能量成正比。

当每一次试验中,被检测的信号样本数 M 足够,此时获取的门限检测量 U 近似最优。然后将每一次试验获取的门限统计量相加,即 $U_1 + U_2 + \cdots + U_M$,将相加结果与检测门限 U_0 对比。根据大数定律可知,上述叠加的结果近似符合高斯分布,因此虚警率 p_{fa} 和检测概率 p_d 分别近似表示为

$$p_{fa} = \mathrm{erfc}(x) = (2\pi)^{-1/2} \int_{-\infty}^{\infty} \exp(-t^2/2)\,\mathrm{d}t \tag{4.31}$$

$$p_d = \mathrm{erfc}(x - D\sqrt{M})$$

式中:D 表示等效信噪比,其具体定义如下,即

$$D^2 = [E(U|H_1) - E(U|H_0)]^2/\mathrm{Var}_0 U \tag{4.32}$$

式中:$\mathrm{Var}_0 U$ 表示无信号条件下,统计量 U 的方差。式(4.31)中的 x 与检测门限 U_0 相关。

当检测过程是基于大量独立的试验所获取的数据,则对于任意统计量 $U(x_1, \cdots, x_n)$ 虚警率和检测概率可以近似由式(4.31)决定。对于固定的检测概率和虚警概率,且样本数足够大,式(4.29)～式(4.30)构建的检测器对于等效信噪比 D 较大的信号而言是最优的,此时需要检测器获取足够多的独立样本数。

4.3.2.2　门限检测接收机

量子体制下的似然比接收机的作用就是利用最优检测算符进行测量操作。目前已经一致认为,对于热噪声中具有随机相位的已知信号的检测问题,互质密度算符配合经典似然比检验,可以达到最优的检测效果。但是,在实际情况下,单纯从数学角度出发,确定最佳的投影算符 Π 就具有极大的技术难度。因此在量子体制下,获取类似于经典门限检测量就变得非有意义。

根据式(4.29)的定义,可以将量子门限检测量 Π_θ 定义为[12]

$$\Pi_\theta = \frac{\partial \Pi_a}{\partial A}\bigg|_{A=0} \tag{4.33}$$

式中:Π_a 定义为获取最大等效信噪比 D 的算符,等效信噪比 D 可以定义为

$$D^2 = \frac{[\mathrm{Tr}\rho_1(A)\Pi_a - \mathrm{Tr}\rho_0\Pi_a]^2}{\mathrm{Tr}\rho_1(A)\Pi_a^2 - (\mathrm{Tr}\rho_0\Pi_a)^2} \tag{4.34}$$

此外,$\rho_1(A)$ 表示当强度为 A 的信号存在时,系统的观测密度算符,且 $\rho_0 = \rho_1(0)$ 表示信号不存时,系统的观测算符。对于 Π_a 可以不损普适性下,定义为

$$\mathrm{Tr}\rho_0\Pi_a = 0 \tag{4.35}$$

可以定义 Hermitian 算符 $\Theta(A)$ 为方程的解,即

$$\rho_1(A) - \rho_0 = \frac{1}{2}(\rho_0\Theta + \Theta\rho_0) \tag{4.36}$$

若定义 $\Pi_a = \Theta$，则首先可得

$$\mathrm{Tr}(\rho_1 - \rho_0) = 0 = \frac{1}{2}\mathrm{Tr}(\rho_0\Theta + \Theta\rho_0) = \mathrm{Tr}\rho_0\Theta \tag{4.37}$$

由此可知式(4.35)的定义是成立的。然后可以进一步分析 $\Pi_a = \Theta$ 是否可以使得等效信噪比 D 最大化。将式(4.36)代入式(4.34)中，可以将 D^2 的表达式修正为

$$D^2 = \frac{\left[\mathrm{Tr}(\rho_1 - \rho_0)\Pi_a\right]^2}{\mathrm{Tr}(\rho_0\Pi_a^2)} \tag{4.38}$$

根据式(4.36)和施密特不等式，可以将式(4.38)等号右侧的分子表示为

$$\left[\mathrm{Tr}(\rho_1 - \rho_0)\Pi_a\right]^2 = \left[\frac{1}{2}(\mathrm{Tr}\rho_0\Theta\Pi_a - \mathrm{Tr}\Theta\rho_0\Pi_a)\right]^2$$

$$\leqslant |\mathrm{Tr}\rho_0\Theta\Pi_a|^2 = |\mathrm{Tr}\rho_0^{1/2}\Theta\Pi_a\rho_0^{1/2}|^2$$

$$\leqslant \mathrm{Tr}(\rho_0^{1/2}\Theta^2\rho_0^{1/2})\mathrm{Tr}(\Pi_a\rho_0\Pi_a) = \mathrm{Tr}(\rho_0\Theta^2)\mathrm{Tr}(\rho_0\Pi_a^2) \tag{4.39}$$

将式(4.39)代入式(4.38)，可以得出

$$D^2 \leqslant \mathrm{Tr}(\rho_0\Theta^2) \tag{4.40}$$

且当 $\Pi_a = \Theta$ 时，式(4.40)取到等号，即 D 达到最大值。由此，量子门限检测量的定义可以表示为

$$\Pi_\theta = \frac{\partial\Theta(A)}{\partial A}\bigg|_{A=0} \tag{4.41}$$

其可以视为如下算符等式的解，即

$$\frac{\partial\rho_1(A)}{\partial A}\bigg|_{A=0} = \frac{1}{2}(\rho_0\Pi_\theta + \Pi_\theta\rho_0) \tag{4.42}$$

在量子体制下门限接收机通过 Π_θ 算符对系统进行测量，然后将输出结果与确知门限 π_θ 进行比对。算符 Π_θ 并不是投影算符，其等效的投影算符可以表示为

$$\int_{\pi_\theta}^\infty |\theta\rangle\langle\theta|\mathrm{d}\theta$$

式中：$|\theta\rangle$ 属于算符 Π_θ 的本征态，其对应的本征值为 θ。

4.3.2.3 相干信号的门限检测

假设量子接收机结构为一个腔体，t 时刻在 r 点的电磁场在量子体制下表现

为算符 $\varepsilon(\boldsymbol{r},t)$,其可以分解为正频率和负频率两部分,即

$$\varepsilon(\boldsymbol{r},t) = \varepsilon^{(+)}(\boldsymbol{r},t) + \varepsilon^{(-)}(\boldsymbol{r},t) \tag{4.43}$$

式中

$$\varepsilon^{(-)}(\boldsymbol{r},t) = \left[\varepsilon^{(+)}(\boldsymbol{r},t)\right]^+ \tag{4.44}$$

可以将上述算符分解为模式本征函数 $u_m(\boldsymbol{r})$ 级联的形式,其中可认为是腔体壁作为边界条件的 Helmholtz 等式的解。其中正频率分量可以表示为

$$\varepsilon^{(+)}(\boldsymbol{r},t) = \mathrm{i}\sum_m (\hbar\omega_m/2)^{1/2} a_m \boldsymbol{u}_m(\boldsymbol{r}) \exp(-\mathrm{i}\omega_m t) \tag{4.45}$$

式中:ω_m 表示模式 m 的角频率。模式序号 m 同时包含了空间分辨和极化特性。

算符 a_m 和其 Hermitian 转置 a_m^+ 分别表示模式 m 的光子的湮灭和产生算符,通常遵循互质的定律,即

$$\begin{aligned}
a_m a_n^+ - a_n^+ a_m &= \left[a_m, a_n^+\right] = \delta_{mn} \\
\left[a_m, a_n\right] &= \left[a_m^+, a_n^+\right] = 0
\end{aligned} \tag{4.46}$$

式中:模式 m 的计数算符 $n_m = a_m^+ a_m$。

假设在 H_0 假设下,接收机内信号为随机高斯噪声,其相关矩阵表示为 $\boldsymbol{\varphi}$,矩阵内的元素可以表示为

$$\varphi_{km} = \mathrm{Tr}(\rho_0 a_m^+ a_k) \tag{4.47}$$

对于 L 种模式下的密度算符可以表示为

$$\rho_0 = \pi^{-L} |\det\boldsymbol{\varphi}|^{-1} \int \cdots \int \exp(-\boldsymbol{\alpha}^+ \boldsymbol{\varphi}^{-1} \boldsymbol{\alpha}) |\boldsymbol{\alpha}\rangle\langle\boldsymbol{\alpha}| \mathrm{d}^{2L}\boldsymbol{\alpha} \tag{4.48}$$

式中:$\boldsymbol{\alpha}$ 表示复模式变量构成的列矢量,其对应的 Hermitan 共轭 $\boldsymbol{\alpha}^+$ 是行矢量,二者可以表示为

$$\boldsymbol{\alpha}^+ = \{\cdots\alpha_m^*\cdots\} \qquad \alpha_m = \alpha_{mx} + \mathrm{i}\alpha_{my} \tag{4.49}$$

式(4.48)中的 $\mathrm{d}^{2L}\boldsymbol{\alpha} = \Pi\mathrm{d}\alpha_{mx}\mathrm{d}\alpha_{my}$,表示 $\boldsymbol{\alpha}_m$ 空间中的元素。而 Glauber 相干态 $|\boldsymbol{\alpha}\rangle$ 的每个模式 m 均可以由复振幅 $\boldsymbol{\alpha}_m$ 来表示。当热平滑接收机处于绝对零度时,接收机噪声中的元素则由式(4.47)简化为

$$\begin{cases}
\varphi_{km} = N_{\boldsymbol{k}}\delta_{km} \\
N_{\boldsymbol{k}} = \left[\exp(\hbar\omega_k/KT) - 1\right]^{-1}
\end{cases} \tag{4.50}$$

已知幅度为 A、相位已知的相干信号,则该信号对应的场处于相干态 $|A\boldsymbol{\mu}\rangle$,且该相干态每个模式 m 的复振幅可以表示为 $A\mu_m$。如果该信号叠加上随机辐射噪声,噪声形式如式(4.48)定义的算符 ρ_0 决定,则叠加噪声场的密度算符可以

表示为

$$\rho_1 = \pi^{-L} |\det\boldsymbol{\varphi}|^{-1} \int \cdots \int \exp(\boldsymbol{\alpha}^+ - A\boldsymbol{\mu}^+) \boldsymbol{\varphi}^{-1} (\boldsymbol{\alpha} - A\boldsymbol{\mu}) |\boldsymbol{\alpha}\rangle\langle\boldsymbol{\alpha}| \mathrm{d}^{2L}\boldsymbol{\alpha} \quad (4.51)$$

上式同样可以被表示为

$$\rho_1(A) = V^+(A)\rho_0 \exp\left[\frac{1}{2}A\Pi_\theta - A^2\boldsymbol{\mu}^+ (\boldsymbol{I} + 2\boldsymbol{\varphi})^{-1}\boldsymbol{\mu}\right] \quad (4.52)$$

式中

$$\Pi_\theta = 2\left[\boldsymbol{\mu}^+ (\boldsymbol{I} + 2\boldsymbol{\varphi})^{-1}\boldsymbol{\alpha} + \boldsymbol{\alpha}^+ (\boldsymbol{I} + 2\boldsymbol{\varphi})^{-1}\boldsymbol{\mu}\right] \quad (4.53)$$

式中:$\boldsymbol{\alpha}$ 表示淹没算符 a_m 对应的行矢量;$\boldsymbol{a}^+$ 表示产生算符的列矢量;$\boldsymbol{I}$ 表示单位矩阵。

式(4.53)定义的 Π_θ 就是门限检测算符,其可以通过求解式(4.52)关于 $A = 0$ 处的偏导数,然后与式(4.42)进行对比,以此为依据判断幅度为 $A\mu_m$ 的相干场是否存在。测量结果 Π_θ 在 H_0 和 H_1 假设下均服从高斯分布。等效信噪比 D 则可以表示为

$$D^2 = \mathrm{Tr}(\rho_0 \Pi_\theta^2) = 4A^2\boldsymbol{\mu}^+ (\boldsymbol{I} + 2\boldsymbol{\varphi})^{-1}\boldsymbol{\mu} \quad (4.54)$$

对于热噪声背景下的检测问题,信噪比则退化为

$$D^2 = 4N_s/(2N + 1) \quad (4.55)$$

式中:N_s 表示相干信号场的平均光子数;N 由式(4.27)定义。当信号频段为 Ω 附近极窄的频段内,则由信号激发的所有模式的热噪声平均光子数 N_m 近似等于 N。

其中,式(4.53)中 $(\boldsymbol{I} + 2\boldsymbol{\varphi})^{-1}$ 项中 $2\boldsymbol{\varphi}$ 占主导地位,由此门限算符就近似与检测 H_0 和 H_1 的似然比对数成正比。相应地,虚警概率和检测概率可以由式(4.31)的定义进行求解,其中等效信噪比表示为 $D^2 = 2A^2\boldsymbol{\mu}^+ \boldsymbol{\varphi}^{-1}\boldsymbol{\mu}$,或者在热平衡条件下,$D^2 = 2E_s/KT$。因此在这种情况下,量子门限算法与经典最优似然比统计量等价了。

4.3.2.4　高斯辐射信号检测

如果信号场自身符合高斯分布假设,密度算符 ρ_1 具有与式(4.48)定义的 ρ_0 具有相同的形式。假设在 H_0 假设下,由式(4.47)定义的模态相关矩阵表示为 $\boldsymbol{\varphi}_0$,而 H_1 假设下的模态相关矩阵 $\boldsymbol{\varphi}_1$ 可以表示为

$$\boldsymbol{\varphi}_1 = \boldsymbol{\varphi}_0 + A\boldsymbol{\varphi}_s \quad (4.56)$$

式中:$A\boldsymbol{\varphi}_s$ 表示信号场中随机信号部分的模态相关矩阵。在量子机制中,上述问题常称为"噪声中噪声(noise - in - noise)"的检测问题。其对应于从非相干源

中信号检测的问题。

虽然无法获取有无目标的最优检测算符,但是可以对门限算符进行求解。基于湮灭和产生算符的 Hermitian 形式,可以将门限算符表示为

$$\Pi_\theta = \sum_{k,m} a_k^+ q_{km} a_m + b\boldsymbol{I} = \boldsymbol{a}^+ \boldsymbol{Q} \boldsymbol{a} + b\boldsymbol{I} \tag{4.57}$$

式中

$$b = -\mathrm{Tr}\big[\,(\boldsymbol{I} + \boldsymbol{\varphi}_0)^{-1} \boldsymbol{\varphi}_s\,\big] = -\mathrm{Tr}(\boldsymbol{Q}\boldsymbol{\varphi}_0) \tag{4.58}$$

此外,式(4.58)矩阵 $\boldsymbol{Q}$ 在数学上属于式(4.59)的解。

$$2\boldsymbol{\varphi}_s = \boldsymbol{\varphi}_0 \boldsymbol{Q}(\boldsymbol{I} + \boldsymbol{\varphi}_0) + (\boldsymbol{I} + \boldsymbol{\varphi}_0)\boldsymbol{Q}\boldsymbol{\varphi}_0 \tag{4.59}$$

在两种假设下,算符 Π_θ 测量结果的概率密度函数难以直接求解,通常情况下,只有利用虚警概率和检测概率的近似形式,对性能进行评估[20]。

4.3.2.5　有限口径接收特性

在量子检测理论中,假设检测过程是在一个封闭腔体内,对电磁场进行同时测量,这种假设是非常不合理的。对于一个光学设备而言,例如望远镜,其对于电磁场的接收过程,必然是在有限观测时间间隔内,利用有限口径的光学镜头,对场信号进行接收。利用门限算符,对高斯假设随机场的检测存在一个显著优势,就是其可以转换为有限口径接收场的算符形式,从而可以直接应用于对非相关光源的检测。这种转换的原理显而易见,因为经过有限口径接收后,经典场的强度与接收口径的大小和观测时间$(0,T)$的长短成线性关系。

在热辐射背景下,门限算符实现有限口径接收的非相关光源的检测,可以采取一种简单模式。但是需要确保观测时间长度 T 远大于光源带宽 W 的导数,即 $WT \gg 1$,且接收口径 R 远大于热辐射的相关长度 $\hbar c/KJ$。这些条件都是可以满足的,由此,门限算符正比于

$$\iint\limits_{R\,R} \mathrm{d}^2\boldsymbol{r}_1 \mathrm{d}^2\boldsymbol{r}_2 \int_0^T\!\!\int_0^T \mathrm{d}t_1 \mathrm{d}t_2\, \psi^{(-)}(\boldsymbol{r}_1, t_1)\, G(\boldsymbol{r}_1, t_1; \boldsymbol{r}_2, t_2)\, \psi^{(+)}(\boldsymbol{r}_2, t_2) \tag{4.60}$$

式中

$$G(\boldsymbol{r}_1, t_1; \boldsymbol{r}_2, t_2) = \mathrm{Tr}\big[\rho_s \psi^{(-)}(\boldsymbol{r}_2, t_2)\psi^{(+)}(\boldsymbol{r}_1, t_1)\big] \tag{4.61}$$

式中:$\boldsymbol{r}$ 为光源的空中位置。

式(4.61)表示信号场的互相关函数,其中 ρ_s 表示缺乏热噪声背景下的密度算符。为了简化,式(4.60)中将接收场 $\psi(\boldsymbol{r},t)$ 表示为

$$\psi(\boldsymbol{r},t) = \psi^{(+)}(\boldsymbol{r},t) + \psi^{(-)}(\boldsymbol{r},t) \tag{4.62}$$

4.3.3 多元量子检测

由 M 个互质的投影算符 $\varPi_1,\cdots,\varPi_m$ 产生的测量结果,构成 M 种假设,从 M 种假设中进行选择就是多元量子检测。其中第 k 个表示"系统的密度算符 ρ_k",且 m 个投影算符共同构成了单位算符 I,即[21]

$$\varPi_1 + \varPi_2 + \cdots + \varPi_m = 1 \tag{4.63}$$

多元量子检测的问题就是从算符集 $\{\varPi_k\}$ 中挑选算符,并从 M 种假设中进行选择,使得平均代价函数最小。多元假设问题在通信、雷达等诸多领域均存在。例如通信接收机中,信息被编码为多元字母,接收机就需要从多元字母中判断接收信号属于哪一种假设。再例如在雷达的目标识别中,回波可能源于多种目标类型,识别处理就需要从多种假设中选择最适合的目标类型。

假设 ζ_k 表示假设 H_k 的先验概率密度,C_{ij} 表示 H_j 为真,但是选择 H_i 所对应的代价函数,此时,每一种检测的平均代价函数可以表示为

$$\overline{C} = \sum_{i=1}^{M}\sum_{j=1}^{M} \zeta_j C_{ij} \mathrm{Tr}(\rho_j \varPi_i) \tag{4.64}$$

通过一个满足式(4.63)的互质投影算符集 $\varPi_k$,使得式(4.64)达到最小。特殊情况下,如果 $C_{ii}=0$,$C_{ij}=1$,且 $i \neq j$,则平均代价函数 $\overline{C}$ 等于平均错误概率。对于 $M>2$ 情况下的 $\overline{C}$ 最小化问题依然无法获取解析解,这个问题与经典检测理论一致。

如果在每一种假设下,系统均处于纯态,即

$$\rho_k = |\psi_k\rangle\langle\psi_k| \tag{4.65}$$

则投影算符将表示为如下形式,即

$$\varPi_j = |\eta_j\rangle\langle\eta_j| \tag{4.66}$$

式中:$|\eta_j\rangle$ 表示态 $|\psi_k\rangle$ 的线性组合。相比较一般情况,这种情况要简单很多,但是对于 $M>2$ 情况,寻找使得平均代价函数 $\overline{C}$ 最小的线性组合,依然没有解析解。

4.4 量子估计理论[5]

贝叶斯估计理论的基本策略可以表示为,对于多元变量 $\hat{\theta}(x) = \hat{\theta}(x_1, x_2, \cdots, x_n)$,需要估计数据 $\boldsymbol{x} = (x_1,\cdots,x_n)$ 的概率密度函数 $p(\boldsymbol{x};\theta) = p(x_1, x_2, \cdots, x_n; \theta)$ 中的未知参数 θ,使得平均代价函数最小,即

$$\overline{C} = \int \mathrm{d}^n\boldsymbol{x} \int \mathrm{d}\theta z(\theta) C[\hat{\theta}(\boldsymbol{x}), \theta] p(\boldsymbol{x};\theta) \tag{4.67}$$

式中:$z(\theta)$ 表示参数 θ 的先验概率密度函数;$C(\hat{\theta},\theta)$ 表示估计值 $\hat{\theta}$ 与真实值 θ 间的差异所对应的代价函数。

在量子机制下,密度算符 $\rho(\theta)$ 的参数 θ 可以通过求取可分辨的光子进行平均,即

$$\int dE(\theta') = 1 \tag{4.68}$$

式中:参数真值介于 θ' 和 $\theta' + d\theta'$ 之间这种态对应的投影算符就是 $dE(\theta')$。由此,可以定义如下算符,即

$$\hat{\theta} = \int \theta' dE(\theta') \tag{4.69}$$

对于估计值的测量结果 $\hat{\theta}$ 就对应着参数 θ 的估计结果。对应式(4.67),估计结果的平均代价函数可以表示为

$$\overline{C} = \iint z(\theta) C(\theta',\theta) \mathrm{Tr}[p(\theta) dE(\theta')] d\theta \tag{4.70}$$

对于参数 θ 的最优估计结果就是对 $dE(\theta')$ 的分辨结果,或者相应地使得平均代价 $\overline{C}$ 最小的算符 $\hat{\theta}$。但是如何确定算符 $\hat{\theta}$,目前依然无解。如果估计过程被视为从系统的连续假设中进行选择的过程,则式(4.70)与式(4.64)在本质上是完全一样的,只是连续函数与离散函数的区别。如果存在一种表征方式,使得密度算符 $\rho(\theta)$ 彼此互质,即同时对角化,则估计问题就退化为使得平均代价函数 $\overline{C}$(由式(4.67)定义)最小的优化问题。

即使在经典统计估计理论中,由于估计参数的先验概率密度函数无法准确获取,因此贝叶斯理论难以实际应用。相反,在保证估计参数和真实参数具有相同均值条件下,以最小均方误差为准则进行估计,恰恰是最常用且易于实现的估计方法。在量子体制下,参数 θ 的估计值 $\hat{\theta}$ 与真值之间偏差的均值可以定义为

$$b(\theta) = E(\hat{\theta} - \theta) = \mathrm{Tr}[\hat{\theta}\rho(\theta)] - \theta \tag{4.71}$$

其中,产生估计结果 θ 的算符就是 $\hat{\theta}$。其对应的均方误差可以表示为

$$\varepsilon = E(\hat{\theta} - \theta)^2 = \mathrm{Tr}[\rho(\theta)(\hat{\theta} - \theta I)^2] \tag{4.72}$$

若估计结果的误差均值为零,且对于估计参数 θ 均具有最小误差,则该估计结果被视为具有最小单位方差。

4.4.1　克拉美劳不等式[22-25]

在经典统计中,Cramer 和 Rao[22] 设定了一种不等式,用于确定所有被估计

参数 θ 所能够得到的均方根误差的理论下界,该参数的概率密度函数可以表示为 $p(\boldsymbol{x};\theta)$,这个不等式可以表示为

$$E(\hat{\theta}-\theta)^2 \geqslant \left[1+b'(\theta)\right]^2 \left\{E\left[\frac{\partial}{\partial\theta}\ln p(\boldsymbol{x};\theta)\right]^2\right\}^{-1} \tag{4.73}$$

式中

$$b'(\theta) = \frac{\mathrm{d}b(\theta)}{\mathrm{d}\theta} \tag{4.74}$$

式(4.74)中的 $b(\theta)$ 表示估计误差,对于无偏估计而言,$b'(\theta)=0$。

此外,式(4.73)给出的不等式中,等号成立的条件可以表示为

$$\frac{\partial}{\partial\theta}\ln p(\boldsymbol{x};\theta) = k(\theta)\left[\hat{\theta}(\boldsymbol{x})-\theta\right] \tag{4.75}$$

式中:$k(\theta)$ 与数据集 $\boldsymbol{x}$ 彼此独立。如果存在的一种估计器属于无偏估计,估计结果属于充分统计量,则称其为一个有效的估计。

为了确保 $\hat{\theta}(\boldsymbol{x})$ 是参数 θ 的充分统计量,需要将密度方程 $p(\boldsymbol{x};\theta)$ 分解为两部分,即密度方程可以表示为

$$p(\boldsymbol{x};\theta) = g\left[\hat{\theta}(\boldsymbol{x});\theta\right]r(\boldsymbol{x}) \tag{4.76}$$

式中:式(4.76)中等式右边一部分与数据 $\boldsymbol{x}$ 彼此独立,仅与 $\hat{\theta}(\boldsymbol{x})$ 相关,其余部分与参数 θ 无关。但是这种分解过程往往难以实现。

在量子估计理论中,存在一条模拟的下界。假设 $\hat{\theta}$ 属于一个算符,其实现了密度算符 $\rho(\theta)$ 中参数 θ 估计的测量结果。相应的均方误差下界可以表示为

$$\begin{aligned} E(\hat{\theta}-\theta)^2 &= \mathrm{Tr}\left[\rho(\theta)(\hat{\theta}-\theta\boldsymbol{I})^2\right] \\ &\geqslant \left[1+b'(\theta)\right]^2 (\mathrm{Tr}\rho L^2)^{-1} \\ &= \left[1+b'(\theta)\right]^2 \left(\mathrm{Tr}\frac{\partial\rho}{\partial\theta}L\right)^{-1} \end{aligned} \tag{4.77}$$

式中:L 为密度算符 $\rho(\theta)$ 关于变量 θ 的对称化的对数偏导(SLD),即

$$\rho L + L\rho = 2\partial\rho/\partial\theta \tag{4.78}$$

式(4.77)中不等式中等号成立的条件可以表示为

$$L = k(\theta)(\hat{\theta}-\theta\boldsymbol{I}) \tag{4.79}$$

式中:$k(\theta)$ 表示仅与 θ 真值相关的数值函数。此时,密度算符 $\rho(\theta)$ 可以表示为

$$\rho(\theta) = V^+(\hat{\theta};\theta)\rho_\mathrm{b}V(\hat{\theta};\theta) \tag{4.80}$$

式中:ρ_b 与参数 θ 无关;$V(\hat{\theta};\theta)$ 为一种算符,其满足

$$\frac{\partial V}{\partial \theta} = \frac{1}{2}VL = \frac{1}{2}k(\theta)V(\hat{\theta} - \theta I) \tag{4.81}$$

该算符依赖于系统的动态变量,该变量通过算符 $\hat{\theta}$ 获取。如果存在一个估计结果,其具有最小方差 $[k(\theta)]^{-1}$,则其被视为有效估计量。

下面举例说明。即在非相干高斯辐射背景下,相干场幅度 A 的估计问题。密度算符 $\rho(A)$ 由式(4.51)和式(4.52)定义的 $\rho_1(A)$ 表示,式(4.52)中的 ρ_0(由式(4.48)定义)由 ρ_{ζ} 代替。将式(4.80)与式(4.52)进行对比,可得

$$L = \Pi_{\theta} - 4A\boldsymbol{\mu}^{+}(\boldsymbol{I} + 2\boldsymbol{\varphi})^{-1}\boldsymbol{\mu} \tag{4.82}$$

式中:Π_{θ} 为门限算符,其目的是检测在相同类型背景辐射下,模式幅度为 $A\mu_m$ 的信号场。门限算符的定义如式(4.53)所示。

根据式(4.79)本质,为了实现对信号场的幅度 A 进行有效估计,对应的算符可以表示为

$$\hat{A} = [4\boldsymbol{\mu}(\boldsymbol{I} + 2\boldsymbol{\varphi})^{-1}\boldsymbol{\mu}]^{-1}\Pi_{\theta} \tag{4.83}$$

其获取最小方差,即

$$E(\hat{A} - A)^2 = [4\boldsymbol{\mu}^{+}(\boldsymbol{I} + 2\boldsymbol{\varphi})^{-1}\boldsymbol{\mu}]^{-1} \tag{4.84}$$

对于热噪声背景下的基底辐射和窄带信号场,估计器的相对方差可以表示为

$$E(\hat{A} - A)^2/A^2 = \frac{2N+1}{4N_s} \tag{4.85}$$

式中:N_s 表示信号场的平均光子数;N 表示热噪声中每一种模式的平均光子数。在经典极限中,最小相对方差等效为 $(2E_s/KT)^{-1}$,即通过经典有效估计器,对能量为 E_s 的相干信号的幅度和绝对零度 T 热噪声的相位进行估计得出的结果。

无论是经典理论还是量子理论,在参数的有效估计领域,具有类似的结论。即使在量子体系下,也难以获取有效的方法,使得估计结果可以无限接近 Cramer－Rao 不等式的下界。

4.4.2　充分统计量[26]

密度算符 $\rho(\theta)$ 可以按照式(4.76)分解为两部分,即 $V(\hat{\theta};\theta)$ 和它的 Hermitian 共轭,该部分依赖于通过算符 $\hat{\theta}$ 获取的系统动态变量,此外,ρ_b 与未知参数 θ 彼此独立。此时,类比于经典术语,算符 $\hat{\theta}$ 被称为充分估计量,或者估计值的充分统计量。由式(4.83)定义的算符 $\hat{A}$ 可以视为对信号场幅度的充分估计。

在经典检测理论中,对于高斯噪声背景下,相干信号幅度估计的充分统计

量,对于信号检测同样是充分的;即检测似然比依赖于接收端输入的信号,而接收端信号的最优检测同样依赖于上述似然比函数。

在对应的量子检测问题中,振幅估计测量结果 $\hat{A}$ 并不是最优检测算符,如同在前面章节中,针对理想情况,即无热噪声场景下的检测处理一样,这个结论是很明显的。而对于高斯噪声背景中的相干信号而言,信号振幅的有效估计则是与检测的阈值统计相关。因此,充分统计的概念并不单纯归属于量子检测和估计理论,它同样存在于经典的检测与估计理论中。

4.4.3 量子多参数估计

迄今为止,本书的分析均只针对系统密度算符的单参量估计问题。在经典理论中,Cramer – Rao 不等式已经被推广用于解决多个未知参量同时估计的问题。由此很自然联想到,在量子估计理论中,Cramer – Rao 不等式的推广过程是否也适用于量子领域[22-27]。在后续的分析中,将对这种推广的可行性进行分析,在开展分析讨论之前,首先对分析前提进行限定,即为了分析的简化,本书限制针对无偏差估计开展讨论。

令密度算符 $\rho(\theta)$ 有 m 个参数 $\boldsymbol{\theta}=(\theta_1,\cdots,\theta_m)$ 需要被估计,并且令 $\hat{\theta}_j$ 为算符,其测量结果表示参数 θ_j 的估计值。因为假设估计算符属于无偏差估计,即

$$E(\hat{\theta}_j)=\mathrm{Tr}[\hat{\theta}_j\rho(\boldsymbol{\theta})]=\theta_j \tag{4.86}$$

我们定义参数 θ_j 的估计误差算符 $\delta\hat{\theta}_j$,其测量结果表示参数 θ_j 的估计误差,即

$$\delta\hat{\theta}_j=\hat{\theta}_j-\theta_j\boldsymbol{I} \tag{4.87}$$

那么参量 θ_i 和 θ_j 同时估计得协方差可以表示为

$$B_{ij}=\{\bar{\theta}_i,\bar{\theta}_j\}=\frac{1}{2}\mathrm{Tr}[\rho(\delta\hat{\theta}_i\delta\hat{\theta}_j+\delta\hat{\theta}_j\delta\hat{\theta}_i)] \tag{4.88}$$

式(4.88)所定义的协方差表示为 $m\times m$ 的矩阵,矩阵对角元素表示每个参数的估计误差的方差。如果多个算符 $\hat{\theta}_i$ 和 $\hat{\theta}_j$ 在同一个系统中被同时测量,因为其表示为协方差矩阵 $\boldsymbol{B}$ 的对角元素,因此它们必须彼此对易,这与矩阵所代表的物理意义相匹配。

利用 m – 维空间中的密集椭球,其在 Cartesian 坐标系中表示为 $Z=(z_1,\cdots,z_m)$,可以将估计误差算符的规模以及相互间的关联程度直观地表现出来。协方差矩阵 $\boldsymbol{B}$ 在密集椭球的方程表示为

$$\boldsymbol{Z}\boldsymbol{B}^{-1}\boldsymbol{Z}^{\mathrm{T}}=m+2 \tag{4.89}$$

式中:$\boldsymbol{Z}$ 为一个列矢量;$\boldsymbol{Z}^{\mathrm{T}}$ 为 $\boldsymbol{Z}$ 的转置行矢量。若式(4.89)所示的这个椭球越

大,则表示 $\boldsymbol{B}$ 所对应的均方差就越大。椭球在某个与坐标轴倾斜的方向上的长度则表明不同参数估计算符在某个投影方向上的关联程度。

对于多元参数的估计,推广的 Cramer – Rao 不等式将这个密集椭球放置在下面椭球外侧,即将式(4.89)修正为

$$\boldsymbol{Z}\boldsymbol{A}\boldsymbol{Z}^{\mathrm{T}} = m + 2 \tag{4.90}$$

其中

$$\boldsymbol{A} = \| A_{ij} \| \tag{4.91}$$

$$A_{ij} = \frac{1}{2}\mathrm{Tr}\rho\left(L_i L_j + L_j L_i \right) = \mathrm{Tr}\,\frac{\partial \rho}{\partial \theta_i}L_j$$

式(4.91)中 L_i 是表示 $\rho(\theta)$ 对 θ_i 的对称化对数导数,即如式(4.78)的定义。因此,对于任意由 m 个实数的列矢量 $\boldsymbol{Z}$,均满足

$$\boldsymbol{Z}\boldsymbol{B}^{-1}\boldsymbol{Z}^{\mathrm{T}} \leqslant \boldsymbol{Z}\boldsymbol{A}\boldsymbol{Z}^{\mathrm{T}} \tag{4.92}$$

等价地,对于任意实数列矢量 $\boldsymbol{Y}$,可以将式(4.92)修正为

$$\boldsymbol{Y}^{\mathrm{T}}\boldsymbol{B}\boldsymbol{Y} \geqslant \boldsymbol{Y}^{\mathrm{T}}\boldsymbol{A}^{-1}\boldsymbol{Y} \tag{4.93}$$

通过选择恰当的值 $\boldsymbol{Y} = (y_1, \cdots, y_m)$,可以获取未知参量无偏差估计结果的方差和均方误差所对应的理论下限。特别地

$$B_{ii} = \mathrm{Var}\hat{\theta}_i = \mathrm{Tr}\left(\bar{\theta}_i - \theta_i \boldsymbol{I} \right)^2 \geqslant \left(\boldsymbol{A}^{-1} \right)_{ii} \tag{4.94}$$

其为逆矩阵 $\boldsymbol{A}^{-1}$ 的第 i 个对角元素。

在本章的分析中,接收处理中许多实际因素均被忽略,并没有在检测和估计处理中加以考虑,但是本章中重点考虑接收处理中的量子效应,并将信息论扩展到应用于分析这些接收器的通道特性。光学外差接收器和非相干光的光学检测器已经被广泛研究,它们中遇到的各种类型噪声经过充分研究,已经可以对噪声类型进行有效的区分,上述两类接收通道的设计所需要的设计方法和相应的数据模型已经非常成熟。对于诸如单光子接收机此类的简单接收机模型,经典检测和估计理论已经被应用于指导接收机的设计[28,29]。为了把经典信息论的结果推广到量子领域,需要将这些接收器的通信通道的容量和信息速率进行计算[30,31]。

本章关于量子检测和估计理论的描述,对于许多目前尚未为解决问题的突破并没有太大的帮助,事实上,许多想法和基本问题仍然没有解决,如最优贝叶斯估计和最优多元决策检测,可能根本不能被称为理论。然而,这些类型理论的存在也是非常合理的。如果对于它们的研究可以足够精细和充分,将有助于我们更加深刻地理解自然界的热特性和量子性质,指导我们得出信号检测和参数测量的理论极限。从而实现对各类信号的可靠检测和对系统参数的精确测量。

参考文献

[1] Fano U. Description of states in quantum mechanics by density matrix and operator techniques [J]. Rev. Mod. Phys. ,1957,29:74.

[2] Ter H D. Theory and applications of the density matrix[J]. Rep. Progr. Phys. , 1961, 24:304.

[3] Lehmann E. Testing of Statistical Hypotheses [M]. New York: John Wiley and Sons, 1959.

[4] Middleton D. An Introduction to Statistical Communication Theory [M]. New York: McGraw – Hill Book Co. , 1960.

[5] Helstrom C M. Quantum Detection and Estimation Theory[M]. US: Academic Press,1976.

[6] Hancock J C, Wintz P A. Signal Detection Theory [M]. New York: McGraw – Hill Book Co. ,1966.

[7] Balakrishnan A V. Communication Theory [M]. New York: McGraw – Hill Book Co. , 1968.

[8] Helstrom C W. Statistical Theory of Signal Detection [M]. Oxford: Pergamon Press, 1968.

[9] Trees H V. Detection, Estimation, and Modulation Theory [M]. New York: John Wiley and Sons, 1968.

[10] Neyman J, Pearson E. The testing of statistical hypotheses in relations to probabilities a priori [J], Proc. Cambridge Phil. Soc. , 1933,29:492.

[11] Neyman J, Pearson E. On the problem of the most efficient tests of statistical hypotheses[J]. Phil. Trans. Roy. Soc,1933,A231:289.

[12] Helstrom C W. Detection theory and quantum mechanics[J]. Information and Control, 1967, 10:254.

[13] Helstrom C W. Fundamental limitations on the detectability of electromagnetic signals[J]. Intern. J. Theoret. Phys. , 1968, 1:37.

[14] Helstrom C W. Detection theory and quantum mechanics (Ⅲ)[J]. Information and Control, 1968,13:156.

[15] Riesz F. Functional Analysis[M]. New York: F. Ungar Publishing Co. , 1955.

[16] Louisell W H. Radiation and Noise in Quantum Electronics[M]. New York: McGraw – Hill Book Co. , 1964.

[17] Glauber R J. Coherent and incoherent states of the radiation field[J]. Phys. Rev. , 1966, 131:2766.

[18] Lachs G. Theoretical aspects of mixtures of thermal and coherent radiation[M]. Phys. Rev. , 1965,138:B1012.

[19] Helstrom C W. Performance of an ideal quantum receiver of a coherent signal of random phase[J]. Trans. IEEE AES – 5,1969,562.

[20] Doetsch G. Handbuch der Laplace Transformation[M]. Basel and Stuttgart: Birkhauser Verlag, 1955.

[21] Neumann J V. Mathematisehe Grundlagen der Quante – mechanik[M]. Berlin: Springer

Verlag, 1932.

[22] Cramer H. Mathematical Methods of Statistics[M]. New Jersey: Princeton University Press, 1946.

[23] Helstrom C W. Minimum mean – squared error of estimates in quantum statistics[J]. Phys. Letters, 1967,25A:101.

[24] Helstrom C W. The minimum variance of estimates in quantum signal detection[J]. Trans. IEEE IT – 14, 1968:234.

[25] Margenau H, Hill R N. Correlation between measurements in quantum theory[J]. Progr. Theoret. Phys. , 1961, 26:722.

[26] Schmetterer L. , Mathematic Statistic[M]. New York: Springer Verlag, 1966.

[27] Reiffen B, Sherman H. An optimum demodulator for Possion processes: photon source detectors[J]. Proc. IEEE 51, 1963:1316.

[28] Helstrom C W. The detection and resolution of optical signals[J]. Trans. IEEE IT – 10, 1964:274.

[29] Bar – David I. Communication under the Poisson regime[J]. Trans. IEEE IT – 15,1969:31.

[30] Takahasi H. Advances in Communication Systems[M]. New York: Academic Press, 1965.

[31] Lebedev D S, Levitin L B. Information transmission by electromagnetic field[M]. Information and Control 9, 1966:1.

第 5 章

量子雷达发射机

◤ 5.1 引　言

　　发射机在雷达系统的成本、体积、重量和设计投入等方面占有非常大的比重,也是对系统电源能量以及维护要求最多的部分。源于它需要产生大功率射频输出,而这种要求来自雷达系统设计的综合考虑。搜索雷达作用距离的 4 次方与平均射频功率、天线孔径面积和扫描需要覆盖立体角的时间成正比,用提高发射机功率的方法增大雷达作用距离需付出大的代价,发射功率需要增加 16 倍才能换来探测距离增加 1 倍。

　　那么既然增加发射功率是一个成本很高的方法,为何还要求如此高的功率?用减小功率但增加天线口径或扫描时间的办法来补偿是否为较好的办法? 回答是天线口径增加使得成本增长得更快。因为天线的重量、结构的复杂程度、尺寸误差以及对底座的要求都随着天线口径的增加而迅速增加,而扫描时间则由扫描周期确定而无法变化,因此,系统总成本最小化要求合理平衡发射功率和天线口径这两个子系统的成本,其结果对于任何复杂的雷达系统而言,均要求系统具有大的发射功率。而迫使发射机始终按照额定最大功率工作,技术风险是很大的。

　　纵观传统雷达系统的发展历程,也围绕着高性能发射机不断升级换代的过程。早期的雷达系统是围绕着磁控管所能实现的功能来制造。它能很容易提供高峰值功率,体积小,简单便宜,广泛用于动目标显示(MTI)雷达,可以获得30～40dB 杂波对消。但是磁控管无法对频率进行精确控制,相位噪声较高;无法满足频率跳变或脉内/脉组内频率跳变需求,无法支持编码脉冲;频率稳定度低,不适于输出宽脉冲(如 $100\mu s$)等。

　　磁控管的局限性促使雷达使用功能更为强大也更复杂的放大链发射机。其根本不同在于,在低电平获得所需精度的发射信号,并放大到所需的峰值功率电平。放大链发射机包括多级射频放大器,每级都有自身的电源、调制器和控制器,每级都必须足够稳定以满足 MTI 性能要求。放大链发射系统很容易实现脉间全相参及脉冲编码、频率捷变、合成及阵列化。成功的放大链发射机设计依赖于是否有合适的射频放大器件,以及开发的可行性。

在许多情况下,需要使用多个射频管或固态器件以获得所期望的发射功率输出。20 世纪 60 年代以后,人们对用一个以上的射频单元,特别是固态器件提高系统可靠性发生兴趣。其通过多管组合获得更高的稳定性。在微波频段,无论波导、同轴或者微带均可以有效地实现功率的合成。而对于相控阵雷达而言,对于功率合成的相参性要求达到顶峰。

从上面的简述中可以看出,雷达发射机除了实现大功率发射以外,还包括了信号脉内调制和脉间编码等内容,因此本章中对于发射机的定义,包括放大链发射机中的每一个环节,包括基带信号调制和功率放大等部分。

由于目前量子雷达只能在光波频段实现,因此本章对于发射机的介绍只能够以激光为对象进行原理性介绍,但并不意味着量子雷达只针对激光,其原理本身具有扩展性和通用性。对于量子雷达而言,发射机在原理上与传统雷达基本一致。但是由于量子雷达信息的调制维度与传统雷达不完全相同,因此在发射机(包括调制器)的结构上,存在一些差异。首先,信息调制维度不同,除了传统的宏观调制以外,量子雷达还包括微观量子态的调制,因此调制器的实现途径不同于传统雷达;其次,放大链路需要考虑到不同量子态的特性,避免对量子态造成不可逆的破坏,因此对功率放大器件的选择机理也不同于传统雷达。本章将重点针对量子雷达的特殊性,对量子雷达发射机中的量子态调制的实现方式进行介绍。

量子雷达作为一种新体制雷达,其核心在于充分利用量子资源提升雷达的目标探测能力。因此,量子雷达发射机的核心就在于如何将量子资源调制到发射信号中。目前,可以应用于探测的量子态主要包括相干态、纠缠态和压缩态等,然后根据接收处理的差异,催生出多种不同的探测体制,如接收端量子增强、干涉式纠缠探测和量子照明等。

量子雷达发射机目前的关注重点主要体现在信息的产生,或者是特定量子态信号的产生机理上,因为无论纠缠光场还是压缩光场,目前的技术尚未完全成熟。如何高效率地产生特定的量子态,特别是非经典量子态,得到包括量子雷达探测技术在内的量子信息领域的共同关注。

但是从雷达发射机的概念上来说,量子雷达发射机应该远不止完成量子态的产生和制备,还需要完成信号的放大,并且保证信号与信号之间所具有的相干特性,并逐步提升信号的质量(对于经典雷达而言,主要是提高信号频谱的纯度;对于量子雷达而言,主要是提高纠缠态的纠缠度、偏振态的偏振度等);逐步提高信号的能量(对于经典雷达而言,主要提高发射信号的平均功率;对于量子雷达而言,主要是提高纠缠光场的亮度,或者压缩光场的强度等);逐步提高信号间的相参性。

本章首先对激光光场在量子化条件下的一些基本概念进行介绍;然后分别根据国内外在压缩光场和纠缠光场产生中具有代表性的方案,分别对纠缠光场和压缩光场的制备方法和性能进行综述;最后,对未来量子雷达发射机的发展方向进行简要总结。

▨ 5.2 量子雷达发射机概述

5.2.1 量子雷达发射机的基本构成

量子雷达发射机可以按照量子雷达所利用的量子特性分为:

(1) 量子雷达发射经过量子态(偏振态等)调制的(准)单光子光束或者非单光子光束;

(2) 量子雷达发射纠缠态光束;

(3) 量子雷达发射压缩态光束。

量子雷达发射机应按照所需要发射的量子光束的特性设计必要的结构。一般来说在量子雷达发射机中应包含光源部分、量子态调制部分、光束形成光路部分和"光学发射天线"(通常使用发射望远镜系统),以及必要的辅助部件。

5.2.2 (准)单光子/非单光子偏振量子态调制量子雷达发射机

量子雷达发射机向目标发射经过偏振量子态调制的单光子,光子经目标散射/反射,再被雷达接收机接收探测接收。根据量子散射理论分析可知当发射的光脉冲是单光子脉冲,或者只包含少数光子光脉冲的条件下,目标的散射截面将大于强光脉冲的散射截面。这类量子雷达的优势是对光的量子态的操控难度最小,而且在实际使用环境下可以实现。

在这种量子雷达发射机中,光源部件可以使用理想单光子光源以达到发射机的最优性能。但由于理想单光子光源尚未能在技术上实现,现阶段一般使用准单光子光源。准单光子光源由发射相干态光束的激光光源经过衰减构成。由于相干态光束的光子统计特性符合泊松分布,因此在衰减光束达到平均脉冲光子数接近 $0.1 \sim 1$ 脉冲/s 时可以作为准单光子光源使用。

在实现量子态调制的部分一般可以使用电光偏振态调制器方案或者多偏振态光束合成方案。由于多偏振态光束合成方案较易获得高速率高消光比的偏振量子态调制光束,是这类量子雷达发射机的优选方案。

在对偏振量子态的调制方案选择上,可以使用正交线偏振量子态方案或者正交圆偏振量子态方案,也可以实现多种偏振态(如正交线偏振态与正交圆偏振态联合使用)的复杂偏振量子态调制方案。

在这种光束合成方案中,使用多个输出相干态光场的激光光源并使用衰减器构成准单光子光源。各路准单光子光源使用高消光比光学偏振器调制后成为偏振量子态光束输出。再使用高消光比光学偏振束器作正交偏振合束。如果是复杂偏振态调制方案,还要再经过高消光比偏振不相关光学合束器合束后输出。输出光束经过光学空间滤波等处理后,经过传输光路输出至"光学发射天线"(发射端光学望远镜)。

发射望远镜应使用圆对称光路设计,以避免造成输出偏振态特性的劣化。可选望远镜类型包括折射式望远镜如伽利略望远镜和开普勒望远镜,以及反射式或者折返式望远镜如卡塞格林望远镜(反射式)/马克苏托夫－卡塞格林式望远镜(折反射式)。

5.2.3　使用纠缠量子态的量子雷达发射机

使用光的纠缠态在理论上可以设计出具有极大优势的量子雷达。在这种量子雷达体制中一般可以使用量子纠缠光源生成一个纠缠光子对,光子中的其中一个射向目标,另一个留在雷达系统中,发射出去的光子经目标散射/反射,再被量子雷达接收机所接收。利用纠缠态所具有的相关性,提高系统探测性能。这类量子雷达系统包括基于量子干涉型量子雷达和量子照明型量子雷达。

使用纠缠量子态的量子雷达发射机在光源部分使用量子纠缠光源。目前技术上较为成熟的是双光子纠缠光源。这种量子纠缠光源一般使用激光脉冲泵浦非线性晶体产生频率下转换过程,输出倍频的纠缠光子对。

从纠缠光源输出的光束需要在光路上分离两纠缠光子光束输出至不同的光路,其中一路输出的纠缠光子光束再经过必要的光学空间滤波等处理光路后,经过必要的传输光路输出至"光学发射天线"(发射端光学望远镜)。

另一路的对应的纠缠光子将"保存"在量子雷达系统中供"相关测量"时使用。在这一过程中,"保存"量子纠缠态光子是目前量子技术极难处理的工程问题。可以选择的方案有光学延迟线和量子存储器等。

在量子照射型量子雷达的设计中,理论研究结果表明,即使反射信号光子和辅助光子之间的纠缠特性部分甚至完全丧失,测量系统还是可以部分提取这些扰动后的纠缠态光子之间的相互关系,用来部分增强探测结果。这些研究结果有可能降低"保存"纠缠态的技术难度。但是,使用纠缠态的主要优势将部分或者全部丧失。如前文所述,以目前的研究水平,还无法设计出不受退相干效应影响的纠缠态量子照明型量子测量系统,关于量子照明将在第 7 章中详细介绍。

5.2.4 使用压缩态的量子雷达发射机

使用光的压缩态在理论上也可以设计出具有某种性能优势的量子雷达。在这种量子雷达体制中一般使用压缩态光源生成压缩态光场。产生的压缩态光子向目标发射,发射出去的光子经目标散射/反射,再被量子雷达接收机所接收。利用压缩态光束所具有的噪声压缩特性,提高系统探测性能。

在压缩态量子雷达发射机中的光源部分使用压缩态光源。目前技术上较为成熟的压缩态光源是使用激光脉冲泵浦非线性晶体,产生压缩态光场。

从压缩态光源输出的光束同样在经过必要的光学空间滤波等处理光路后,再经过必要的传输光路输出至"光学发射天线"(发射端光学望远镜)。

与使用纠缠量子态的量子雷达系统相似的是,压缩态量子雷达系统存在理论上和工程上的致命弱点。以目前的研究水平,还无法设计出工程上可实现的压缩态量子雷达系统。

◼ 5.3 量子雷达发射中的一些基本概念

5.3.1 激光器光场的量子描述[1]

经典电磁场是不能全面描述光场的波粒二象性的,为了揭示光场的波粒二象性,充分反映光场与物质相互作用系统的量子特性,需要将光场量子化。

下面首先介绍光场的量子化,然后着重回顾描述光场的几种常见量子态,如Fock 态、相干态、压缩态等。

5.3.1.1 光场的仿谐振子量子化概述

在一般量子电动力学中,电磁场量子化是通过引入矢势做正则坐标,引出相应正则动量,然后利用正则量子化方法对场进行量子化。这种方法严谨,但步骤比较复杂。而在常见的量子光学书中采用比较简单的仿谐振子量子化方法,即将电磁场放在一个谐振腔内,并形成驻波,每个驻波可看成一个振子,再用量子力学中的谐振子量子化步骤对电磁场量子化。而光波是电磁波,所以对电磁场进行量子化,也就实现了光场的量子化。

空间自由电磁场由无源麦克斯韦方程组描述,因此电场随时间 t 和 r 的变化为[2]

$$E(r,t) = i \sum_j \left(\frac{\hbar \omega_j}{2\varepsilon_0} \right)^{1/2} \left[a_j \boldsymbol{u}_j(\boldsymbol{r}) \mathrm{e}^{-\mathrm{i}\omega_j t} - a_j^* \boldsymbol{u}_j^*(\boldsymbol{r}) \mathrm{e}^{\mathrm{i}\omega_j t} \right] \tag{5.1}$$

式中:$\boldsymbol{u}_j(\boldsymbol{r})$ 是包含偏振和空间信息的模函数,它与实际物理系统的边界条件有关，$\boldsymbol{r} = [r_1, r_2, \cdots, r_n] r_1 = [\theta_1, \xi_1, R_1]$；系数$(\hbar\omega_j/2\varepsilon_0)$的选择保证傅里叶变换振幅 a_j 和 a_j^* 是无量纲的，即 a_j 和 a_j^* 只是复数。在这个表达式中，系数的模函数 $\boldsymbol{u}_j(\boldsymbol{r})$ 是正交的，即

$$\int_V u_j(r) u_j(r) \mathrm{d}r = \delta_{jk} \tag{5.2}$$

若将傅里叶变换的振幅 a_j 和 a_j^* 看作互为共轭产生算符 $a\dagger$ 和湮灭算符 a，则电磁场的量子化就完成了。

由于光子是玻色子，产生算符 $a\dagger$ 和湮灭算符 a 满足对易关系 $[a_j, a_k] = 0$，$[a_j\dagger, a_k\dagger] = 0$ 和 $[a_j, a_k\dagger] = \delta_{jk}$。引入以上算符和对易关系就可以用数学表达式来描述量子光学中电磁场的非经典性质。经典电磁场的总能量由哈密顿量表示，即

$$H = \frac{1}{2}\int\left(\varepsilon_0 E^2 + \frac{B^2}{\mu_0}\right)\mathrm{d}r \tag{5.3}$$

式中：ϵ_0 和 μ_0 分别为真空中的电容率和磁导率；E 和 B 分别是电磁场的电场分量振幅和磁场分量振幅。

将电场 E 的表达式(5.1)和磁场 B(与 E 的表达式形式相同)代入式(5.3)，并利用式(5.2)，可得

$$H = \sum_j \hbar\omega_j\left(a_j a_j^+ + \frac{1}{2}\right) \tag{5.4}$$

可见，光场可以看成由无穷多个简谐振子组成的体系。式(5.4)相应的能量本征值为

$$E = \sum_j \left(n_j + \frac{1}{2}\right)\hbar\omega_j \tag{5.5}$$

即光场量子化之后，就变成了由光子组成的体系。对于光场的许多非经典特性，采用不同的态函数来描述，可以比较清楚地展示出来。描述光场的态函数有许多种，如光场粒子数算符 $a\dagger a$ 的本征态——粒子数态；光场湮灭算符 a 的本征态——相干态；光场相位算符 Φ 的本征态 $|\theta\rangle$ 以及与光场压缩算符直接相关的压缩态等。下面，简要地回顾一下量子光学中，这几种常用的态函数。

5.3.1.2　光场的粒子数态或 Fock 态

在量子力学中，粒子数态(又名 Fock 态)是描述在 Fock 空间具有一定数目粒子的量子态。该态是由苏联物理学家 Fock 的名字命名的。考虑频率为 ω 的单模光场情况，粒子数态 $|n\rangle$ 是单模光场哈密顿量(简谐振子 Hamilton 量)的本征态，也是光子数算符 $N = a\dagger a$ 的本征态，满足[3]

$$N|n\rangle = a^{\dagger}a|n\rangle = n|n\rangle \tag{5.6}$$

式中:$a(a^{\dagger})$分别为湮灭(产生)算符。由对易关系$[a,a\dagger]=1$可知,本征值n为正整数。单模光场的能量本征值方程为

$$H|n\rangle = \hbar\omega\left(a^{\dagger}a + \frac{1}{2}\right)|n\rangle = E_n|n\rangle \tag{5.7}$$

其中本征值E_n可以表示为

$$E_j = \left(n_j + \frac{1}{2}\right)\hbar\omega_j$$

若$n=0$,则系统处于真空态(基态),此时仍有零点能$\omega/2$。算符a和$a\dagger$满足方程

$$\begin{cases} a|n\rangle = \sqrt{n}|n-1\rangle \\ a^{\dagger}|n\rangle = \sqrt{n+1}|n+1\rangle \end{cases} \tag{5.8}$$

由以上关系可知,所有 Fock 态都可以从基态利用产生算符得到,即$|n\rangle$

$$|n\rangle = \frac{(a^{\dagger})^n}{\sqrt{n!}}|0\rangle \tag{5.9}$$

且满足正交关系和完备性关系,即

$$\langle n|m\rangle = \delta_{nm} \qquad \sum_{n=0}^{\infty}|n\rangle\langle n| = 1$$

所以,光场的一般态都可以在 Fock 态中展开为

$$|\Psi\rangle = \sum_n C_n|n\rangle$$

式中:C_n表征光场处在粒子数态$|n\rangle$的概率。

同时,方程(5.7)表明,算符a的作用是使系统由具有n个光子的激发态$|n\rangle$转化为只具有$n-1$个光子的激发态$|n-1\rangle$,所以算符a是一个光子的湮灭算符。相反,算符$a\dagger$的作用是使系统由$|n\rangle$转化为$|n+1\rangle$,所以算符$a\dagger$为光子的产生算符。因此,采用粒子数态描述光场时,可明显地揭示光的粒子性。那么,粒子数态$|n\rangle$能否揭示光场的波动性质呢?经典电动力学中描述电磁场波动性质的典型物理量——电场强度与量子力学中的电场算符的期望值$\langle n|E(r,t)|n\rangle$对应。利用式(5.1)和式(5.7)可知,$E(r,t)$在态矢$|n\rangle$的期望值为

$$\langle n|E(\boldsymbol{r},t)|n\rangle = 0 \tag{5.10}$$

式(5.10)表明,由粒子数态$|n\rangle$表征的光场,其电场强度的期望值对于所有的时间和空间位置均等于零,电场的相位信息完全消失,也就是说粒子数态不能体现光的相干性质(波动性)。实际上采用 Fock 描述光场时,光场具有确定的光子数,反映波动性质的相位则完全不确定。

5.3.1.3　光场的相干态

为了更好地体现光场的相干性,引进相干态这一重要概念来描述光场。相干态在近代物理中的应用十分广泛,它不但是一个重要的物理概念,而且是理论物理中的一种有效的方法。例如:它可以非常自然地解释一个微观量子系统怎样能够表现出宏观的集体模式,从而给出量子力学的经典对应。

在量子光学中,相干态是激光理论的重要支柱[4-7]。它在电磁场的量子理论与经典理论之间起桥梁作用,如果将量子理论中密度算符用相干态展开,会引入 P 表示,它是准概率分布函数,这样就将量子统计问题简化为经典概率统计问题,大大地简化了量子光学的计算。目前,几乎物理的各个领域都广泛地应用相干态。

相干态这一物理概念,最初是由薛定谔在 1926 年提出。他指出:要在一个给定位势下找某个量子力学态,这个态遵从与经典粒子类似的规律[8-9]。对于谐振子位势,存在这样的状态。但一直到 20 世纪 60 年代初才由 Glauber 和 Klauder 等[4,10-11]人系统地建立起谐振子相干态(或称为正则相干态),证明了它是谐振子湮灭算符的本征态,而且是使坐标-动量不确定关系取极小值的态。鉴于相干态有它的固有特点,例如,它是一个不正交的态,因此具有超完备性(Overcompleteness)。又例如,它是一个量子力学态,而又最接近于经典情况,因此人们对于相干态的研究与应用的兴趣与日俱增。下面重新认识相干态。可知以下的积分为 1,即

$$\frac{1}{2\pi}\int_{-\infty}^{\infty}\mathrm{d}x\mathrm{d}p:\exp\left\{-\frac{1}{2}(p-P)^2-\frac{1}{2}(x-X)^2\right\}:\ =1 \qquad (5.11)$$

根据 IWOP 技术上式积分核可分解为

$$\frac{1}{2\pi}:\exp\left\{-\frac{1}{2}(x^2+p^2)+\frac{1}{\sqrt{2}}(x+\mathrm{i}p)a-a^\dagger a+\frac{1}{\sqrt{2}}(x-\mathrm{i}p)a\right\}:$$

$$=\frac{1}{2\pi}\exp\left\{-\frac{1}{4}(x^2+p^2)+\frac{1}{\sqrt{2}}(x+\mathrm{i}p)a\right\}|0\rangle$$

$$\langle 0|\exp\left\{-\frac{1}{4}(x+p^2)+\frac{1}{\sqrt{2}}(x-\mathrm{i}p)a\right\}$$

$$\equiv |x,p\rangle\langle x,p| \qquad (5.12)$$

其中

$$|x,p\rangle=\exp\left\{-\frac{1}{4}(x^2+p^2)+\frac{1}{\sqrt{2}}(x+\mathrm{i}p)a\right\}|0\rangle \qquad (5.13)$$

这就是正则相干态形式。由式(5.1),正则相干态具有超完备性,即

$$\int_{-\infty}^{+\infty} \frac{\mathrm{d}x\mathrm{d}p}{2\pi} |x,p\rangle\langle x,p| = 1 \tag{5.14}$$

坐标算符 X 与动量算符 P 在 $|x,p\rangle$ 的期望值分别是

$$\langle x,p|X|x,p\rangle = x, \langle x,p|P|x,p\rangle = p \tag{5.15}$$

可见,正则相干态形式的优点是提供了一个表象,这一表象把坐标算符 X 与动量算符 P 分别与它们的期望值 x 和 p 对应起来,这就启发我们,用正则相干态研究经典相空间中的正则变换如何向量子力学的希尔伯特空间中幺正算符的过渡是方便的[12]。

从正则相干态 $|x,p\rangle$ 过渡到熟知的相干态 $|z\rangle$ 形式,令 $z = (x+ip)/\sqrt{2}$,则式(5.13)变为

$$|z\rangle \equiv |x,p\rangle = \exp\left(-\frac{1}{2}|z|^2 + za^\dagger\right)|0\rangle = D(z)|0\rangle \tag{5.16}$$

式中:$D(z)$ 为平移算符。$|z\rangle$ 可表示为无穷多个粒子数的叠加,即

$$|z\rangle = \mathrm{e}^{-\frac{|z|^2}{2}} \sum_{n=0}^{\infty} \frac{z^n}{\sqrt{n!}} |n\rangle \tag{5.17}$$

从上式容易给出相干态的光子数分布,即

$$P(n) = |\langle n|z\rangle|^2 = \frac{|z|^{2n}}{n!} \mathrm{e}^{-|z|^2} \tag{5.18}$$

这正是一个泊松分布,$|z|^2$ 是在相干态下的平均光子数。从式(5.14),得到相干态的超完备性的纯 Guass 积分形式,即

$$\int \frac{\mathrm{d}^2 z}{\pi} |z\rangle\langle z| = \int \frac{\mathrm{d}^2 z}{\pi} \mathrm{e}^{-|z|^2 + za^\dagger + z^* a - a^\dagger a} = 1 \tag{5.19}$$

相干态是不正交的,易证

$$\langle z|z'\rangle = \mathrm{e}^{-\frac{1}{2}(|z|^2 + |z'|^2) + z^* z'} \tag{5.20}$$

相应地,非正交性可改写为

$$\langle x,p|x',p'\rangle = \exp\left\{-\frac{1}{4}\left[(x-x')^2 + (p-p')^2\right] + \frac{i}{2}(px' - xp')\right\} \tag{5.21}$$

此外,相干态的波函数可以表示为

$$\langle x|z\rangle = \pi^{-\frac{1}{4}} \mathrm{e}^{-\frac{1}{2}x^2 - \frac{1}{2}|z|^2 + \sqrt{2}qz - \frac{z^2}{2}} \tag{5.22}$$

$$\langle p|z\rangle = \pi^{-\frac{1}{4}} \mathrm{e}^{-\frac{1}{2}p^2 - \frac{1}{2}|z|^2 - i\sqrt{2}pz + \frac{z^2}{2}} \tag{5.23}$$

利用相干态的波函数,还可验证坐标本征态的正交归一性,和动量本征态的正交归一性。

5.3.1.4　光场的压缩态

相干态是光场的量子涨落有最小不确定值的态,它的两个正交分量都取最小的不确定值 1/4,所以是在量子理论范围内最大限度接近经典的态。相干态的量子涨落等于真空涨落,它构成了信号的噪声极限。所以,就是纯相干态运转的理想激光器输出的激光,也存在量子噪声。而且这种量子噪声比热噪声大得多。实际上,还存在其他的最小测不准态,如光场的压缩态。在这些压缩态中,光场的某一个正交分量的量子涨落小于相干态的量子涨落,但以另一个正交分量量子涨落增加为代价。

自 1970 年美国学者 Stoler 首次提出光场压缩态这一概念以来[13],人们对压缩态做了广泛研究。1976 年 Yuen 发展了压缩态这一概念,提出双光子相干态,实质为压缩相干态[14]。目前,光场的压缩态在通信、高精度测量以及微弱信号检测等方面有着潜在的重要应用。它是一类非经典光场,呈现非经典性质,如压缩特性、亚泊松分布等。这里着重讨论压缩态。对于光场的压缩态,在理论上可以由压缩算符 $S(\xi)$ 和平移算符 $D(\beta)$ 二次作用在真空态上产生

$$|\beta,\xi\rangle = S(\xi)D(\beta)|0\rangle \tag{5.24}$$

式中压缩算符 $S(\xi)$ 可以表示为

$$S(\xi) = \exp\{[\xi(a^{\dagger})^2 - \xi^*(a)^2]/2\} \qquad \xi = re^{i\theta} \tag{5.25}$$

式中:r 是压缩因子;θ 表征压缩的方向。压缩算符 $S(\xi)$ 是幺正算符,满足 Bogoliubov 变换,即

$$\begin{cases} S^{-1}(\xi)aS(\xi) = a\cosh r + e^{i\theta}a^{\dagger}\sinh r \\ S^{-1}(\xi)a^{\dagger}S(\xi) = a^{\dagger}\cosh r + e^{-i\theta}a\sinh r \end{cases} \tag{5.26}$$

交换 $S(\zeta)$ 和 $D(\beta)$ 位置,压缩态也可以写成如下形式

$$|\lambda,\xi\rangle = D(\lambda)S(\xi)|0\rangle \tag{5.27}$$

式(5.26)和式(5.27)这两种形式等价,因为存在关系 $S(\xi)D(\beta) = D(\beta\cosh r + \beta \times e^{i\theta}\sinh r)S(\xi) = D(\lambda)S(\xi)$。如果能给出光场压缩态密度算符的正规乘积形式,其压缩特性、亚泊松分布情况,光子数分布情况,相空间分布函数等可以方便地计算出来。

5.3.1.5　光场的热态

前面,我们讨论了描述光场的粒子数态,相干态和压缩态,这些态均由系统的量子性质完全确定,所以他们是描述光场的纯态。对于一处于混沌态的光场,不能由量子理论完全地确定光场所处状态的态矢,故采用密度算符来描述处于

混沌态的光场,其定义为

$$\rho = \sum_i P_i |\varphi_i\rangle\langle\varphi_i| \tag{5.28}$$

式中:$|\varphi_i\rangle$ 为归一化的光场纯态态矢;P_i 是光场处于纯态 $|\varphi_i\rangle$ 的概率,它是具有经典统计性质的量。显然,处于纯态的光场的密度算符可以看成是式(5.28)的特例。例如,对粒子数态 $|n\rangle$,光场的密度算符为 $\rho = |n\rangle\langle n|$;同样地,若光场处在相干态 $|z\rangle$,它的密度算符表示为 $\rho = |z\rangle\langle z|$。对于处于纯态的光场来讲,密度算符和态矢描述光场,它们是等价的。如果一光场处于混沌态,就必须采用密度算符方式来描述。如对于处于热平衡状态的单模热态光场,其密度算符可表示成

$$\rho_{th} = \sum_{n=0}^{\infty} \frac{1 - \exp[-\beta]}{\exp[n\beta]} |n\rangle\langle n| \tag{5.29}$$

或

$$\rho_{th} = [1 - \exp(-\beta)]\exp(-\beta a^\dagger a) \tag{5.30}$$

式中:$\beta = \hbar\omega/kT$,T 为热光场温度,k 为玻耳兹曼常量;ω 为光场的频率。利用式(5.30),容易得到热光场的平均光子数

$$\bar{n} = \text{Tr}\{a^\dagger a\rho_{th}\} = [\exp(\beta) - 1]^{-1} \tag{5.31}$$

和其光子数分布为

$$P(n) = \frac{(\bar{n})^n}{(1 + \bar{n})^{1+n}} \tag{5.32}$$

实际上它的光子数分布是 Bose – Einstein 分布。

5.3.2 量子态的非经典判据

非经典态定义为一个没有任何经典类似物的量子态[11-20]。确切地说,当光场的 Glauber – Sudarshan P 函数为负值或比 δ 函数更奇异时,则认为光场是非经典的。对于非经典态,P 函数往往高度奇异,且在实际应用中要求包含量子态的全部信息,才能实现 P 函数的构造。所以,直接利用非经典态的定义这一标准来判断态的非经典性,研究态的非经典本质[21-23]是非常困难的。正是基于这样的原因,人们提出了多种测量量子态非经典特性的方法,传统而且非常实用的探测方法主要有:正交压缩度的计算,光子亚泊松分布观测,光子数分布中震荡的行为[24],以及研究相空间分布函数的负值性[25]。这些判断标准的共同特点是非经典态对应的 P 函数不是正定的,它们是量子态非经典性的充分条件,也是基于不同的数学工具,为了不同目的而定义的。

5.3.2.1　亚泊松光子统计

光场的光子统计分布可分为三种类型:超泊松分布、泊松分布和亚泊松分布。光场超泊松分布比泊松分布更宽,亚泊松分布则比泊松分布更窄,相干态光场的光子数分布就是泊松分布。最早,Mandel 引入了所谓的 Mandel - Q 参量[26],用来描述光子数分布偏离泊松统计的程度,其定义为

$$Q = \frac{\langle (a^{\dagger})^2 a^2 \rangle}{a^{\dagger}a} - \langle a^{\dagger}a \rangle \qquad (5.33)$$

Q 参量可以测量量子态的光子数对泊松分布的偏离。该参数反映了所考虑的光场与具有泊松分布特征的相干态光场光子数分布偏离情况,各种分布定义如下:

$$Q \begin{cases} >0 & 超泊松分布 \\ =0 & 泊松分布 \\ <0 & 亚泊松分布 \end{cases} \qquad (5.34)$$

当 $Q=0$ 时,称这个态的光子数分布为泊松分布;当 $Q>0$ 时,则光子数的分布比泊松分布要宽,称它为超泊松分布;而当 $Q<0$ 时则比泊松分布更窄,称为亚泊松分布。亚泊松光场是一种非经典场,它的光子数涨落小于平均光子数,因此比完全相干光更"安静"。

亚泊松光场揭示出的这种特殊光子统计性质,不仅进一步深化了人们对光量子本质的认识,而且这种光场以其极低的光子数涨落在光通信,引力波探测,弱信号检测等精密测量领域有着广泛应用。

根据式(5.33),可知对于所有粒子数态 $|n\rangle$,都有 $Q=-1$,所以粒子数态是"最非经典的态";所有的相干态 $Q=0$。需要注意的是 $Q<0$(亚泊松分布)只是非经典态的一个充分非必要条件,也就是说即使 $Q>0$,量子态可能仍是非经典态。

5.3.2.2　光场的压缩效应

光场的压缩效应是一种非经典性质。为了描述压缩的程度,常引进正交算符

$$X_{\theta} = a\mathrm{e}^{-\mathrm{i}\theta} + a^{\dagger}\mathrm{e}^{\mathrm{i}\theta} \qquad (5.35)$$

其两个特例:

$$X = X_0 = a + a^{\dagger} \qquad P = X_{\pi/2} = -\mathrm{i}(a - a^{\dagger}) \qquad (5.36)$$

X 和 P 这两个特殊算符分别称之为振幅正交分量和相位正交分量,满足对

易关系 $[X,P]=2i$，因此有测不准关系 $\langle(\Delta X)^2\rangle\langle(\Delta P)^2\rangle\geqslant 1$。如果在某一光场下，$\langle(\Delta X_\theta)^2\rangle$ 对所有 $\theta(\theta\in[0,2\pi])$，取极小值有 $\min\langle(\Delta X_\theta)^2\rangle<1$，那么这一光场就是压缩光场。如果采用正规乘积形式，这一压缩判据为 $\min\langle:(\Delta X_\theta)^2:\rangle<0^{[26]}$。展开 $\langle:(\Delta X_\theta)^2:\rangle$ 所有项，并对 θ 取极小值，定义为光场量子态的压缩度[27-28]，即

$$S_{\mathrm{opt}}\equiv\langle:(\Delta X_\theta)^2:\rangle=-2\left|\langle a^{\dagger 2}\rangle-\langle a\rangle^2\right|+2\langle a^\dagger a\rangle-2\left|\langle a\rangle\right|^2 \quad (5.37)$$

$S_{\mathrm{opt}}=-1$ 时，有最大压缩量（100%），S_{opt} 在取值范围 $[-1,0)$ 即表示光场有压缩效应，即为非经典光场。对于压缩态（或压缩真空态），其压缩度为

$$S_{\mathrm{opt}}=\mathrm{e}^{-2r}-1 \quad (5.38)$$

与平移因子无关。当 $r>0$，$S_{\mathrm{opt}}<0$ 表示压缩；当 $r\to\infty$，$S_{\mathrm{opt}}\to-1$，压缩态达到极大压缩，故 r 就称为压缩参量。对光场的相干态，$S_{\mathrm{opt}}=0$，不存在压缩，与以上分析相一致。

光场的压缩效应是通过比相干态还要低的噪声分量来体现光场非经典特性的，它的量子特性对于揭示光场的物理本质具有重要意义。利用这种光场进行光通信时，量子噪声可大大减少。由于光场所具有的这种纯量子效应，压缩态在高保真度的量子通信、超低噪声的光通信、量子非破坏性测量和光学精密测量等领域得到广泛应用，并受到人们的热切关注[28,29]。

除了光场压缩态的压缩效应，光子数分布中的震荡行为被认为是压缩光场所具有的最令人印象深刻的特征。这种震荡分布特性最先由 Schleich 和 Wheeler 在讨论具有大压缩参数的压缩光场时所发现，它是光场非经典特性的一个判据[30,31]。

其他一些非经典判据，如 Mandel Q 参量，the Glauber - Sudarshan P 函数都直接依赖于对光子数分布的测量。对于一个由密度算符 ρ 描述的量子态，其光子数分布定义为

$$P(n)=\mathrm{Tr}[\rho|n\rangle\langle n|] \quad (5.39)$$

即在量子态中发现 n 个光子数的概率。很明显，$P(n)$ 实际上就是 ρ 在 Fock 态中的矩阵元。

5.3.2.3　准概率分布函数

量子力学的相空间表示在许多领域，特别是在统计物理和量子光学中有着重要的应用价值。在单模光场的希尔伯特空间中，人们定义了多种准概率分布函数，这些函数显示了场态的统计性质，也给出场量子动力学的 c 数公式。著名的准概率分布函数包括：Glauber - Sudarshan P 函数（P 函数）[10]、Q 函数[32] 和

Wigner 函数[33]。但是，P 函数高度奇异，包含 δ 函数高阶导数的无限求和，不能与任何可观测量相连接；Q 函数总是正定的，只有在 $Q=0$ 时反映量子态的非经典特性，故对非经典特性不能给出清晰的描述。而当 Wigner 函数呈现负值时能清楚地反映量子态的非经典性质[24]。所以，重构量子态 Wigner 函数并对其正负性进行考查，就成为判断其所对应的量子态是否具有非经典特性的直接判据之一。

目前，理论和实验均已提出多种利用重构 Wigner 函数来测量量子态的方法。例如，在实验上，可以利用光学零拍层析法、光子计数法、原子偏转技术和量子层析技术重构或测量各种光场的 Wigner 函数。

对于一个由密度算符 ρ 所描述的量子态，它的 Wigner 函数在坐标表象下的一般形式为[34]

$$W(p,q) = \int \frac{\mathrm{d}s}{2\pi} \left\langle q + \frac{s}{2} \right| \rho \left| q - \frac{s}{2} \right\rangle \mathrm{e}^{-isp} \tag{5.40}$$

一个量子态 ρ 的 Wigner 函数实际上是 Wigner 算符的期望值，即参考文献[35]

$$W(p,q) = \mathrm{Tr}[\rho\Delta(q,p)] \tag{5.41}$$

由式(5.40)自然可以引进 Wigner 算符[35]，即

$$\Delta(q,p) = \int \frac{\mathrm{d}s}{2\pi} \left| q + \frac{s}{2} \right\rangle \left\langle q - \frac{s}{2} \right| \mathrm{e}^{isp} \tag{5.42}$$

所以，Wigner 算符也称为平移宇称算符[36]。对式(5.42)直接积分，可得 Wigner 算符的正规乘积形式

$$\Delta(q,p) = \frac{1}{\pi} : \mathrm{e}^{-(q-Q)^2-(p-P)^2} : \tag{5.43}$$

显然，Wigner 算符满足归一化条件。故而有

$$\int_{-\infty}^{\infty} \mathrm{d}q\langle\psi|\Delta(q,p)|\psi\rangle = |\langle p|\psi\rangle|^2 = |\psi(p)|^2 \tag{5.44}$$

$$\int_{-\infty}^{\infty} \mathrm{d}p\langle\psi|\Delta(q,p)|\psi\rangle = |\langle q|\psi\rangle|^2 = |\psi(q)|^2 \tag{5.45}$$

它们分别代表在动量和坐标空间测到的概率密度，以上方式构建的高斯积分型算符满足 Feynman 的 Wigner 函数的基本思想。

Wigner 函数是在 1932 年由 Wigner 首先提出的，其主要动机是在量子力学中对经典分布函数进行量子修正。后来，Wigner 函数成为量子力学中研究量子态非经典性的一个重要工具。只要量子态的 Wigner 函数已知，通过数值积分就可以得到负部区域体积。

■ 5.4　量子雷达发射机中高压缩比压缩光场的制备[2]

5.4.1　引言

　　压缩光场属于一种典型的非经典量子态,其可以缩小光场在某一个维度的起伏水平,在量子雷达探测领域具有重要的应用。因此对于压缩光场的制备,属于量子发射机中非常核心和重要的组成部分。

　　近年来,随着外加电场周期极化非线性晶体技术的成熟,准相位匹配得到了人们的广泛关注,它突破了双折射相位匹配的诸多限制:如走离效应、实用波长有限、不能利用晶体的最大非线性系数等。目前,用周期性极化晶体通过准相位匹配,产生非经典态光场已有一些报道:美国大学 MIT 的实验小组利用 PPKTP 晶体产生了偏振纠缠源,并且在分离变量量子通信方面做了一系列工作;在连续光方面,在 2001 年,周期性极化 $LiNbO_3$ 晶体构成的三共振光学参量振荡器获得了 1.5dB 的反射抽运场压缩,国内报道了 1.1dB 的压缩,2002 年,周期性极化 $LiNbO_3$ 晶体单共振二次谐波过程产生了近 0.6dB 的谐波压缩,同年,周期性极化 $KTiOPO_4$ 晶体单共振二次谐波过程也产生了近 0.6dB 的谐波压缩,但在连续光方面目前报道的压缩度都不高。

　　本章节重点结合准相位匹配技术的优点,用周期性极化晶体获得高压缩度的压缩态光场。首先介绍准相位匹配的概念,以及在参量放大过程中具体实现的原理;然后介绍简并光学参量放大谐振腔产生正交分量压缩态的理论,以及正交分量压缩态探测的原理;最后介绍用 PPKTP 晶体通过光学参量缩小过程产生正交振幅压缩光的实验。

5.4.2　准相位匹配[37]

　　准相位匹配,是为突破参量过程中相位匹配条件的限制而提出的一项技术,简单来说就是通过晶体非线性光学系数的周期变化,弥补相互作用光波在晶体中传播时由于色散引起的相位差,从而实现相对相位一定意义上的匹配,产生有效的非线性效应。下面,首先简述准相位匹配的概念,然后就光学参量放大过程具体分析,最后论述准相位匹配的实现途径。

5.4.2.1　理论概述

　　在抽运场、信号场、闲置场三波相互作用的参量过程中,动量守恒定律要求 $k_0 = k_1 + k_2$ 这一条件满足,即相位匹配条件,其中 k_0,k_1 和 k_2 分别为抽运场、信号场、和闲置场在非线性介质中的波矢。同时,从能量守恒定律三波的角频率之

间满足 $\omega_0 = \omega_1 + \omega_2$ 关系,利用波矢和角频率的关系式 $\boldsymbol{k}_i = n_i \omega_i / c\,(i = 1,$ 或 $2, n_i$ 为 i 波在非线性介质中沿传播方向和其偏振方向的折射率,c 为真空中的光速), 可以得出,有效的参量相互作用,需要 $n_0 \omega_0 = n_1 \omega_1 + n_2 \omega_2$ 成立。

为此,一般利用晶体的双折射特性:晶体 o 光和 e 光的差别,来满足上述相位匹配条件。但由于双折射相位匹配依赖于材料的固有特性,对于某种具体的非线性材料,只能在某些波长范围内得到相位匹配,这样一方面不能利用晶体的最大非线性系数,另一方面限制了参量过程的波长范围,同时,常常还会碰到走离效应、高温等不利因素。一般来说,光波在晶体中传播时折射率的大小随频率的不同而不同,所以许多普通晶体的优点常常因为不能够满足相位匹配条件,而不能在参量过程中加以利用。

准相位匹配的思想最早由 Armstrollg 与 Bloembergen 等人于 1962 年和 Frnaken 于 1963 年分别独立提出,随后许多人对其进行了分析、讨论和延伸。相位匹配条件的本质就是要求,两个不同频率的光波在晶体中传播时,在任一点,它们之间的相对相位都是一样的,这样就能够保证整个晶体各部分的作用是同步一致的,从而整体上表现出倍频、参量放大,参量缩小或参量下转换等非线性效应。而准相位匹配技术,则是保留晶体中各部分两光波相对相位的不一致,通过改变晶体不同部分的不一致性,达到晶体在整体上呈现倍频、参量放大,或参量缩小等在相位匹配时的非线性效果。这样,准相位匹配技术就可以不受晶体本身固有双折射特性的限制,并且可以利用晶体的最大非线性系数,无走离效应。当然,具体不同的非线性过程,对实现准相位匹配的具体要求会有所差别。

到目前为止,通过利用外加电场周期极化技术,准相位匹配已经在铁电晶体 $LiNbO_3$、KTP、$KNbO_3$ 等中得以实现,并能达到实用的水平。其中,$LiNbO_3$ 以其成熟的生产工艺(成本低廉),较大的有效非线性系数,较高的晶体质量和较大的晶体尺寸而备受青睐,用途也最广泛。但是 $LiNbO_3$ 晶体的缺点是光损伤阈值低、光折变效应明显,因而使用时常需加热到 100℃ 以上,并且极化时需要大约 20kV/mm 的矫顽场电压,所以目前的厚度最大只有 1mm,不能够用于大功率的情况,KTP 晶体进行周期极化的矫顽场电压只有 $LiNbO_3$ 的十分之一,所以很容易实现几个毫米厚的周期极化反转(目前报道的最厚的 PPKTP 为 3mm),因此,它非常适合用做大孔径激光器件以获得高功率输出,而且 KTP 及其同族晶体材料的优点还有它们有较高的抗光折变损伤阈值,并且对光折变效应不敏感,可以在室温下工作等。所以,周期极化的 KTP 更适合用于腔内的高功率倍频或光参量振荡激光器。和 $LiNbO_3$ 晶体相比,它的缺点是非线性系数要低一些,但和双折射相位匹配的 $LiNbO_3$ 晶体相比,还是要高得多。

5.4.2.2　光学参量放大过程

在晶体吸收损耗忽略和小信号增益,亦即抽运(泵浦)光损耗可忽略的近似下,平面波注入的简并光学参量放大过程信号场的方程式为

$$\frac{\mathrm{d}A(z)}{\mathrm{d}z} = -\frac{\mathrm{i}g}{2}A^*(z)\,\mathrm{e}^{-\mathrm{i}\phi}\,\mathrm{e}^{-\mathrm{i}\Delta kz} \tag{5.46}$$

式中:信号光的变量 $A(z)$ 和电场强度 $E(z)$ 和光功率 P 的关系分别为

$$A(z) = \sqrt{\frac{n_\omega}{\omega}}E(z),\frac{P}{S} = \frac{1}{2}\sqrt{\frac{\varepsilon_0}{\mu_0}}\,|A|^2\omega$$

变量 $A(z)$ 与光子通量成正比,参数 g 的定义为

$$g = d\sqrt{\frac{\mu}{\varepsilon_0}\frac{2\omega^3}{n_\omega^2 n_{2\omega}}}A_0 = d\sqrt{\frac{\mu}{\varepsilon_0 n_\omega}\frac{\omega}{}}E_0$$

式中,A_0 表示抽运场相应于信号场 $A(z)$ 的量;ε_0 为真空中的介电常数;μ 为介质的磁导率;n_ω 和 $n_{2\omega}$ 分别为信号场和抽运场在晶体中的折射率;d 为晶体的二阶非线性系数;$\Delta k = k_{2\omega} - 2k_\omega$ 为相位失配;ω 为信号场的角频率;2ω 为抽运场的角频率。假定注入信号场的初始相位为 0,则式(5.46)改写为

$$\frac{\mathrm{d}A(z)}{\mathrm{d}z} = -\frac{g}{2}A^*(z)\,\mathrm{e}^{-\mathrm{i}\left(\Delta kz + \phi - \frac{\pi}{2}\right)} \tag{5.47}$$

进行如下定义:

$$q(z) = \exp\left[\frac{\mathrm{i}}{2}\left(\Delta kz + \phi - \frac{\pi}{2}\right)\right]A(z) + \exp\left[-\frac{\mathrm{i}}{2}\left(\Delta kz + \phi - \frac{\pi}{2}\right)\right]A^*(z)$$

$$= q^*(z) \tag{5.48}$$

$$p(z) = -\mathrm{i}\left\{\exp\left[\frac{\mathrm{i}}{2}\left(\Delta kz + \phi - \frac{\pi}{2}\right)\right]A(z) - \exp\left[-\frac{\mathrm{i}}{2}\left(\Delta kz + \phi - \frac{\pi}{2}\right)\right]A^*(z)\right\}$$

$$= p^*(z) \tag{5.49}$$

这样有

$$A(z) = \frac{1}{2}\{q(z) + \mathrm{i}p(z)\}\exp\left[-\frac{\mathrm{i}}{2}\left(\Delta kz + \phi - \frac{\pi}{2}\right)\right] \tag{5.50}$$

$$A^*(z) = \frac{1}{2}\{q(z) - \mathrm{i}p(z)\}\exp\left[-\frac{\mathrm{i}}{2}\left(\Delta kz + \phi - \frac{\pi}{2}\right)\right] \tag{5.51}$$

用变量 $q(z)$ 和 $p(z)$,方程可表示为

$$\frac{\mathrm{d}q(z)}{\mathrm{d}z} = -\frac{g}{2}q(z) - \frac{\Delta k}{2}p(z) \tag{5.52}$$

$$\frac{\mathrm{d}p(z)}{\mathrm{d}z} = -\frac{g}{2}p(z) + \frac{\Delta k}{2}q(z) \tag{5.53}$$

（1）相位匹配条件满足，$\Delta k = 0$，方程简化为

$$\frac{\mathrm{d}q(z)}{\mathrm{d}z} = -\frac{g}{2}q(z) \tag{5.54}$$

$$\frac{\mathrm{d}p(z)}{\mathrm{d}z} = -\frac{g}{2}p(z) \tag{5.55}$$

当谐波场的初始相位为 $\pi/2$ 时，有 $q(z) = A(z) + A^*(z)$ 为信号场的正交振幅分量，$p(z) = -\mathrm{i}[A(z) - A^*(z)]$ 为信号场的正交相位分量，沿光波在晶体中的传播方向，信号场正交振幅分量不断缩小，正交相位分量不断放大，为参量缩小过程。

当谐波场的初始相位为 $-\pi/2$ 时，有 $q(z) = -\mathrm{i}[A(z) - A^*(z)]$。均为信号场的正交振幅分量，$p(z) = A(z) + A^*(z)$ 为正交相位分量，沿光波在晶体中的传播方向，信号场正交振幅分量不断放大，正交相位分量不断缩小，为参量放大过程。

这两种情况正是通常双折射相位匹配时的 $\varphi_{2\omega} - \varphi_{\omega} = \pi/2$，参量缩小和 $\varphi_{2\omega} - \varphi_{\omega} = -\pi/2$ 参量放大过程[36]。对于光子通量 $A(z)A^*(z)$ 的一般表达式为

$$A(z)A^*(z) = \frac{1}{2}|A(0)|^2 \left\{ \begin{array}{l} \left(1 + \cos\left[\phi - \dfrac{\pi}{2}\right]\right)\exp[-gz] \\ - \left(1 + \cos\left[\phi - \dfrac{\pi}{2}\right]\right)\exp[gz] \end{array} \right\} \tag{5.56}$$

所以信号场光子通量随传播距离和正交振幅分量的变化情况一样。

（2）相位匹配条件不满足，$\Delta k = k_{2\omega} - 2k_{\omega} \neq 0$ 为一确定值。此时，方程为二元线性常系数微分方程组，用消元法可以得到

$$\frac{\mathrm{d}^2 p(z)}{\mathrm{d}z^2} + \left[\frac{(\Delta k)^2}{4} - \frac{g^2}{4}\right]p(z) = 0 \tag{5.57}$$

对于大多数试验情况，方程组的解表示为

$$p(z) = \left(\cos[\chi z] + \frac{g}{2\chi}\sin[\chi z]\right)p(0) + \frac{\Delta k}{2\chi}\sin[\chi z]q(0) \tag{5.58}$$

$$q(z) = \frac{\Delta k}{2\chi}\sin[\chi z]p(0) + \left(\cos[\chi z] - \frac{g}{2\chi}\sin[\chi z]\right)q(0) \tag{5.59}$$

式中

$$\chi = \sqrt{\frac{(\Delta k)^2}{4} - \frac{g^2}{4}} \tag{5.60}$$

对于用于倍频的一阶准相位匹配晶体来说，极化周期为 $2l_c = 2\pi/\Delta k$。对于

参量过程要求的周期应为 $2l_c = \pi/\chi$，由于 $(\Delta k)^2 >> g^2$，所以可以忽略掉 χ 中含 g 的项，这样可以认为参量过程的准相位匹配周期和倍频的周期是一样的，在实际的实验中，这一点微小差别可以通过调节周期性极化晶体的温度来满足不同过程。这样，方程简化为

$$p(z) = \left(\cos\left[\frac{\Delta k}{2}z \right] + \frac{g}{\Delta k}\sin\left[\frac{\Delta k}{2}z \right] \right)p(0) + \sin\left[\frac{\Delta k}{2}z \right]q(0) \tag{5.61}$$

$$q(z) = -\sin\left[\frac{\Delta k}{2}z \right]p(0) + \left(\cos\left[\frac{\Delta k}{2}z \right] - \frac{g}{\Delta k}\sin\left[\frac{\Delta k}{2}z \right] \right)q(0) \tag{5.62}$$

由于 $\Delta k \neq 0$，在某平面 z_1 处对信号场起放大作用的抽运场传播到另一位置 z_2 时，对传播到 z_2 处的信号场起缩小作用，相互之间相对相位的周期变化，就产生了整体增益的振荡现象。振荡周期为 $z = 2l_c = 2\pi/\Delta k$。如果抽运场在 $z = 0$ 到 $z = l_c$ 区域对信号场起放大作用，那么如果在信号场被缩小 $z = l_c$ 到 $z = 2l_c$，$z = 3l_c$ 到 $z = 4l_c$ 等区域，将晶体的极化方向反转，那么前面所说的相对相位就和抽运场对信号场起放大作用的由 $z = 0$ 增加到 $z = l_c$ 等区域相同，这样就保证了沿着晶体传播时，抽运场能够对信号场一直起放大作用。这就是一阶准相位匹配参量放大过程的基本原理。通过选择极化反转区域长度为 l_c 的倍数，就得到了所谓的高阶准相位匹配。但一阶准相位匹配是所有准相位匹配中效率最高的，也是本章重点讨论的内容。

定义 $C = \cos\left[\Delta kz/2 \right]$，$S = \sin\left[\Delta kz/2 \right]$，$G = g/\Delta k$。方程的解可以表示为

$$\begin{bmatrix} p(z) \\ q(z) \end{bmatrix} = \begin{bmatrix} C + GS & S \\ -S & C - GS \end{bmatrix}\begin{bmatrix} p(0) \\ q(0) \end{bmatrix} \tag{5.63}$$

在准相位匹配材料第一个极化区域（区域长度 l_c）末端，方程(5.63)写为

$$\begin{bmatrix} p(z_1) \\ q(z_1) \end{bmatrix} = \begin{bmatrix} C_1 + GS_1 & S_1 \\ -S_1 & C_1 - GS_1 \end{bmatrix}\begin{bmatrix} p(0) \\ q(0) \end{bmatrix} \tag{5.64}$$

式中：$C_1 = \cos\left[\pi/2 \right]$，$S_1 = \sin\left[\pi/2 \right]$，同样，在第二个极化区域末端，有

$$\begin{bmatrix} p(z_2) \\ q(z_2) \end{bmatrix} = \begin{bmatrix} C_2 + GS_2 & S_2 \\ -S_2 & C_2 - GS_2 \end{bmatrix}\begin{bmatrix} C_1 + GS_1 & S_1 \\ -S_1 & C_1 - GS_1 \end{bmatrix}\begin{bmatrix} p(0) \\ q(0) \end{bmatrix} \tag{5.65}$$

当参量作用光波在晶体中传播了 n 个周期后，表达式为

$$\begin{bmatrix} p(z_{2n}) \\ q(z_{2n}) \end{bmatrix} = \begin{bmatrix} A & B \\ C & D \end{bmatrix}\begin{bmatrix} q(0) \\ p(0) \end{bmatrix}_{i=1:2n}\prod \begin{bmatrix} C_i + GS_i & S_i \\ -S_i & C_i - GS_i \end{bmatrix}\begin{bmatrix} q(0) \\ p(0) \end{bmatrix} \tag{5.66}$$

值得注意的是，在极化反转的区域，G 的取值是负的。

利用式(5.48)~式(5.50)，变量 $A(z)$ 表示为

$$A(z) = \frac{1}{2}\exp\left[-\frac{i}{2}\left(\Delta kz + \phi - \frac{\pi}{2}\right)\right]\left\{\begin{array}{l} \alpha\exp\left[\frac{i}{2}\left(\phi - \frac{\pi}{2}\right)\right]A(0) \\ \beta\exp\left[-\frac{i}{2}\left(\phi - \frac{\pi}{2}\right)\right]A^*(0) \end{array}\right\} \quad (5.67)$$

式中：$a = (A+D) + \mathrm{i}(B-C)$，$\beta \approx (D-A) + \mathrm{i}(B+C)$。信号场的光子通量 $A(z)$ $A^*(z)$ 表示为

$$A(z)A^*(z) = \frac{1}{4}|A(0)|^2\left\{(|\alpha|^2 + |\beta|^2) + 2\mathrm{Re}\left[\alpha\beta^*\exp\left[\mathrm{i}\left(\phi - \frac{\pi}{2}\right)\right]\right]\right\}$$

$$(5.68)$$

从上述理论分析的结果来看，相位匹配、相位失配，以及准相位匹配三种情况下，最大放大和最大缩小的倍数是一样的。给出试验中所采用的相关参数，抽运场波长 532nm，信号场波长 1064nm，周期性极化 KTP 晶体、d_{33} 非线性系数的参数 $\Delta k = 70 \times 10^4$，$g = 38.8$，利用公式（5.56）式（5.68），对相位匹配、一阶准相位匹配、相位失配的三种具体情况做一比较。

图 5.1 的两条曲线 a、b 分别显示了对于周期性极化 KTP 晶体的 d_{33} 非线性系数，在相位匹配、一阶准相位匹配两种情况下信号光随光波在晶体中的传播距离的最大放大情况。其中 L 表示在晶体中的位置，L_c 表示极化区域长度 l_c。由于图中传输长度仅为 2.5 个极化周期，所以相位匹配的曲线 a 基本呈线性；但当长度足够长时，就可以看到式（5.56）的指数变化趋势。

图 5.2 的两条曲线 a、b 分别显示了对于周期性极化 KTP 晶体的 d_{33} 非线性系数，在相位匹配、一阶准相位匹配两种情况下信号光随光波在晶体中的传播距离的功率最大缩小的情况。

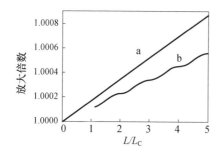

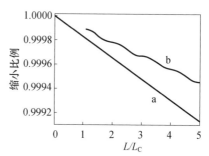

图 5.1　简并光学参量放大时信号光功率　　图 5.2　简并光学参量缩小时信号光功率
　　　放大倍数随传播距离的变化曲线　　　　　　缩小程度随传播距离的变化曲线

值得注意的是，在一阶准相位匹配的情况下，当注入抽运场和信号场的相对相位为 $\varphi_{2\omega} - \varphi_\omega = 0$ 时，为参量缩小；当 $\varphi_{2\omega} - \varphi_\omega = \pi$（或 $-\pi$）时，为参量放大，这和相位匹配时相比较，正好相位超前了 $\pi/2$，自然这主要是由于失谐量 Δk 的

作用。

对于一阶准相位匹配晶体在简并参量放大过程中信号光强度噪声、正交分量噪声的情况,在文献[35－37]中作了详细的计算,下面主要是他们的结论和结合实验情况做的概述和分析。

在相位匹配的情况下,相对相位为 $\varphi_{2\omega} - \varphi_\omega = -\pi/2$,正交振幅噪声呈指数 $\exp\{g_z\}$ 放大,产生正交相位压缩光;相对相位为 $\varphi_{2\omega} - \varphi_\omega = \pi/2$,正交振幅噪声呈指数 $\exp\{-gz\}$ 缩小,产生正交振幅压缩光。在相位失配的情况下,不论相对相位如何,正交振幅分量噪声都将随光波在晶体中的传播位置呈周期振荡。

在理想的一阶准相位匹配情况下,同样可以得到很大的正交分量压缩光。相对相位为 $\varphi_{2\omega} - \varphi_\omega = 0$ 时,为参量缩小过程,产生正交振幅压缩光;相对相位为 $\varphi_{2\omega} - \varphi_\omega = \pi(-\pi)$ 时,为参量放大过程,产生正交相位压缩光。在利用晶体的同一非线性系数的情况下,准相位匹配的增益和压缩度要小于相位匹配;但由于一般晶体的最大非线性系数不能实现双折射相位匹配,却可以实现准相位匹配,所以实际中,准相位匹配的增益和压缩度应该高于相位匹配,增益可能为相位匹配时的几倍甚至更多。例如,对于 $LiNbO_3$ 晶体来说,采用准相位匹配和采用双折射匹配相比,增益因子提高了约 20 倍。同时,准相位匹配的相位匹配表达式中多了一项可以控制的量(晶体的极化反转周期),从而可以人为地改变参量值,以适用于不同的波矢,具有比较大的自由度。原则上,在晶体透明波段的任一波长都可以通过准相位匹配得到参量放大和噪声压缩。

实际使用的准相位匹配晶体和理想的准相位匹配一般主要有两类由于生产加工引入的误差:极化区域边界的随机偏差和极化区域长度的随机偏差。其中极化区域边界的随机偏差是指:实际极化区域的边界随机地偏离理想理论区域的边界,但是周期长度平均值仍等于理想周期长度值,因此相邻区域的长度之间存在负关联。

极化区域长度的随机偏差是指:周期长度平均值等于理想周期长度值,但是极化区域的长度随机偏离理想值,相邻区域的长度之间彼此独立,不存在关联性。理论分析指出,误差的存在使得正交振幅(位相)分量的压缩度降低,极化区域边界随机偏差的影响较小,极化区域长度随机偏差影响较大,但从现有的准相位匹配生产技术看,两者对于压缩度的影响不大,一般降低约 1dB 左右。

5.4.2.3　一阶准相位匹配参量过程的理论模型

上一节的分析是在注入信号场功率很小、抽运光损耗可忽略的假设下,对简并参量放大过程就一阶准相位匹配的严格求解。为了能够将准相位匹配的理论分析方法和相位匹配统一起来,可以将准相位匹配介质中的实际非线性系数按照傅里叶展开,考虑到只有相位匹配的傅里叶分量对参量作用有显著的贡献,忽略掉其他不满足相位匹配的傅里叶分量(这些分量只会引起信号光和抽运光能量之间的相互振荡,对参量作用贡献不大)。具体如下:在忽略晶体的吸收损耗和慢变包络近似下,简并参量过程中信号场和抽运场相互作用的耦合波方程为[34]

$$\frac{\mathrm{d}A}{\mathrm{d}z} = -\frac{\mathrm{i}}{2}\lambda d(z)A_0 A_1^* \exp(-i\Delta kz) \tag{5.69}$$

$$\frac{\mathrm{d}A_0}{\mathrm{d}z} = -\frac{\mathrm{i}}{2}\lambda d(z)A_1^2 \exp(i\Delta kz) \tag{5.70}$$

$d(z)$ 为晶体中不同位置处料线性系数,其他参数和前面的意义一样。将一阶准相位匹配晶体的实际非线性系数沿波的传播方向进行傅里叶展开为

$$d(z) = d \sum_{m=-\infty}^{+\infty} G_m \exp(ik_m z) \tag{5.71}$$

式中:d 为未被极化晶体的一致非线性系数,$k_m = m\pi/l_c$ 是光栅矢量的第 m 阶傅里叶分量,l_c 是准相位匹配晶体的极化反转周期的 1/2。这时参量作用耦合波方程变为

$$\frac{\mathrm{d}A}{\mathrm{d}z} = -\frac{\mathrm{i}}{2}\lambda d_{\mathrm{eff}} A_0 A_1^* \exp(-\mathrm{i}\Delta k_Q z) \tag{5.72}$$

$$\frac{\mathrm{d}A_0}{\mathrm{d}z} = -\frac{\mathrm{i}}{2}\lambda d_{\mathrm{eff}} A_1^2 \exp(\mathrm{i}\Delta k_Q z) \tag{5.73}$$

从傅里叶展开式(5.71),可以得出一阶准相位匹配作用的有效非线性系数,为

$$d_{\mathrm{eff}} = dG_m \tag{5.74}$$

准相位匹配作用的波矢失配为

$$\Delta k_Q = k_{2\omega} - 2k_\omega - k_m \tag{5.75}$$

当非线性系数被周期性地反转时,式(5.71)傅里叶展开式中的系数为

$$G_m = \frac{2}{m\pi}\sin\left(\frac{m\pi}{2}\right) \tag{5.76}$$

要满足相位匹配,则有

$$k_m = \Delta k \qquad G_m = \frac{2}{\pi} \tag{5.77}$$

所以在大多数对一阶准相位匹配共线作用的理论分析中,都直接用 $2d/\pi$ 代替相位匹配时 d。但由于上述理论模型中的简化是一个粗略的简化,所以它

并不能够准确地估计一些实验参数值,但它仍然可以在实验中起到一个参考作用。

5.4.3 高压缩比压缩光场实验装置[37]

产生压缩态光场的实验装置如图 5.3 所示。主要包括激光器、光学参量谐振腔、电路伺服部分,以及压缩态光场的探测装置四部分,其中电路伺服部分主要是指激光器的稳频电路、谐振腔腔长的锁定,以及抽运光场和注入信号光场之间相对相位的锁定电路部分,以下逐一简单介绍。

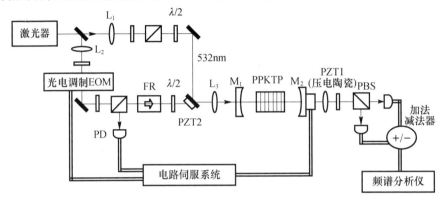

图 5.3   用周期性极化 KTiOPO$_4$(PPKTP)晶体产生振幅压缩光的实验装置图

图 5.3 中,L$_1$、L$_2$、L$_3$ 为透镜;PZT$_1$、PZT$_2$ 为压电陶瓷;M$_1$、M$_2$ 为腔镜;EOM 为电光调制器;FR 为法拉第旋转器;PD 为光电探测器;PBS 为偏振分光棱镜。

5.4.3.1　激光器

为了便于介绍,首先简要介绍一下常规的激光器结构,如图 5.4 所示。整个激光器系统由两大部分组成:电路部分和激光头部分。电路部分主要包括 LD 抽运源的电流驱动部分和整个激光头需要的 3 路温度控制部分,激光头部分主要是激光器系统的整个光路部分。下面简要对各部件进行介绍。

1)抽运源

抽运源用于输出光为可选择角度的线偏振光,封装内装有用于制冷的热敏电阻和 PAT 元件,可以从外部监测 LD 的功率稳定性,内部安装一只光电二极管,也可用于 LD 噪声抑制的电流反馈等。

2)整形聚焦系统

整形聚焦系统由两个薄透镜组成,靠近 LD 的一个为整形透镜,用于将 LD 输出的发散光束准直为竖直方向和水平方向发散角都尽可能小的近平行光束,靠近激光谐振腔的一个为聚焦透镜,用于将准直了的近平行光束聚焦到激光晶

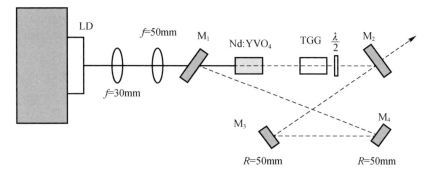

图 5.4　单频 1064nm 红外激光器原理示意图

体上,要求在晶体中的腰斑小于谐振腔基模腰斑尺寸,以保证激光器的单横模运转。

3)激光谐振腔

激光谐振腔是由两个平面镜和两个曲率半径均为 50mm 的凹面镜组成的蝴蝶型环形腔,内部包含激光晶体和单向器。单向器用于使得环形激光谐振腔单向运转,从而保证输出激光为单纵模的稳定。

而用于产生压缩光场的激光器属于是 LD 抽运的全固体化连续单频环形 532nm 绿光激光器,激光器的结构基于与图 5.3 所示类似,只是在两凹面镜之间插入了倍频的 KTP 晶体,同时谐振腔凹面镜之间的距离增加了约 2mm,输出镜更换为腔内一面 1064nm 反射率为 99.7%、532nm 增透,另一面 532nm 减反的平面镜。

在设计绿光激光器谐振腔时,要认真选取内腔元件尽量引入小的损耗,使非线性损耗占主导地位。为了使激光器有较高的频率稳定性和较低的功率波动,需要对其频率进行锁定,可以采用精细度为 150 的 F－P 参考腔作为基准源,用锁相放大器产生的 10kHz 信号调制参考腔的 PZT,把探测器所得信号送入锁相放大器,在锁相放大器中通过利用 10kHz 本底振荡信号,解调出一次微分信号,再经比例积分电路和高压放大器后反馈到激光器一个腔镜的 PZT 上,从而把激光器的基频光频率锁定于参考腔的共振频率上。

5.4.3.2　光学参量谐振腔

光学参量振荡腔是产生压缩态光场的关键部分,其性能和好坏将直接影响所产生非经典光场的质量。分离式光学参量振荡腔是目前试验中常规采用的谐振腔。

1)分离式光学参量振荡腔

谐振腔放置腔镜的两个镜架与两块殷钢板连接为一体:殷钢板作为镜架的

静片,动片和殷钢板通过弹簧和镜架的旋动螺丝连接,腔镜置于动片上;两块殷钢板通过殷钢棒连接为一体,殷钢棒和板的连接处套有橡胶套圈,用来使得两者的吻合更紧密、一体性更好、便于侧面的螺丝的紧固。另外的一块连接三根殷钢棒,且与殷钢板平行的铝板主要起使得整体结构不易形变的作用;两殷钢板中间架有一可上下、前后(侧向)、左右(横向),以及沿光路水平和垂直方一向俯仰调节的五维放置非线性晶体的装置;整个光学参量振荡(OPO)腔与平台的连接处垫有厚的软胶皮,用来减小平台到腔震动的传递;整个装置用厚的有机玻璃壳子密封起来且充入净化空气,以避免空气流动、温度扰动等造成的干扰。这样整个OPO腔具有较高的机械稳定性和较强的抗干扰能力。

整个谐振腔采用近共心腔结构,和平凹腔相比,近共心腔由于允许有多个不同的腔轴,所以它的准直和模式匹配要容易。在实验中,首先在不加晶体时,完成好模式匹配,然后放上晶体、拉长腔长,再完成模式匹配。

2) PPKTP 晶体

磷酸氧钛钾(KTiOPO4,简称 KTP)晶体是一种非天然存在的非中心对称晶体,它的最早期人工合成可以追溯到 19 世纪末,具有较高的非线性系数,较高的抗光损伤和机械损伤能力,并且,透光范围宽,覆盖了从紫外到中红外末端的全部光谱区间。KTP 晶体具有良好的双折射特性,被广泛用于双折射相位匹配,为周期电场极化制备准相位匹配器件提供了可能。

$LiNbO_3$ 是准相位匹配发展以来优先选用的非线性晶体材料,它有非常明显的优点,如非线性系数大、转换效率高、通光范围宽(在红外区间具有良好的透光性)、晶体的物理化学性质稳定、生长技术成熟。因此,它的电场极化技术也比较成熟。但缺点是光损伤阈值低,光折变效应明显,因而使用时常需加热到 100℃以上。

用 KTP 晶体代替 $LiNbO_3$ 晶体进行周期极化的最显著的优点,就是它的矫顽场电压只有 $LiNbO_3$ 的十分之一,另外,KTP 晶体从晶体的性质上在许多方面都是很优良的。目前,基于 PPLN 的短脉冲 OPO 中产生了大于 $6\mu m$ 的激光输出,超出了已知的 $LiNbO_3$ 的 $0.35 \sim 5.5\mu m$ 的通光范围。

5.4.3.3 调制边带锁定谐振腔

用调制边带的方法,锁定谐振腔与激光光束频率共振的原理如图 5.5 所示。由半波片和 EOM 电光调制晶体组成的相位调制器,在激光光束中心频率两边产生边带,然后经过光隔离器进入谐振腔。谐振腔反射回的激光光束通过光隔离器和注入光束分离,然后进入频带足够宽的光电探测器。探测器探测到的交流信号经过可调相位延迟器后,进入混频器的一个端口。20MHz 信号源输出的信号经射频分束器后,一路直接加到电光调制晶体上,另一路连接到可调衰减器,然后进入混频器的另外一个输入端口。混频器的输出信号经过射频滤波器滤掉其中的剩余调制信号及其谐波,该信号即为锁腔用的鉴频信号。鉴频信号再经过比例积分(PI)电路后,进入高压放大器(HV),经放大后的输出信号反馈到谐振腔腔镜所附的压电陶瓷(PZT)上,从而把谐振腔的腔长锁定在激光光束的频率上。

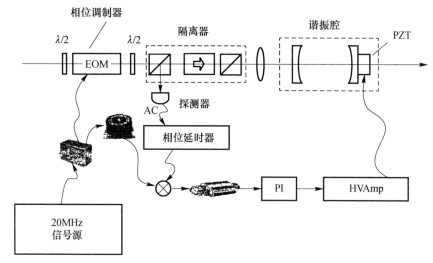

图 5.5　调制边带锁定谐振腔原理示意图

5.4.4　高压缩比的压缩光场制备实验结果

在实验中,首先对实验装置的各个参数做了测量和估计,实测不加晶体时,谐振腔的精细度为 172,加上晶体后为 148.2,由此推算简化光学参量放大(DOPA)腔的内腔损耗约为 0.94%。DOPA 腔长为 59.21mm(估算晶体中腰斑半径约为 55μm),晶体温度为 31.3℃ 时,试验测得光学参量振荡(OPO)阈值为 35mW。由上述参数估算出 DOPA 腔线宽约 14.6MHz。当聚焦因子取 $h = 1$,理论上计算得晶体的单次通过转换系数 $E_{NI} = 1.55\%/W$,通常所用角度相位匹配 5mm 长 KTIOPO4 晶体的 3.7 倍。取相同聚焦因子,理论分析计算的 OPO 阈值为 29mW,与实验结果基本吻合。

实验中,通过调节抽运光路中导光镜后的压电陶瓷(PZT),实现抽运光和注入光相对相位的变化,当相对相位取参量放大时,输出为正交位相压缩光,取参量缩小时,输出为正交振幅压缩光。利用谐振腔透射基频光功率随抽运光和注入基频光之间相对相位变化曲线的一阶微分,来锁定参量过程处于参量放大或参量缩小状态。首先将 Lock – in – Amplifier 提供的 5kHz 频率抖动信号加到 PZT 上,然后将谐振腔后探测压缩光探测器的直流输出信号送入 Lock – in Amplifier，通过调节其参数合适，从输出端口即可得到相应的鉴频信号，再经过 PI 电路和高压放大器后反馈到 PZT 上，通过调节高压放大器的偏置，即可将参量过程锁定在放大或缩小状态。

在开展实验过程中，需要利用自平衡零拍探测装置作为测量设备，因此只能进行正交振幅压缩的测量，所以，试验中取参量缩小状态。当晶体温度为 31.3℃，抽运光功率为 20mW，1064nm 注入功率为 10W 时，基波透射功率由不加抽运光时的 700μW，缩小为 300μW，在 2MHz 频率处，测得压缩度为 2.2dB。实验结果如图 5.6 所示。由于透射光功率很低，电子学噪声（低于散粒噪声约 8.2dB）不能忽略，考虑后压缩度为 2.78dB。

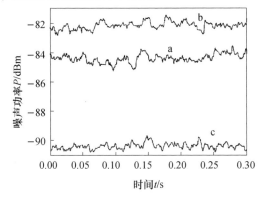

图 5.6　2MHz 处测得的噪声压缩结果

◼ 5.5　量子雷达发射机中高亮度纠缠光场的制备

5.5.1　引言

从量子信息来看，发展实用化的量子计算必然依赖于对多个量子态的相干操纵。多粒子薛定谔猫态的实验制备，集中体现了量子操纵的核心技术。因此，这一直是国际上一个竞争非常激烈的领域。制备更多粒子数的多粒子纠缠态，不仅仅是基础科学研究，并且推动着量子信息实验技术的发展[38-49]。

对于量子雷达探测而言，无论干涉式量子雷达或量子照明体制的量子雷达，均需要实现纠缠光源的制备。而且，发射信号的功率大小直接关系到雷达的探测威力，进而关系到应用场景。为了最大程度发挥量子雷达探测的应用范围，增加系统的平均发射功率，需要能够制备出高亮度的纠缠光源，若具备多粒子纠缠态，则也可以增加信息的调制维度，提升目标探测的性能。

因此,在本章节中,重点介绍高亮度纠缠光源的相关概念,并介绍实现高亮度纠缠光源的制备方法、对应的试验系统和实验结果。

5.5.2　高亮度纠缠光源制备难点分析[38]

利用自发参量下转换过程,可以产生超高亮度的纠缠光子对,然后结合具有噪声抑制能力的八光子干涉仪以及后选择测量,共同构成高亮度纠缠光源制备试验系统。实验中实现了对八个独立光子的操纵并在此基础上成功地制备了八光子薛定谔猫态,实验得到的保真度高达 0.708 ± 0.016。

实验的目标是产生八光子薛定谔猫态,其形式为

$$|SC_8\rangle = \frac{1}{\sqrt{2}}(\,|H\rangle^{\otimes 8} + |V\rangle^{\otimes 8}\,) \tag{5.78}$$

式中:H 和 V 分别表示单光子的水平极化和竖直极化。它包含八个独立光子的两个极化正交态的等权叠加。为了实现这个目标,首先采用参量下转换过程[50],制备处在 $|\phi^+\rangle$ 态上的 4 对纠缠光子对,$|\phi^+\rangle$ 可以表示为

$$|\phi^+\rangle = (\,|H\rangle|H\rangle + |V\rangle|V\rangle\,)/\sqrt{2} \tag{5.79}$$

然后,利用一个八光子干涉仪将它们结合成薛定谔猫态。

实验遭遇的第一个挑战是极低的八光子符合计数率。探测八光子要求全部的四对独立的纠缠光子对同时到达探测器,所以八光子符合事件的量级是 $(p \times \zeta)^4$,这里 P 是参量下转换过程的概率,ζ 是单个光子被收集和探测的总的效率。对于很小的 p 和 ζ 这个值剧烈下降,如果参考先前的六光子实验的 $(p \times \zeta)$ 数据[46],能够得到的八光子事件符合计数率为约 2.8×10^{-5} Hz,在如此低的计数率下,需要 10 年以上的时间才能验证是否制备出了八光子纠缠态。为了解决这一问题,我们必须极大地提高纠缠光子的亮度。

第二个实验挑战是在产生多光子纠缠态的过程中的噪声控制。直接采用更高功率的抽运激光,虽然能够提高单对光子的产生概率 p(进而提高两光子计数率),但也不可避免的增加同时产生两对光子的概率(约 p^2),这被认为是多光子实验中最重要的噪声源[51-53]。因此有必要将抽运光的功率保持在适中的水平。接下来,就是八光子干涉仪和后选择测量的优化设计,目的主要是减小高阶项的噪声。

为了获得高亮度和高保真度的脉冲纠缠光子源,可以采用 Kim 提出的贝尔态合成器方案[54]。如图 5.7 所示,飞秒脉冲激光抽运 II 型偏硼酸钡(BBO)晶体,产生纠缠光子对。然而,在超快的 II 型参量下转换过程中,有两种不希望出现的时间信息会与极化信息相关联,从而减弱态的纠缠纯度。第一种,不同极化光子的群速度不同;这可以通过一对双折射补偿器来消除[55]。第二种,是仅仅

出现在超快脉冲 PDC 过程中,水平极化性和垂直极化性的光谱(时间)宽度不同[56,57]。先前的大部分多光子实验都通过窄带滤光片来筛选最大纠缠的光子[46-49,58]。可是,这种消极的滤波过程效率低下,贝尔态合成器的技术可以绕过这一频率关联的问题。

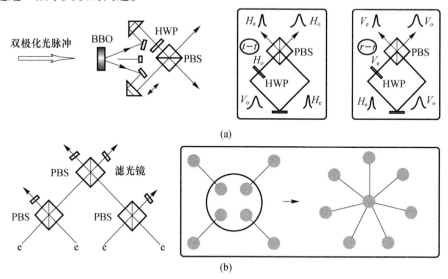

图 5.7　产生八光子薛定谔猫态的实验方案

首先,光子 a 和 b 分别通过一块半波片和 1mm 厚度的 BBO 晶体,补偿掉时间上和空间上的走离效应。然后通过反射镜以及三棱镜,在偏振分光棱镜(PBS)相干叠加。在光子 b 的路径中插入一块半波片(HWP)使光子 b 极化方向旋转 90°,由于偏振分光棱镜透过 H 光,反射 V 光,所以存在两种可能的结果:两个光子都透射($t-t$)或者都反射($r-r$),因此 e 光(光谱带宽较小)和 o 光(光谱带宽较大)将从极化分束器的不同输出端口离开,e 光的光子将被探测器 a 探测到,o 光的光子将被探测器 b 探测到。这一过程可以用下式表达:

$$|\Psi\rangle = \frac{1}{\sqrt{2}}(|H^o\rangle_a|V^e\rangle_b + |V^e\rangle_a|H^o\rangle_b)$$

$$\rightarrow \frac{1}{\sqrt{2}}(|V^o\rangle_a|H^e\rangle_b + |H^e\rangle_a|V^o\rangle_b) \quad \text{补偿 HWP,极化旋转 90°}$$

$$\rightarrow \frac{1}{\sqrt{2}}(|V^o\rangle_a|\rangle V^e_b + |H^e\rangle_a|H^o\rangle_b) \quad \text{b 路半径片,极化旋转 90°}$$

$$\rightarrow \frac{1}{\sqrt{2}}(|H^e\rangle_a|H^o\rangle_b + |V^e\rangle_a|V^o\rangle_b) \quad \text{PBS 反射 } V,\text{透射 } H \quad (5.80)$$

参量下转换产生的光子对,起初分别是 e 极化的(光谱带宽较小)和 o 极化

的(光谱带宽较大),最终在 PBS 的输出端口分离开来,被不同的探测器探测到。因此,超快 II 型 PDC 过程中的时间信息不能被用来区分 $t-t$ 和 $r-r$ 路径。那么,这两种极化态,$|H\rangle|H\rangle$ 和 $|V\rangle|V\rangle\rangle$ 在原理上是不可分辨的,形成相干叠加态,由此,就有效地把时间信息从光子对的极化信息中分离出来,形成相干叠加态。同时需要注意,因为两光子从 PBS 同一端口出射的情况不存在,所以原则上是不需要后选择的。

接下来我们控制这四对纠缠光子对构成八光子薛定谔猫态。四个 e 极化的光子,分别来自四对纠缠光子对,通过由三块 PBS 组成的线性光学网络结合在一起。可以证明,只有四个入射光子极化方向相同,它们才能同时被这三块 PBS 透射或反射,然后得到一个符合计数(每一个输出端口都有一个单光子同时存在)。而且,如果其他信息(如时间、频率、空间模式)都被擦除了,那么从原则上就没有任何办法来区分 $|HHHH\rangle$ 和 $|VVVV\rangle$。因此,图 5.7 所示的干涉仪就可以有效地把四对纠缠光子对投影到八光子薛定谔猫态。

5.5.3　高亮度多光子纠缠光源制备实验系统[39]

本节重点描述实现高亮度多光子纠缠制备的实验系统主要构成。主要包括:抽运激光系统、贝尔态合成器、多光子干涉仪、多光子测量系统。

5.5.3.1　抽运激光系统

激光是整个光学实验的基础。因此,激光器系统是开展高亮度纠缠光的核心和关键。整个抽运激光系统主要由激光器和后光路两部分构成。实验中,激光器系统由两台激光器构成:

(1) 全固态高功率连续绿光激光器(输出波长 532nm,线宽 <5MHz,光束指向稳定性 <2μrad/℃)。

(2) 一台高功率锁模钛宝石激光器,稳定地获得 4W(飞秒)的锁模输出功率,重复频率为 76MHz,脉冲宽度为 130fs,波长可调谐范围为 700nm ~ 1000nm。

将波长为 780nm 的脉冲激光进行倍频后,才能作为纠缠源的抽运激光。由于倍频效率与激光的峰值功率密度相关,而飞秒激光的峰值功率非常高,因此用一面透镜将激光光束聚焦到倍频晶体上,就能得到非常高的倍频效率。

综合考虑倍频效率和走离效应之后,选择厚度为 1.3mm 的一型 LBO 作为倍频晶体,并对 LBO 进行双面高增透镀膜,在避免激光能量聚集在晶体,导致晶体过热而损坏的同时,减少晶体表面的反射光。在晶体透过率 >99.9% 的情况下,激光束正入射 LBO,将钛宝石激光器的输出狭缝关小,保证激光器的正常运行。

图 5.8 所示的试验系统中的倍频效率可以达到 47%, 倍频后产生的紫光功率为 1.8W。由于直接倍频后的激光光束质量变得较差, 可以采用一对柱透镜来对光束进行整形。最终得到的束腰处的光斑形状如图 5.9 所示, 光斑的束腰半径为 120μm。

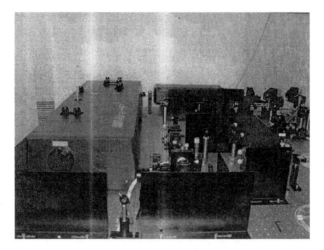

图 5.8　抽运激光器系统实验装置图

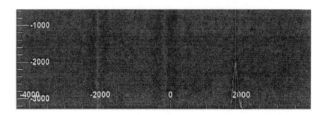

图 5.9　整形后的束腰处的光斑质量

除了对光束进行整形以外, 还需要对倍频后的激光进行滤波, 如图 5.10 所示。在实验上, 采用双色镜和短通滤波片进行滤波, 去除光束中的红光成分, 经过滤波后红光成分已经衰减至微瓦量级。由于产生的紫光功率较大, 采用紫光半波片和紫光极化分束器来调节功率。由于整个抽运激光系统功率较高, 且为飞秒激光, 因此所有光学元件都镀有高功率飞秒膜, 防止飞秒展宽效应。最终实验中抽运光源具备如下一些特征:

（1）功率可调, 最大可到 1.7W。

（2）纯度要高, 偏振纯度 > 1000∶1（由 PBS 保证）, 红光成分为 100μW 量级。

（3）光束质量要好, 整形后要达到完全的高斯基模。

（4）束腰大小约为 100μm。

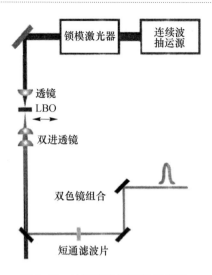

图 5.10　抽运激光器系统示意图

5.5.3.2　贝尔态合成器

为了得到高亮度高保真度脉冲纠缠源,实验中采用一种新型的贝尔态合成器的技术,如图 5.11 所示,一束飞秒脉冲紫光穿过 BBO 晶体,将有一定的概率产生纠缠光子对。然而,在这一参量下转换过程中,有两类不希望出现的时间信息会与极化信息相关联,从而减弱纠缠态的保真度。

(1) 不同极化光子的群速度不同,可以通过一对双折射补偿晶体来消除。

(2) 在超快脉冲抽运的 SPDC 过程中,o 光和 e 光的光谱不同。以前的大部分多光子实验都通过引入窄带滤光片来去除这一频率关联。但是,这种被动的滤波过程效率非常低,大量的光子被不必要地浪费了。

可以通过贝尔态合成器的技术来绕过这一频率关联的问题。首先,光子 a 和 b 分别通过一块半波片和 1mm 厚度的 BBO 晶体,补偿掉时间上和空间上的走离效应。然后通过反射镜以及三棱镜,在 PBS 相干叠加。在光子 b 的路径中插入一块半波片(HWP)使光子 b 极化方向旋转 90°,由于极化分束器透过 H 光,反射 V 光,存在两种可能的结果:两个光子都透射(t−t)或者都反射(r−r),因此 e 光(光谱带宽较小)和 o 光(光谱带宽较大)将从极化分束器的不同输出端口离开,e 光的光子将被探测器 a 探测到,o 光的光子将被探测器 b 探测到。

于是,可以有效地把时间信息从光子对的极化信息中分离出来,形成相干叠加态。同时需要注意,因为两光子从 PBS 同一端口出射的情况不存在,所以原则上是不需要后选择的。

在实验中,通过移动三棱镜在光路中的位置,将光程 a 和光程 b 之间的延迟变为 0,从而使光子 a 和光子 b 真正的不可分辨。

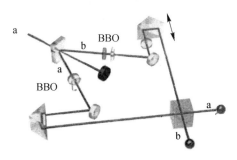

图 5.11　贝尔态合成器示意图

5.5.3.3　多光子干涉仪

　　在多光子干涉过程中,不同光子之间的不可分辨性极大地影响了最终的干涉对比度。要做到完美的不可分辨性,就要求干涉光子的时间信息、极化信息、空间模式等不可分辨。在以往的实验中,一般只能做到时间信息(干涉光子之间无延时)、极化信息(干涉光子偏振相等)不可分辨。由于多光子干涉的光子都是自发参量下转换过程产生的,一束光子中既包含 o 光又包含 e 光。为了使光谱相等,只能采用窄带滤波的方法,从原理上来说,只有当窄带滤波片足够窄的时候,才能做到光谱信息不可分辨。但是这时候损失的光子数太多,因此实验上,一般采用合适半高宽的窄带滤波片窄带对应的波长约为 3nm。另外在多光子干涉的过程中,窄带滤波片还起着增加光子的相干时间和去除不同纠缠光子对之间的频率关联的作用。

　　为了解决这一难题,可以采用一种独特的多光子干涉仪,如图 5.12 所示它只允许 e 光进行干涉。由于只有 e 光进行干涉,因此光子的光谱信息从原理上就是不可分辨的。另外,由于不同纠缠光子对之间存在着频率关联,因此仍需要在干涉的光子前面插入窄带滤波片,但是由于 e 光的光谱较窄,因此滤波过程损失的光子数非常少,干涉的对比度也比以往的实验大大提高。

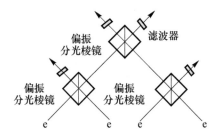

图 5.12　多光子干涉仪结构示意图

除此之外,通过分析以往实验中多光子干涉仪的噪声来源,传统的链式结构干涉仪引入了许多不必要的噪声。因此,可以将多光子干涉仪的结构改为星型结构。如图 5.13 所示,链式结构干涉仪的噪声为 $6p^5$,而星状结构干涉仪的噪声仅为 $4p^5$,降低了 50%。其中,p 为参量下转换过程中每个脉冲产生纠缠光子对的概率。

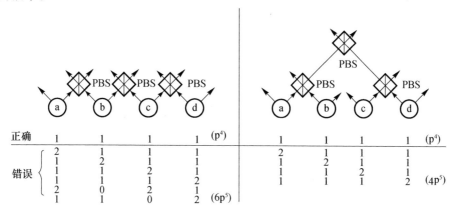

图 5.13　链式结构干涉仪和星型结构干涉仪的噪声分析

在实验中,为了保证得到最佳的相干对比度,需要对干涉光路进行细致的调节,达到最佳的空间模式匹配:

(1) 采用极化消光比 $>1000:1$ 的光胶 PBS,由于光胶 PBS 的角偏离非常小,所以可以保证入射光束几乎无偏折现象。而极高的极化消光比则尽量减小了由分束器的不完美性引入的噪声。

(2) 从不同输入端口入射的两束干涉光子必须做到完美的模式匹配:高斯光束的束腰大小和位置必须相等(偏离 $<10\mu m$)。在实验上,通过匹配透镜组来实现这一目标。先经过理论计算确定透镜组的大概放置方法,然后在实验中反复尝试,,直到找到最佳位置为止。

(3) 两束激光在空间上必须是完全交叠的。在实验上,首先需要将两束激光的中心高度调节到完全一致(光束中心高偏离 $<10\mu m$),然后通过调节极化分束器的位置和倾角来实现光束在 3 维空间上的完全重叠。

5.5.3.4　多光子测量系统

多光子测量系统由极化分析仪、光纤耦合器、单光子探测器及多通道符合计数器构成。如图 5.14 所示,极化分析仪由一块四分之一波片(QWP)、一块 HWP 和一块极化分束器构成。原理上,由上述光学元件构成的极化分析仪能够对任意单光子的极化量子态进行测量。

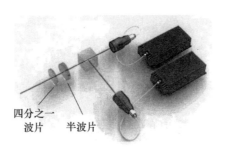

四分之一
波片   半波片

图 5.14   多光子测量装置示意图

5.5.4   实验实现及结果分析[39]

实验装置的中心波长为 390nm,脉冲长度为 120fs,重复频率为 76MHz 的紫外脉冲激光连续通过四块 BBO 晶体,制备四对 PDC 光子对,接着分别通过一个贝尔态合成器制备出纠缠光子对。第一块和最后一块 BBO 晶体之间的距离约为 1.3m。光子 1 和 4 在 PBS1 上相干叠加,光子 5 和 8 在 PBS2 上相干叠加,最后光子 4′ 和 8′ 在 PBS3 上相干叠加。实验上,采用了各种方法来保证实验装置中的七个光子干涉在空间和时间重叠良好,实验中对温湿度进行了主动的反馈控制,稳定度为 ±0.5°C。使用了超高精度的 PBS,透射路的极化消光比 >1000:1,光束偏离 <3s。使用了不同的透镜组合来保证在 PBS 上干涉的两束光模式匹配。光子被 16 个单光子探测器(量子效率 >60%)探测,信号送入自制的基于 FPGA 的多通道符合计数器里,能够同时探测 256 种完备的八个符合事件。

实验装置如图 5.15 所示。试验系统中使用功率为 880mV 的脉冲紫外激光连续的抽运四块厚度为 2mm 的 BBO 晶体。我们使用不同透镜组合,用以保证激光聚焦在每一块 BBO 晶体上的束腰大小相同。利用贝尔态合成器如图 5.11 所示,在未加窄带滤波片的情况下,双光子平均符合计数率约 1MHz,保真度约 90%。利用光谱仪,测量 PDC 光子的光谱宽度,得到 e 光和 o 光的半高宽 (λ_{FWHM})分别为 6nm 和 12nm。

在获得高亮度极化纠缠源之后,将 e 光 1-4-5-8 相干交叠在三块 PBS 上(相干光束之间的模式匹配良好),不同路径之间的延迟需精确调节,以确保所有光子同时到达 PBS。用 $\lambda_{FWHM}=2.8$nm(峰值透过率 >98%)对 e 光进行滤波,用于去掉纠缠光子之间的频率关联,提高双光子干涉的对比度。此外,为了滤除噪声,提高光子的收集效率,我们还对 o 光进行了滤波(2-3-6-7),滤波片的半高宽为 8nm($\lambda_{FWHM}=8$nm)。在分别对 o 光和 e 光进行滤波后,我们在 $|\pm\rangle = (|H\rangle + |V\rangle)/\sqrt{2}$ 基矢下测得双光子平均符合计数率约为 310000Hz,可见度为约 94%。在这种亮度下,可以推算单个脉冲产生一对纠缠光子的概率约为 $p = 0.058$,总的收集和测量效率约为 $\zeta = 0.265$。为了测量独立光子之间的不可分

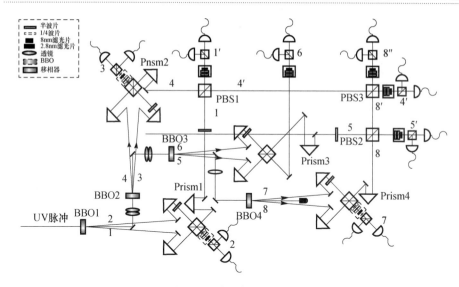

图 5.15　实验装置示意图

辨性,我们观测了光子在三块 PBS 上的 Hong - Ou - Mandel 型干涉,干涉的可见度约为 76%。

为了分析每个光子的极化态,实验中使用了一块 QWP 一块 HWP 和一块 PBS 的组合。我们利用单模光纤收集光子,并对光子进行空间滤波,收集的光子被送入单光子探测器。同时采用 16 个单光子探测器来测量数据,这 16 个探测器探测到的信号被送进基于 FPGA 的可编程的多通道符合计数器。这个符合计数器能够同时记录八光子符合事件的全部 256 种可能组合(当且仅当不同输出端口的八个探测器同时响应时计数),并且自动舍弃九个光符合的事件,因而降低了高阶 PDC 事件引入的噪声。

在实验中,为了证明八光子薛定谔猫态。在测到的八光子符合计数中,理论上只有和能被观测到,而没有其他情况。实验数据图 5.16 所示,在所有测到的八光子符合计数中,$|H\rangle$ 项和 $|V\rangle$ 项占据主导地位。实验结果的信噪比(定义为所需成分的平均值除以不需要的成分的平均值的比值)为 530:1。

此外,根据图 5.16 所示的实验数据,可以计算出八光子薛定谔猫态的保真度为 0.708 ±0.016。对于猫型的纠缠态,如果其保真度超过阈值 0.5,则足以证明制备的纠缠态为真的纠缠态。因此,可以证明上面所述实验中确实成功制备了八光子薛定谔猫态,并且实验结果大于 14 个标准偏差。

至此,本章针对量子雷达的基本概念,根据不同的应用场景,并结合国内相关科研机构的科研成果,对量子雷达发射机的实现途径进行简述。总体而言,根据经典量子态和非经典量子态差异,量子雷达发射机的核心机理存在较大的差异。

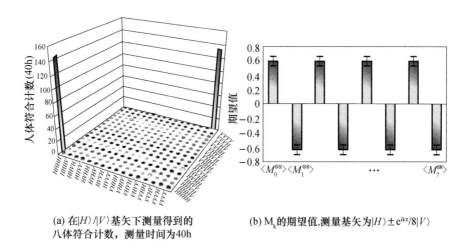

(a) 在 $|H\rangle/|V\rangle$ 基矢下测量得到的
八体符合计数，测量时间为40h

(b) M_k 的期望值，测量基矢为 $|H\rangle \pm e^{ik\pi/8}|V\rangle$

图 5.16　八光子薛定谔猫态的实验结果(其中 M_0 测量了 25h，余下的七组分别测量了 15h。图中误差条代表着 1 个标准偏差，它是根据原始数据，通过泊松分布推导得出。)

对于远距离目标探测而言，根据前面章节可知，目标探测的核心还是源于目标的回波信号与各种干扰信号之间鉴别度足以实现检测。因此发射功率或者发射的光子个数，依然是实现远距离探测的核心和基础。对于发射经典量子态而言，量子雷达的发射机完全不需要局限于单光子发射，可以与常规的激光雷达采用相同的发射机，或者在此基础上进一步改进升级，升级手段主要包括：通过增加重复频率提高发射平均功率；通过偏振态等编码提升抗干扰能力；通过相关光源提升杂散抑制能力等。这其中的一些指标受到激光光源等因素的制约。受限于篇幅，且在相关激光雷达的书籍中有详细的介绍，本章中不再展开描述。对于发射非经典量子态而言，量子雷达发射机的技术可行性则完全取决于高亮度纠缠光源和大功率、高压缩的压缩光场制备的可行性。以目前的技术水平，若希望利用非经典量子态光场进行远距离传输后，还能够实现目标有无的探测，在发射机的研究方面上具有很多理论工作需要开展，特别是理论上实现的可行性。

而对于近距离、超高分辨成像而言，随着量子照明等新型量子雷达体制的提出，基础理论已经基本成熟，由于近距离成像不需要在大气中进行传输，且对于时效性无明显要求，即可以通过长时间观测实现成像，因此，结合目前高亮度纠缠光源和高压缩比压缩光场技术的不断发展，量子雷达发射机的研究重点需要逐步转移到发射端的系统设计中，特别是发射光路的校准、标校等工程化问题中。

综合而言，量子雷达发射机相比较传统雷达的发射机，既具有一致性，也具有差异性。当应用场景是实现远距离目标探测时，量子雷达与常规雷达一样需要追求回波信号的信噪比，此时对于发射机的要求是一致的，即要求发射大功率的信号,以换取所需要的信噪比;当应用场景是近距离探测时,非经典量子效应则可以发挥其不同于传统经典电磁场理论的独特魅力,在发射机的研制中,量子雷达也就有其独特的实现途径,如高亮度纠缠光源和压缩光场等。但是目前对于此类发射机的研制重点尚集中于光源的制备中,距构建具有系统级概念的发射机尚有很长的路。

参考文献

[1] 王帅. 非高斯压缩态及其非经典性质的研究[D]. 上海交通大学, 2013.

[2] Walls D F, Milburn G J. Quantum Optics [M]. Berlin/Heidelberg/New York:Springer – Verlag, 1994.

[3] Pezze L, Smerzi A. Phase sensitivity of a Mach – zehnder interferometer [J]. Phys. Rev. A 2006, 73(1):011801.

[4] Klauder J R, Skagerstam B S. Coherent States:Applications in Physics and Mathematical Physics [M]. Singapore:World Scientific, 1985.

[5] Klauder J R, Sudarshan E C G. Fundamentals of Quantum Optics [M]. New York:Ben – jamin, 1968.

[6] Perelomov A M. Generalized Coherent States and Their Applications [M]. Berlin:Springer, 1986.

[7] Zhang W M, Feng D H, Gilmore R. Coherent states:Theory and some applications [J]. Rev. Mod. Phys. , 62(4):867 – 927, 1990.

[8] Onofri E. A note on coherent state representations of Lie groups [J]. J. Math. Phys. ,1975, 16(5):1087 – 1089.

[9] Perelomov A M. Coherent states for arbitrary Lie groups [J]. Comm. Math. Phys. , 1972,26 (3):222 – 236.

[10] Glauber R J. Coherent and incoherent states of the radiation field [J]. Phys. Rev. , 1963, 131(6):2766 – 2788.

[11] Glauber R J. The quantum theory of optical coherence [J]. Phys. Rev. , 1963,130(6): 2529 – 2539.

[12] Puri R R, Appendix A in Mathematical Methods of Quantum Optics [M]. New York:Springer – Verlag, 2001.

[13] Stoler D. Equivalence classes of minimum uncertainty Packets [J]. Phys Rev. D, 1970,1 (12):3217 – 3219.

[14] Yuen H P. Two – photon coherent states of the radiation field [J]. Phys. Rev. A,1976,13 (6):2226 – 2243.

[15] Weyl H. The Classical Groups [M]. Princeton:Princeton U. Press, 1953.

[16] Fan H Y, Zaidi H R. Application of IWOP technique to the generalized Weyl correspondence [J]. Phys. Lett. A, 1987, 124(6 – 7):303 – 307.

[17] Zhang X Y, Fan H Y. Oscillation behaviour in the photon – number distribution of squeezed coherent states [J]. Chin. Phys. B, 2012,21(5): 054206.

[18] Rainville E D. Special Function [M]. New York: MacMillan, 1960.

[19] Schumaker B L, Caves C M. New formalism for two – photon quantum optics II Mathematical foundation and compact notation [J]. Phys. Rev. A,1985, 31(5): 3093 – 3111.

[20] Mandel L. Non – classical states of the electromagnetic field [J]. Phys. Scr. , 1986,12: 34 – 42.

[21] Shchukin E, Richter T, Vogel W. Non – classical quadrature distributions [J]. J. Opt. B: Quantum Semiclass. Opt. , 2004,6(6): S597 – S605.

[22] Dodonov V V. Non – classical states in quantum optics: A squeezed review of the first 75 years [J]. J. Opt. B: Quantum Semiclass. Opt. , 2002,4: R1 – R33.

[23] Short R, Mandel L. Observation of sub – poissonian photon statistics [J]. Phys. Rev. Lett. , 1983,51(5):384 – 387.

[24] Schiller S, Breitenbach G, Pereira S F. Quantum statistics of the squeezed vacuum by measurement of the density matrix in the number state representation [J]. Phys. Rev. Lett. , 1996, 77(14):2933 – 2936.

[25] Hillery M, O'Connell R F, Scully M O. Distribution Functions in Physics: Fundamentals [J]. Phys. Rep. , 1984,106(3):121 – 167.

[26] Mandel L. Sub – poissonian photon statistics in resonance fluorescence [J]. Opt. Lett. , 1979,4(7):205 – 207.

[27] Lee J, Kim J, Nha H. Demonstrating higher – order non – classical effects by photon – added classical states: realistic schemes [J]. J. Opt. Soc. Am. B, 2009,26(7): 1363 – 1369.

[28] Lee S Y, Nha H. Quantum state engineering by a coherent superposition of photon subtraction and addition [J]. Phys. Rev. A, 2010,82(5): 053812.

[29] Pezze L, Smerzi A. Entanglement, nonlinear dynamics and the Heisenberg limit [J]. Phys. Rev. Lett. , 2009,102(10): 100 – 401.

[30] Schleich W, Wheeler J A. Oscillations in photon distribution of squeezed states and interference in phase space [J]. Nature, 1987,326: 574 – 577.

[31] Schleich W, Wheeler J A. Oscillations in photon distribution of squeezed states [J]. J. Opt. Soc. Am. B, 1987,4: 1715 – 1722.

[32] Kano Y, A new phase – space distribution function in the statistical theory of the electromagnetic Field [J]. J. Math. Phys. , 1965, 6:1913 – 1915.

[33] Wigner E. On the quantum correction for thermodynamic equilibrium [J]. Phys. Rev. , 1932,40(5): 749 – 759.

[34] Scully M O, Zubairy M S. Quantum Optics [M]. Cambridge: Cambridge University Press, 1995.

[35] Bishop R F, Vourdas A. Displaced and squeezed parity operator: Its role in classical mappings of quantum theories [J]. Phys. Rev. A, 1994,50(6):4488 – 4501.

[36] Royer A. Wigner function as the expectation value of a parity operator [J]. Phys. Rev. A, 1977,15(2): 449 – 450.

[37] 马红亮. PPKTP 晶体光学参量过程产生压缩光的理论和实验研究[D]. 山西大学, 2005.

[38] 姚星灿. 高亮度多光子纠缠态的制备和应用[D]. 中国科学技术大学, 2012.

[39] Einstein A, Podolsky B, Rosen N. Can quantum – mechanical description of physical reality be considered complete [J]. Phys. Rev., 1935,47:777.

[40] Leggett A J. Realism and the physical world [J]. Rep. Prog. Phys., 2008,71:022001.

[41] Zoller P. Quantum information processing and communication [J]. Eur. Phys. J. D 36: 2005,203.

[42] Ladd T D. Quantum computers[J]. Nature, 2010,464,45 – 53.

[43] Bouwmeester D. Observation of three – photon Greenberger – Home – Zeilinger entanglement [J]. Phys. Rev. Lett., 1999,82:1345.

[44] Sackett C A. Experimental entanglement of four particles [J]. Nature, 2000,404(6775): 256 – 259.

[45] Zhao Z. Experimental demonstration of five – photon entanglement and open – destination teleportation [J]. Nature,2004,430(6995):54 – 57.

[46] Haffner H. Scalable multiparticle entanglement of trapped ions [J]. Nature, 2005, 438, 643.

[47] Lu C Y. Experimental entanglement of six photons in graph states [J]. Nature Phys., 2007, 3:91 – 97.

[48] Prevedel R. Experimental realization of Dicke states of up to six qubits for multiparty quantum networking [J]. Phys. Rev. Lett., 2009,103: 020503.

[49] Wieczorek W. Experimental entanglement of a six – photon symmetric Dicke state [J]. Phys. Rev. Lett., 2009,103:020504.

[50] Kwiat P G. New high – intensity source of polarization – entangled photon pairs [J]. Phys. Rev. Lett., 1995,75,4337:4341.

[51] Krischek R. Ultraviolet enhancement cavity for ultrafast nonlinear optics and high – rate multiphoton entanglement experiments [J]. Nature Photon.,2010,4:170 – 175.

[52] Barbieri M. Parametric down conversion and optical quantum gates: two's company [J]. four's a crowd. J. Mod. Opt., 2009,56, 209:212.

[53] Weinhold T J. Understanding photonic quantum – logic gates: the road to fault tolerance [P]. Preprint at http://arXiv. org/abs/0808. 0794 (2008).

[54] Langon B P et al, Towards quahtum chemistry on a quantun computer[J]. Nature Chem, 2010,2:106 – 115.

[55] Monz T. 14 – Qubit entanglement: creation and coherence [J]. Phys. Rev. Lett., 2011, 106:130506.

[56] Keller T E, Rubin M H. Theory of two – photon entanglement for spontaneous parametric

down – conversion driven by a narrow pump pulse [J]. Phys. Rev. , 1997, A 56, 1534:
1537.

[57] Grice W P, Walmsley I A. Spectral information and distinguish ability in type – II down –
conversion with a broadband pump [J]. Phys. Rev. , 1997, A56, 1627:1629.

[58] Radmark M, Zukowski M, Bourennane M. Experimental test of fidelity limits in six – photon
interferometry and of rotational invariance properties of the photonic six – qubit entanglement
singlet state [J]. Phys. Rev. Lett. , 2009, 103:150501.

第 **6** 章

量子雷达接收机

📉 6.1 引　　言

对于雷达而言,雷达接收机是体现雷达探测性能的核心和基础,也是提升雷达探测性能的核心环节。雷达接收机的作用是放大雷达所接收的回波,并以在有用回波和无用干扰之间获得最大鉴别率的方式对回波进行滤波。干扰不仅仅包含雷达接收机产生的噪声,还包括宇宙背景、其他电子设备以及可能的干扰机所接收到的能量。雷达本身辐射的能量被无用目标(诸如雨雪、虫鸟、大气扰动等)散射,并被雷达接收的那部分也可以称为干扰(或者杂波)。雷达接收机的核心目的就是从干扰和杂波中,将目标回波信号分离出来,并且完成检测。但是目前雷达接收机在微弱信号检测和目标杂波分离等方面尚存在诸多技术瓶颈。例如:接收机的动态范围有限,无法实现极微弱信号的检测;信息维度不足以支撑杂波和目标的分离等。这些瓶颈严重制约了雷达接收机的性能,进而导致雷达的探测性能难以突破[1]。

量子雷达探测概念的提出,就是希望能够通过在经典雷达中引入量子技术,在传统雷达存在的技术瓶颈方面取得突破,从而达到提升雷达探测性能的目的。而从目前的研究进展来看,量子技术在信息调制、信号接收、信息检测等领域均具有巨大的技术潜力,特别是随着单光子器件(如单光子探测器、混频器等)的不断发展,量子信号检测与估计的理论体系已经完备,而且在通信领域已经得到试验验证,可以大幅提升对于微弱信号的检测能力,因此量子接收技术是现阶段最成熟,也最可能在雷达探测领域得到应用的技术。

但是又必须清晰地认识到,目前国内外对于量子雷达接收机的研究尚处于起步阶段,虽然理论上已经证明了其具有巨大潜力,但是目前尚未构建真正意义上的量子雷达接收机。本章旨在介绍量子接收技术在雷达接收机中应用的总体思路,并结合一种简单的场景,提出了一种级联构型的量子雷达接收机示意图,其并不能作为量子雷达接收机的目标图像,只能说是抛砖引玉,希望可以引起广大科研工作者的研究热情。

本章的前半段首先对雷达接收机的基本概念进行阐述,分析量子接收技术在雷达接收机中应用需要遵循的原则和应用的思路,然后给出了一种基于级联思想的量子雷达接收机结构,在该结构中,雷达接收机包括了传统接收通道和量子接收通道两个核心部分。在本章后半段则重点从量子测量和量子检测角度,对量子接收通道的特性进行分析,并对其在雷达探测中应该的方式进行探讨。最后,本章对量子接收通道的未来发展进行展望。

6.2　量子雷达接收机的基本组成

量子雷达探测概念的提出,就是希望能够通过在经典雷达中引入量子技术,全面提升雷达的探测性能。而从目前来看,随着单光子器件(如单光子探测器、混频器等)的不断发展,量子信号检测理论趋于成熟,并且在通信领域已经得到试验验证,有理由相信,量子雷达接收技术是现阶段最成熟,也最可能在雷达探测领域得到应用的技术。

本章旨在分析量子雷达接收机的设计思路,并给出可能的系统构成和工作流程,期望能够为量子雷达接收机的发展奠定理论基础。

6.2.1　雷达接收机的基本概念[1]

雷达接收机的作用是放大雷达所接收的回波,并以在有用回波和无用干扰之间获得最大鉴别率的方式对回波进行滤波。干扰不仅仅包含雷达接收机产生的噪声,还包括宇宙背景、其他电子设备以及可能的干扰机所接收到的能量。雷达本身辐射的能量被无用目标(诸如雨雪、虫鸟、大气扰动等)散射,并被雷达接收的那部分也可以称为干扰(或者杂波)。接收机的核心功能就是:对信号进行滤波以及多种方式从干扰杂波中分离出有用信号,从而实现对目标回波信号的可靠检测。

对雷达接收机的范围需要进行恰当的确定。本章中所定义的雷达接收机包括模拟接收前端和数字信号处理两大部分,用于实现天线输入信号的接收和目标回波信号的检测。其中模拟接收前端主要实现来自于天线收发开关的输入信号,并经过诸如放大器、滤波器等模拟处理,实现目标回波与其他干扰杂波信号的分离;数字信号处理则接收源于模拟接收前端的信号,并基于信号检测与估计理论,实现对目标回波信号的可靠检测,满足系统接收和检测性能的影响。

对于雷达接收机而言,其在设计过程中需要重点关注如下几个基本概念。

6.2.1.1　噪声

噪声参数是雷达接收机的第一特征指标。接收机本身所产生的内部噪声能够淹没接收的微弱回波。这种噪声是对雷达作用距离的基本限制之一。为了便于分析雷达的灵敏度,往往把系统各个单元的噪声分量用噪声温度来表示。

噪声温度的概念是从 Nyquist 定理得来,根据这个定理,电路中的电阻元件在温度 T 时将产生开路热噪声电压 U_n,可以表示为

$$U_n = \sqrt{4kTRB} \tag{6.1}$$

式中:k 为玻耳兹曼常数;R 为电阻;B 为带宽。从上式可以发现,U_n 与频率无关,即其可以近似认为在所有频谱均匀分布。接收机中的噪声一部分是由热噪声源产生,另一部分是由其他原因产生。大多数其他原因产生的噪声具有与热噪声相同的频谱和概率特征,因此可以合并考虑,并将式(6.1)所示的有效功率电压 P_n 通过噪声温度 T_n 来表示,即

$$T_n = P_n / (kB_n) \tag{6.2}$$

上述噪声的定义是针对热噪声在电子器件中所产生的噪声进行定义的,也可以称为散粒噪声,除了上述经典噪声定义以外,量子体制下的接收机噪声具有完全不同的信号形式和特征,本书的第 2 章已经进行了详细的表述,在此不再赘述。

6.2.1.2　动态范围

动态范围表示接收机能按预期进行工作的信号强度范围,比较难以进行直接定义,但是可以从如下三个参数入手进行解释。

①要求的最小信号:通常定义为在接收机输出端产生信噪比为 1 的输入信号,有时也采用最小可检测信号作为定义。②预期特性的允许误差。最大信号是一种可产生预期特性有某些偏差的信号。线性接收机通常规定增量信号(输出对输入曲线的曲率)下降 1dB。对限幅接收机或对数接收机,必须确定其输出的允许误差。③信号形式:确定动态范围要求时,一般感兴趣的信号形式包括三种:分布目标、点目标和宽带噪声干扰。如果雷达采用相位编码信号,译码器前的接收机部分将不像对分布地物干扰那样严格限制点目标的动态范围。反之,如果雷达装有宽带射频放大,则宽带噪声干扰的动态范围将受到严格控制。

为了防止动态范围的损失,必须对接收机所有部分的动态范围进行精确计算,若动态范围不够大,会使雷达接收机易于受到干扰影响,引起饱和或过载,导致有用回波被干扰信号遮蔽或淹没。

6.2.1.3　带宽

带宽中涉及两个主要概念,即瞬时带宽和调谐范围。瞬时带宽是指在特定

增益容限内能同时放大两个或两个以上信号的频带;调谐范围是指在调整恰当的工作参数,系统可以正常工作而不降低指定性能的工作频带。

雷达必然工作在有许多电磁辐射源的环境中,这些电磁辐射源可能遮蔽由雷达自己发射而反射回来的相当微弱的回波。对这些干扰的敏感性取决于接收机的性能。当干扰源为窄带宽时,取决于接收机抑制干扰频率的能力,而这些干扰源具有脉冲特性时,则取决于接收机迅速恢复的能力。

上述三个基本概念,是雷达接收机最核心、最共性的三个概念。但是,除了上述三个概念以外,接收机中还存在诸多重要的概念,比如混频、匹配滤波、相位稳定度等,但这些均与具体的接收机体制挂钩,且在相关文献中已经进行了详细的分析论述,本章节中不再一一赘述。

从上述对雷达接收机核心功能的定义可以看出,雷达接收机的发展趋势之一就是能够实现极微弱的目标回波信号的可靠探测。但是传统雷达接收机受限于噪声和动态范围等极限性能,对于微弱信号检测的性能已经几乎达到极限而难以突破。本章希望可以通过引入量子技术,突破传统接收机的性能瓶颈。下面就对量子雷达接收机的设计思路和原则进行阐述,并对量子雷达接收机的工作流程进行分析,期望可以为后续量子雷达接收机的研制提供全新的思路。

6.2.2　量子雷达接收机的设计思路

从上面的分析中可以看出,量子雷达接收机的核心目的,就是"利用接收信号中存在的量子资源,通过量子操作等手段从干扰杂波中分离出有用信号,从而实现对极微弱目标回波信号的可靠检测,提升雷达接收机对于极微弱信号的检测能力。"

从目前雷达接收机的性能瓶颈分析来看,接收机的灵敏度和信号检测理论对于信噪比的需求,是导致极微弱信号无法有效检测的核心。在目标回波信号强度一定的条件下,一方面要降低接收机噪声或者抑制干扰杂波强度,提高回波信号的信噪比;另一方面需要扩展接收机的动态范围,使得其最小可检测信号满足需求。

目前降低接收机噪声的技术很多,包括超导技术等,然而,没有一部雷达会以牺牲其他特性为代价,采用可能获得最低噪声的接收机。其在设计过程中必须考虑如下因素,包括动态范围和对过载的敏感性、瞬时带宽和调谐范围、相位和幅度稳定性和冷却要求。可以将量子雷达接收机的设计准则总结如下。

1) 以大幅提升雷达接收机的动态范围为目的,降低雷达接收机噪声水平

降低接收机噪声水平不能够以损失动态范围为代价,因此,量子雷达接收机

的设计应该以扩展接收机动态范围为目的,可以考虑级联的方式扩展动态范围,在不损失动态范围上限的同时,大幅降低可接收的最小信号强度。

2）有效避免接收机对于过载情况的敏感性,确保接收机的稳定性

若采用级联方式扩展动态范围,则需要保证过大或过小的输入信号,不会对级联的接收机产生破坏性影响,需要精确计算级联链路上每个模块的动态范围,并进行有效的控制。

3）具备较宽的可调谐范围,具备瞬时宽带的能力

噪声强度和干扰强度不可避免地与工作带宽成正比,因此宽带接收与高灵敏度接收本身就是一对矛盾,二者不可兼得。但是接收机应该能够根据具体的应用需求,对于接收通道进行灵活的配置,以满足不同的应用场景。

综合上述几大原则,考虑量子雷达接收机的基本设计思路如下。

1）构建彼此级联的经典接收通道和量子接收通道

经典接收通道与传统雷达接收通道相同,实现对信号的滤波、放大等处理,具有动态范围大,技术成熟等优势;而量子接收通道由单光子器件构建,通过压缩、计数等量子操作实现信号接收,具有灵敏度极高、噪声极低等优势,将二者进行合理的级联设计,可以取长补短,实现扩展雷达接收机动态范围,提升雷达接收机灵敏度的目的。

2）构建双通道接收控制单元,降低接收机对于过载的敏感度

量子接收通道与经典接收通道具有明显的互补性,但是又具有明显的技术缺陷,特别是量子接收通道,以目前的技术水平来看,其对于大功率的过载极为敏感,为了避免过载给接收机带来不可逆的损伤,引起接收机性能的极具恶化,需要构建实时通道控制模块,根据接收信号的状态,配合使命任务,对双通道的接收时序和条件进行严格约束。

3）构建经典信号检测和量子信号检测双模块,充分发挥量子技术优势

量子接收通道具有极高的灵敏度,但同时也具有与经典接收通道完全不同的物理特性,包括设计原理和信号处理方式,因此需要在量子接收通道后配套采用量子检测处理模块,并且具有反馈通道,才能充分发挥量子技术在雷达接收机中的技术优势。

4）接收双通道均具备宽带调谐能力,支持瞬时宽带能力

对于传统接收通道而言,宽带接收技术较为成熟,而对于量子接收通道而言,其受限于量子器件的带宽能力,可能需要再构建多个滤波器组,以损失瞬时带宽为代价,换取足够的频率调谐范围。

上面对量子雷达接收机的设计思路进行了简单的总结,下面将结合目前已经开展的相关实验,对量子雷达的接收机的可能物理形态进行分析,并以简单场景为例,分析量子雷达接收机的工作流程。

6.2.3　量子雷达接收机的组成

根据量子雷达接收机的基本设计思路,可以初步给出量子雷达接收机的原理框图如图 6.1 所示。整个接收机主要包括两个接收通道,两个控制端(通道选择和检测融合)。其中两个接收通道之间存在一定的级联关系,二者的工作流程和时序关系完全由通道选择与控制模块进行分配和管理。

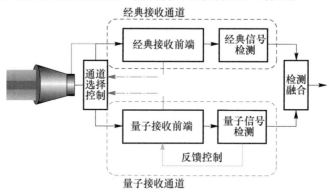

图 6.1　量子雷达接收机基本组成原理示意图(见彩图)

经典接收通道则与传统雷达接收机基本一致,其中接收前端由滤波器和放大器以及后面的下变频组成,雷达频率向下变成中频,混频器与前面电路具有相当宽的带宽,改变本振频率,即可完成接收机在通道带宽限定范围内的频率调谐,此外,还要完成接收信号的数字化采样,将模拟信号变换为数字信号。考虑到波束形成(DBF)、脉冲压缩等信号处理与具体模式紧密相关,因此,本章中并未体现这些处理,而经典信号检测则被作为一项共性的信号处理模块保留下来,其核心就是基于假设估计理论,在噪声或干扰背景下,实现目标信号有无的判决。本章中不再详细介绍。

量子接收通道则指利用量子资源,通过量子操作实现极微弱量子信号的接收和检测。其主要包括量子接收前端和量子信号检测。量子接收前端主要完成量子信号的滤波、放大等处理,实现目标信号与干扰杂波的分离,同时保证尽可能小的噪声水平。由于量子接收前端相当于对信号进行量子测量,根据量子最优检测理论,量子测量和检测是一个统一的整体,共同构成量子检测算符。在后面的章节中将进一步详细地分析。目前对于量子接收前端的基本组成并没有形成统一的标准或者格式,图 6.2 中给出了一种最优量子接收机的构型,并且该构型在通信领域已经取得试验验证。在后面的章节中将会具体分析。

而对于量子检测而言,可以追溯到 20 世纪六七十年代。由于经典理论的基本出发点与量子力学的基本观点相矛盾,而量子力学对现实世界的描述更为准

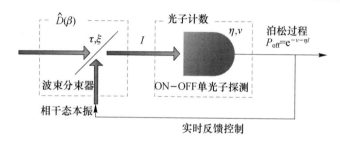

图 6.2　Dolinar 接收机结构示意图(见彩图)

确,研究人员开始研究经典检测估计理论与量子力学的关系,并尝试对经典检测估计理论进行量子扩展,以创立适用范围更广的量子检测与估计理论,在第 4 章中对量子检测与估计理论进行了详细的介绍。2011 年 3 月,日本人在通信领域第一次实现了 BPSK 调制的量子最优检测实验,从实验上超越了传统的标准量子极限。同年,美国人针对相干态 PPM 调制信号,同样提出了量子最优检测的实验方案。虽然这项技术还处在实验室验证和研究阶段,且仅在数据通信场景下开展实验,但是说明利用量子技术提升信号检测的性能在原理上是完全可行的,从而使得量子检测在雷达领域的应用不再成为梦想,但是量子最优检测在目标探测领域的研究尚处于起步阶段,还非常的不成熟。

通道选择控制模块则是充分利用量子接收通道技术优势的核心,其需要针对量子接收通道动态范围有限等局限性,通过对当前接收信号特征的判断,对接收测量进行合理的选择。决定通道选择依据的主要参数主要包括信号强度、信号带宽和信号频段。通道选择控制需要根据任务需求,通过距离开窗等手段将远区、能量较弱的信号送入量子接收通道进行补充检测。

下面以一种简单的工作场景为例,分析通道选择控制模块的功能和作用。假设当前量子雷达发射机发射常规信号,以低重频模式进行空域搜索(假设无模糊距离范围为 0 ~ 600km),对于雷达常规威力范围以内的信号,如 0 ~ 400km 范围内的回波,接收机将该信号通过距离开窗后,送入经典检测通道;对于常规威力以外,如 400 ~ 600km 范围内的回波,接收机将该信号通过距离开窗后,判断回波中是否含有强干扰,若不存在则送入量子接收通道进行检测;对于常规检测通道内存在的疑似目标,若目标回波处于噪声区,且回波强度处于量子接收通道可接受范围,则送入量子接收通道进行检测后,二者检测结果进行融合处理。

若配合发射端可能采用的量子编码或者非经典量子态调制,则通道选择控制模块还可以根据接收通道的情况,对发射端进行必要的控制。

综合上述简单分析,虽然国内外均开展了部分实验验证,但是总体是针对量子接收通道的可行性论证,开展的验证性实验。具体到工程应用尚存在很大差距,包括:存在距离模糊时如何进行量子接收,强干扰条件下如何进行干扰抑制,经典接收的部分处理结果是否可以与量子接收处理级联等。因此,量子雷达接收机目前尚处于概念的初步论证阶段。

6.3 量子接收通道的特性分析

量子接收通道的存在,是量子雷达接收机区别于经典雷达接收机的核心。量子接收通道的两个核心部分主要包括量子接收前端和量子信号检测。这两者又彼此耦合,共同构成量子测量算符。其与经典的电磁信号测量与数字信号检测在机理上存在巨大的差异。下面,本章就从量子接收通道的信号测量与信号检测入手,分析量子接收通道的特性。

6.3.1 量子接收通道的信号测量

6.3.1.1 经典电磁场理论中的电磁场测量[2]

物理上,可以将经典接收机中的测量看成是对经典电磁简谐振子的测量,具体而言就是,首先将接收机对到达接收端的回波信号进行接收的物理过程,看成是信号场对一个谐振腔的激发过程,当激光信号到达接收机时,接收机将谐振腔上的接收孔径打开,在给定的时间间隔内,任由信号场对谐振腔进行激励,整个激励过程使用经典电磁理论进行描述,在时间间隔外,接收机关闭谐振腔的接收孔径,对谐振腔内激发产生的电磁简谐振子进行经典测量,从而得到测量结果。

为了简化分析,我们仅考虑无损谐振腔对应的理想接收机。对于经典接收机的设计而言,接收机谐振腔中的电磁场可以使用经典电磁理论进行描述[3]。此时,在接收机的谐振腔所占据的空间内,任意时空点(r,t)处电场矢量$E(r,t)$和磁场矢量$B(r,t)$可以由相同位置的矢量势$A(r,t)$和标量势$\varphi(r,t)$给出。在理想导体边界条件下,接收机谐振腔中的矢量势$A(r,t)$可以表示为一系列矢量函数$u_k(r)$的和,即

$$A(r,t) = \sum_k q_k(t) u_k(r) \tag{6.3}$$

式中:矢量函数$u_k(r)$满足亥姆霍兹方程,同时满足理想导体边界条件和库仑规范。据此,可以得出电场矢量$E(r,t)$和磁场矢量$B(r,t)$的表达式为

$$\begin{cases} B(r,t) = \sum_k q_k(t) \ \nabla \times u_k(r) \\ E(r,t) = -\sum_k p_k(t) u_k(r) \end{cases} \tag{6.4}$$

式中:$q_k(t)$是关于时间t的简谐函数,并且其角频率为ω_k。

根据经典电磁理论可知,无论谐振腔的形状如何,任意两个不同的简正模 $(\omega_k, \boldsymbol{u}_k(\boldsymbol{r}))$ 和 $(\omega_m, \boldsymbol{u}_m(\boldsymbol{r}))$ 均应满足正交关系,因此,谐振腔内电磁场的总能量 W 可以表示为

$$W = \frac{1}{2} \int_V (\varepsilon \boldsymbol{E}^2 + \mu^{-1} \boldsymbol{B}^2) d^3 \boldsymbol{r}$$

$$= \frac{1}{2} \sum_k (p_k^2 + \omega_k^2 q_k^2) \tag{6.5}$$

上式与单位质量角频率为 ω_k 的简谐振子的能量表达式完全相同,$q_k(t)$ 和 $p_k(t)$ 分别对应简谐振子 k 阶谐振的坐标和动量,正因如此,我们可以将接收机谐振腔内的电磁场看成是经典电磁简谐振子。

为了直观地理解经典接收机的测量,下面分析一个具体实例[4]。不失一般性,可以假设接收机中的谐振腔是边长为 L 的正方体腔,该正方体腔中的电场矢量 $\boldsymbol{E}(\boldsymbol{r}, t)$ 和磁场矢量 $\boldsymbol{B}(\boldsymbol{r}, t)$ 可以表示为

$$\begin{cases} \boldsymbol{E}(\boldsymbol{r}, t) = \dfrac{1}{\sqrt{\varepsilon L^3}} \sum_k \sum_s \mathrm{i}\omega [u_{ks}(t) \boldsymbol{\varepsilon}_{ks} \mathrm{e}^{\mathrm{i}\boldsymbol{k}\boldsymbol{r}} - u_{ks}^*(t) \boldsymbol{\varepsilon}_{ks}^* \mathrm{e}^{-\mathrm{i}\boldsymbol{k}\boldsymbol{r}}] \\ \boldsymbol{B}(\boldsymbol{r}, t) = \dfrac{\mathrm{i}}{\sqrt{\varepsilon L^3}} \sum_k \sum_s \mathrm{i}\omega [u_{ks}(t)(\boldsymbol{k} \times \boldsymbol{\varepsilon}_{ks}) \mathrm{e}^{\mathrm{i}\boldsymbol{k}\boldsymbol{r}} - u_{ks}^*(t)(\boldsymbol{k} \times \boldsymbol{\varepsilon}_{ks}^*) \mathrm{e}^{-\mathrm{i}\boldsymbol{k}\boldsymbol{r}}] \end{cases} \tag{6.6}$$

式中:上标 $*$ 表示复共轭;$\boldsymbol{k}$ 为简正模的波矢,其大小为 $|\boldsymbol{k}|$;$\omega = c|\boldsymbol{k}|$ 为简正模的角频率;$u_{ks}(t) = a_{ks}\mathrm{e}^{-\mathrm{i}\omega t}$ 为简正模的幅度;$\boldsymbol{\varepsilon}_{ks}$ 为简正模偏正方向的学位矢量。

此时,正方体谐振腔中电磁场的总能量 W 可以表示为

$$W = \frac{1}{2} \sum_k \sum_s [p_{ks}^2(t) + \omega^2 q_{ks}^2(t)] \tag{6.7}$$

式中

$$\begin{aligned} q_{ks}(t) &= u_{ks}(t) + u_{ks}^*(t) \\ p_{ks}(t) &= -\mathrm{i}\omega [u_{ks}(t) - u_{ks}^*(t)] \end{aligned} \tag{6.8}$$

为了更为直观地说明问题,可以假设接收机谐振腔内只激发起一个简正模,此时将以上各式中的下标去掉之后,得到电场矢量 $\boldsymbol{E}(\boldsymbol{r}, t)$ 的表达式为

$$\boldsymbol{E}(\boldsymbol{r}, t) = \boldsymbol{E}_+(\boldsymbol{r}, t) + \boldsymbol{E}_+^*(\boldsymbol{r}, t) \tag{6.9}$$

式中

$$\begin{cases} \boldsymbol{E}_+(\boldsymbol{r}, t) = \mathrm{i}\boldsymbol{E}a\mathrm{e}^{-\mathrm{i}\phi(\boldsymbol{r}, t)} \\ \boldsymbol{E} = \dfrac{\omega}{\sqrt{\varepsilon L^3}} \\ \phi(\boldsymbol{r}, t) = \omega t - \boldsymbol{k} \cdot \boldsymbol{r} \end{cases} \tag{6.10}$$

如果令 $X = E(a + a^*)$，$Y = iE(a - a^*)$，则可以将电场矢量表示为

$$E(\boldsymbol{r}, t) = X\sin(\omega t - \boldsymbol{k} \cdot \boldsymbol{r}) + Y\cos(\omega t - \boldsymbol{k} \cdot \boldsymbol{r})$$

$$= \text{Re}\{\alpha\exp[-i(\omega t - \boldsymbol{k} \cdot \boldsymbol{r})]\} \qquad (6.11)$$

经典接收机对电场矢量的测量过程，就是实现对式(6.11)中 X 和 Y 的测量过程。由于经典电磁理论的可观测量都是互易的，也就是说经典电磁理论认为可以实现对 X 和 Y 的同时精确测量，即式(6.11)中的电场矢量 $E(\boldsymbol{r}, t)$ 就可以表示为复平面内的一个矢量，复平面可以表示为 $\alpha = Y + iX$，该复平面就是经典电磁理论中的相空间[5]。

对 X 和 Y 的测量，最终需要通过测量经典电磁简谐振子的能量 W 来实现，这一过程不可避免地会受到散粒噪声的影响，在经典理论框架下，无论采用什么方法，散粒噪声的影响均无法消除，这也成为经典接收机性能极限的物理起源[6-10]。

6.3.1.2　量子化电磁场理论中的量子信号测量

对于量子接收通道而言，接收机中的信号测量不再使用经典电磁理论进行描述，而是将电磁场进行量子化之后，使用量子电动力学进行描述；此外，需要特别注意的是，与经典接收机进行信号测量不同，量子接收机中的测量和后续的信号检测彼此共同构成了测量算符，因此不再相互独立。下面将首先简单介绍量子化电磁场的测量概念。

将接收机接收信号的过程看成是信号场对谐振腔进行激励的过程，采用经典电磁理论推导出了接收机谐振腔中的简正模——经典电磁简谐振子，并以此出发介绍经典接收机的测量。对于量子接收机而言，必须采用量子理论来分析信号场对接收机谐振腔进行激励的过程，通过电磁场的量子化，接收机谐振腔中的简正模变为量子电磁简谐振子，量子接收机的测量就是对该量子电磁简谐振子可观测量的测量[3]。

下面介绍电磁场的量子化[7]。采用量子理论来分析信号场对接收机谐振腔的激励过程时，并不需要从头开始重新分析，而只要将上一节中的分析进行量子化处理即可。接收机谐振腔中的经典电磁场可以表示为一系列简正模的线性叠加，且每一个简正模的幅度随时间的变化关系均为简谐振荡。在量子理论中，希尔伯特空间中的任意态矢 $|\varphi(t)\rangle$ 随时间的变化关系应该满足薛定谔方程，即 $|\varphi(t)\rangle$ 随时间的变化关系也是简谐振荡关系，所以在量子理论中，可以使用态矢 $|\varphi(t)\rangle$ 来描述电场或磁场。

下面同样以边长为 L 的正方体腔为例进行分析，正方体谐振腔中经典电磁简谐振子的总能量 W 为

$$W = \frac{1}{2} \sum_k \sum_s \left[p_{ks}^2(t) + \omega^2 q_{ks}^2(t) \right] \tag{6.12}$$

通过正则量子化过程,将上式中的动量 $p_{ks}(t)$ 和坐标 $q_{ks}(t)$ 替换为相应的动量算符 $\hat{p}_{ks}(t)$ 和坐标算符 $\hat{q}_{ks}(t)$,就可以得到演化算符 $\hat{H}$,即

$$\hat{H} = \frac{1}{2} \sum_k \sum_s \left[\hat{p}_{ks}^2(t) + \omega^2 \hat{q}_{ks}^2(t) \right] \tag{6.13}$$

通过动量算符 $\hat{p}_{ks}(t)$ 和坐标算符 $\hat{q}_{ks}(t)$,可以引入非厄米算符 $\hat{a}_{ks}(t) = \hat{a}_{ks}$ $\mathrm{e}^{-\mathrm{i}\omega t}$ 及其算符共轭 $\hat{a}^\dagger(t) = \hat{a}_{ks}^\dagger \mathrm{e}^{\mathrm{i}\omega t}$。引入算符 $\hat{a}_{ks}(t)$ 和 $\hat{a}_{ks}^\dagger(t)$ 之后,量子化的电磁场算符[9]可以写为

$$\begin{cases} \hat{\boldsymbol{E}}(\boldsymbol{r},t) = \dfrac{1}{\sqrt{L^3}} \sum_k \sum_s \sqrt{\dfrac{\hbar\omega}{2\varepsilon}} \left[\mathrm{i}\hat{a}_{ks}\boldsymbol{\varepsilon}_{ks} \mathrm{e}^{\mathrm{i}(k\cdot r - \omega t)} - \mathrm{i}\hat{a}_{ks}^*\boldsymbol{\varepsilon}_{ks}^* \mathrm{e}^{-\mathrm{i}(k\cdot r - \omega t)} \right] \\[2mm] \hat{\boldsymbol{B}}(\boldsymbol{r},t) = \dfrac{1}{\sqrt{L^3}} \sum_k \sum_s \sqrt{\dfrac{\hbar}{2\omega\varepsilon}} \left[\mathrm{i}\hat{a}_{ks}(\boldsymbol{k}\times\boldsymbol{\varepsilon}_{ks}) \mathrm{e}^{\mathrm{i}(k\cdot r - \omega t)} - \mathrm{i}\hat{a}_{ks}^*(\boldsymbol{k}\times\boldsymbol{\varepsilon}_{ks}^*) \mathrm{e}^{-\mathrm{i}(k\cdot r - \omega t)} \right] \end{cases} \tag{6.14}$$

此时式(6.13)中的演化算符 $\hat{H}$ 变为

$$\hat{\boldsymbol{E}}(\boldsymbol{r},t) = \hat{\boldsymbol{E}}^{(+)}(\boldsymbol{r},t) + \hat{\boldsymbol{E}}^{(-)}(\boldsymbol{r},t) \tag{6.15}$$

式中

$$\begin{cases} \hat{\boldsymbol{E}}^{(+)}(\boldsymbol{r},t) = i\sqrt{\dfrac{\hbar\omega}{2\varepsilon L^3}}\hat{a}\mathrm{e}^{-\mathrm{i}(\omega t - k\cdot r)} \\[2mm] \hat{\boldsymbol{E}}^{(-)}(\boldsymbol{r},t) = \left[\hat{\boldsymbol{E}}^{(+)}(\boldsymbol{r},t) \right]^\dagger \end{cases} \tag{6.16}$$

算符 $\hat{\boldsymbol{E}}^{(+)}(\boldsymbol{r},t)$ 和 $\hat{\boldsymbol{E}}^{(-)}(\boldsymbol{r},t)$ 为非厄米算符,由于非厄米算符在量子理论中对应的是不可观测量,则为了实现对电磁场的测量,需要构造两个厄米算符 $\hat{X}$ 和 $\hat{Y}$,电场算符 $\hat{\boldsymbol{E}}(\boldsymbol{r},t)$ 可以重新表示为

$$\hat{\boldsymbol{E}}(\boldsymbol{r},t) = \hat{X}\sin(\omega t - \boldsymbol{k}\cdot\boldsymbol{r}) + \hat{Y}\cos(\omega t - \boldsymbol{k}\cdot\boldsymbol{r}) \tag{6.17}$$

量子接收机对电场矢量的测量,就是对式(6.17)中厄米算符 $\hat{X}$ 和 $\hat{Y}$ 所代表的可观测量的测量。对比可以发现,由于量子理论中算符 $\hat{X}$ 和 $\hat{Y}$ 是非对易的,根据不确定性原理,在量子理论框架下,不可以对 $\hat{X}$ 和 $\hat{Y}$ 进行同时精确测量,测量时的不确定度满足不确定性原理,这成为量子接收机性能极限的物理起源[7-12]。

6.3.2 量子接收通道的信号检测

6.3.2.1 量子力学中检测问题实质

量子力学中的检测是判决两个密度算符 $\hat{\rho}_0$ 和 $\hat{\rho}_1$ 中哪个可以最好地描述系

统。这些算符假定是系统动力学算符的已知函数。对应于 $\hat{\rho}_0$ 的假设记为 H_0，而 H_1 对应于 $\hat{\rho}_1$。两者之间的判决基于一些动力学算符 $\hat{X}(\hat{X}_1,\hat{X}_2,\cdots,\hat{X}_n)$ 的测量结果。

这些算符 $\hat{X}$ 表示一组彼此对易的算符，从而可以被同时测量。它拥有一组对应于本征值 x_k 的本征态 $|x_k\rangle$。假设本征态是完备的，因此系统的任意一个态可以表示为本征态 $\{|x_k\rangle\}$ 的线性组合。系统在测量后处于相应的本征态 $|x_m\rangle$。基于测量结果 x_m，观测者需要某种策略来选择密度算符 $\hat{\rho}_i(i=0,1)$。

随机策略给每个测量结果 x_m 指派一个概率 π_m，观测者选择假设 H_1 的概率为 π_m，而选择假设 H_0 的概率为 $1-\pi_m$。因此，在实质上其测量对应于下面算符的动力学变量，即

$$\hat{\Pi} = \sum_k |x_k\rangle \pi_k \langle x_k| \tag{6.18}$$

我们将之称为"检测算符"。态 $|x_k\rangle$ 是 $\hat{\Pi}$ 的本征态，对应的本征值为 π_k，并且 $\hat{\Pi}$ 的测量给出观测者选择假设 H_1 的概率。

检测算符 $\hat{\Pi}$ 是一个 Hermitian 算符，在任意表象中其矩阵元 Π_{mn} 的绝对值小于 1，而对角元 Π_{mm} 为非负实数，这样的检测算符 $\hat{\Pi}$ 有无穷多，现在的检测问题变为找出最好的那个。

根据检测理论，接收器被设计时应当满足两个重要判据中的一个：Bayes 判据或者 Neyman – Pearson 判据。前一个使得判决的平均代价或风险最小，而后者是在给定虚警概率时使得信号检测概率最大化。虚警概率 Q_0 是在假设 H_0 为真时选择 H_1 的概率。在假设 H_0 条件 1 下，测量 $\hat{\Pi}$ 后系统处于第 m 个本征态 $|x_m\rangle$ 的概率为 $\langle x_m|\hat{\rho}_0|x_m\rangle$，那么此时选择假设 H_1 的概率为

$$Q_0 = \sum_m \pi_m \langle x_m|\hat{\rho}_0|x_m\rangle = \mathrm{Tr}(\hat{\rho}_0\hat{\Pi}) \tag{6.19}$$

检测概率 Q_d 是当假设 H_1 为真时选择 H_1 的概率，可以类似地给出

$$Q_d = \mathrm{Tr}(\hat{\rho}_1\hat{\Pi}) \tag{6.20}$$

令假设 H_0 和 H_1 的先验概率分别为 ζ 和 $1-\zeta$，而当假设 H_j 为真时选择 H_i 的代价为 $C_{ij}(i,j=0,1)$。那么平均代价或风险为

$$\begin{aligned}\overline{C} &= \zeta[C_{00}(1-Q_0)+C_{10}Q_0]+(1-\zeta)[C_{01}(1-Q_d)+C_{11}Q_d]\\ &= \zeta C_{00}+(1-\zeta)C_{01}-(1-\zeta)(C_{01}-C_{10})(Q_d-\lambda Q_0)\end{aligned} \tag{6.21}$$

式中

$$\lambda = \frac{\zeta}{1-\zeta}\frac{C_{10}-C_{00}}{C_{01}-C_{11}}$$

由于 $C_{01} > C_{11}, C_{10} > C_{00}$，我们必须选择检测算符使得如下所示代价函数最大化，即

$$Q_d - \lambda Q_0 = \text{Tr}\left[(\hat{\rho}_1 - \lambda\hat{\rho}_0)\hat{\Pi}\right] \tag{6.22}$$

为了对照 Neyman – Pearson 判据，对于给定虚警概率 Q_0，我们必须最大化检测概率 Q_d。通过引入 Lagrange 乘子 λ，我们发现也是使得 $Q_d - \lambda Q_0$ 最大化。检测算符 $\hat{\Pi}$ 将会是 λ 的函数，λ 由虚警概率 Q_0 的预设值确定。下面对最优判决依据进行分析。

采用使算符 $(\hat{\rho}_1 - \lambda\hat{\rho}_0)$ 对角化的表象，对应本征值为 η_k 的本征态是 $|\eta_k\rangle$，即

$$\hat{\rho}_1 - \lambda\hat{\rho}_0 = \sum_k |\eta_k\rangle\eta_k\langle\eta_k| \tag{6.23}$$

在这个表象下，检测算符 $\hat{\Pi}$ 的矩阵元为 Π_{mn}，我们的目标是使下式最大化，即

$$\text{Tr}\left[(\hat{\rho}_1 - \lambda\hat{\rho}_0)\hat{\Pi}\right] = \sum_m \eta_m \Pi_{mm} \tag{6.24}$$

由于对角元 $\Pi_{mm} \in \Re$ 且 $0 \leqslant \Pi_{mm} \leqslant 1$，则当 $\eta_m \geqslant 0$ 时，$\Pi_{mm} = 1$，而当 $\eta_m < 0$ 时，$\Pi_{mm} = 0$。同时，有关系 $\sum_n |\Pi_{mn}|^2 \leqslant 1$，如果 $\Pi_{mm} = 1$ 或 $\Pi_{nn} = 1$，那么非对角矩阵元 $\Pi_{mn} = 0$。另外有关系 $|\Pi_{mn}| \leqslant \Pi_{mm}\Pi_{nn}$，如果 $\Pi_{mm} = 0$ 或 $\Pi_{nn} = 0$，那么非对角元也为零。因此，在这个表象下，检测算符 $\hat{\Pi}$ 对应的矩阵 $\|\Pi_{mn}\|$ 是对角化的，本征值为 0 或 1。

因此，最佳检测算符是一个投影算符，投影到算符 $(\hat{\rho}_1 - \lambda\hat{\rho}_0)$ 的非负本征值对应的本征态张成的子空间，即

$$\hat{\Pi} = \sum_{k;\eta_k \geqslant 0} |\eta_k\rangle\langle\eta_k| \tag{6.25}$$

从而虚警概率 Q_0 和检测概率 Q_d 分别为

$$\begin{cases} Q_0 = \sum_{k;\eta_k \geqslant 0} \langle\eta_k|\hat{\rho}_0|\eta_k\rangle \\ Q_d = \sum_{k;\eta_k \geqslant 0} \langle\eta_k|\hat{\rho}_1|\eta_k\rangle \end{cases} \tag{6.26}$$

为了计算它们，必须首先得到算符 $(\hat{\rho}_1 - \lambda\hat{\rho}_0)$ 的本征态 $\{|\eta_k\rangle\}$ 和本征值 $\{\eta_k\}$。当密度算符 $\hat{\rho}_0$ 和 $\hat{\rho}_1$ 对易时，问题就会变得很容易。两个对易的密度算符或者与它们都对易的算符 $\hat{X}$ 拥有共同的本征态，记为 $\{|k\rangle\}$，则密度算符可以写为

$$\hat{\rho}_i = \sum_k |k\rangle P_{ik}\langle k| \qquad i = 0,1 \tag{6.27}$$

式中：P_{ik}是在假设 H_i 下系统处于态 $|k\rangle$ 的概率。此时算符 $\hat{\rho}_1 - \lambda\hat{\rho}_0$ 的本征值 η_k 可以表示为

$$\eta_k = P_{1k} - \lambda P_{0k} \tag{6.28}$$

如果测量 $\hat{\rho}_0$，$\hat{\rho}_1$ 或 $\hat{X}$ 后系统处于态 $|k\rangle$，那么最佳准则选择假设 H_1 即满足如下条件

$$\frac{P_{1k}}{P_{0k}} \geqslant \lambda \tag{6.29}$$

这就是检测理论中熟悉的似然比准则。如果密度算符 $\hat{\rho}_0$ 和 $\hat{\rho}_1$ 的共同本征态是连续的而不是离散的，那么概率 P_{1k} 和 P_{0k} 用概率密度函数来代替。

若密度算符 $\hat{\rho}_0$ 和 $\hat{\rho}_1$ 彼此不对易，则最佳检测算符 $\hat{\Pi}$ 很难得到。这里是一个简单的例子。沿 y 轴发射一束自旋为 1/2 的粒子，如钠原子，每个粒子的自旋方向或者平行于 z 轴（假设 H_0）或者平行于 x 轴（假设 H_1）。对每一个粒子，观测者需要在两个假设间作出判决。

利用 Pauli 自旋矩阵，

$$\sigma_x = \begin{pmatrix} 0 & 1 \\ 1 & 0 \end{pmatrix}, \sigma_y = \begin{pmatrix} 0 & -j \\ j & 0 \end{pmatrix}, \sigma_z = \begin{pmatrix} 1 & 0 \\ 0 & -1 \end{pmatrix} \tag{6.30}$$

两个假设对应的密度算符为

$$\hat{\rho}_0 = \frac{1}{2}(I + \sigma_z), \hat{\rho}_1 = \frac{1}{2}(I + \sigma_x) \tag{6.31}$$

式中：I 为 2×2 的单位矩阵。显然，两个密度算符彼此不对易。算符 $\hat{\rho}_1 - \lambda\hat{\rho}_0$ 对角化得到本征值和本征态分别表示为

$$\eta_1 = \frac{1}{2}\left(1 + \tan\frac{\phi}{2}\right), \eta_2 = \frac{1}{2}\left(1 - \cot\frac{\phi}{2}\right)$$

$$|\eta_1\rangle = \begin{pmatrix} \sin\dfrac{\phi}{2} \\ \cos\dfrac{\phi}{2} \end{pmatrix}, |\eta_2\rangle = \begin{pmatrix} \cos\dfrac{\phi}{2} \\ -\sin\dfrac{\phi}{2} \end{pmatrix} \tag{6.32}$$

最佳检测算符 $\hat{\Pi}$ 可以由上面的本征态得到，即

$$\hat{\Pi} = |\eta_1\rangle\langle\eta_1|$$

$$= \begin{pmatrix} \sin^2\dfrac{\phi}{2} & \sin\dfrac{\phi}{2}\cos\dfrac{\phi}{2} \\ \sin\dfrac{\phi}{2}\cos\dfrac{\phi}{2} & \sin^2\dfrac{\phi}{2} \end{pmatrix}$$

$$= \frac{1}{2}(\boldsymbol{I} - \sigma_z \cos\phi + \sigma_x \sin\phi) \qquad (6.33)$$

式中：$\hat{\sigma}_\phi \overset{\text{def}}{=} \sigma_z \cos\phi - \sigma_x \sin\phi$，只有两个本征值，$+1$ 和 -1。将粒子束通过非均匀磁场，其方向和 x 轴的夹角为 $\phi + \pi/2$，那么可以测量上面的算符 $\hat{\sigma}_\phi$。磁场将粒子束分裂为两部分，对于一部分粒子，$\hat{\sigma}_\phi$ 具有本征值为 $+1$，则观测者可以判决这部分粒子原先的自旋方向沿 z 轴，而另一部分粒子则对应于假设 H_1。利用上面的虚警概率及检测概率公式，可得

$$\begin{cases} Q_0 = \langle \boldsymbol{\eta}_1 | \hat{\rho}_0 | \boldsymbol{\eta}_1 \rangle = \dfrac{1}{2}(1 - \cos\phi) \\[2mm] Q_d = \langle \boldsymbol{\eta}_1 | \hat{\rho}_1 | \boldsymbol{\eta}_1 \rangle = \dfrac{1}{2}(1 + \sin\phi) \end{cases} \qquad (6.34)$$

消去 ϕ 可以得到接收机工作特性（ROC）如图 6.3 所示。

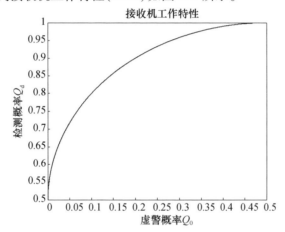

图 6.3　检测概率 Q_d 随虚警概率 Q_0 的变化曲线。

6.3.2.2　单模式检测

1）谐振子

与外电磁场的耦合可以在理想接收器腔中激发一个单模场，这个简单的例子可以把前一节中的想法向前更推进一步。在量子力学中，这个单模式可以处理为一个单位质量、频率为 ω 的谐振子，其 Hamiltonian 为

$$\hat{H} = \frac{\hat{p}^2}{2} + \frac{1}{2}\omega^2 \hat{q}^2$$

$$= \hbar\omega\left(\frac{\omega}{2\hbar}\hat{q}^2 + \frac{1}{2\hbar\omega}\hat{p}^2\right)$$

$$= \hbar\omega \Big[\underbrace{\Big(\sqrt{\frac{\omega}{2\hbar}}\hat{q} + j\sqrt{\frac{1}{2\hbar\omega}}\hat{p} \Big)}_{\hat{a}^{\dagger}} \underbrace{\Big(\sqrt{\frac{\omega}{2\hbar}}\hat{q} - j\sqrt{\frac{1}{2\hbar\omega}}\hat{p} \Big)}_{\hat{a}} + \frac{1}{2} \Big]$$

$$= \hbar\omega \Big(\hat{a}^{\dagger}\hat{a} + \frac{1}{2} \Big) = \hbar\omega \Big(\hat{n} + \frac{1}{2} \Big) \tag{6.35}$$

其中振子的坐标 $\hat{q}$ 和动量 $\hat{p}$ 可以写成湮灭算符 $\hat{a}$ 和产生算符 $\hat{a}^{\dagger}$ 的表达式,即

$$\begin{cases} \hat{q} = \Big(\dfrac{\hbar}{2\omega} \Big)^{\frac{1}{2}} (\hat{a} + \hat{a}^{\dagger}) \\[4mm] \hat{p} = j \Big(\dfrac{\hbar\omega}{2} \Big)^{\frac{1}{2}} (\hat{a} - \hat{a}^{\dagger}) \end{cases} \tag{6.36}$$

式中:$\hbar = h/2\pi$,h 为普朗克常数。产生湮灭算符满足对易关系:$[\hat{a},\hat{a}^{\dagger}] = \hat{a}\hat{a}^{\dagger} - \hat{a}^{\dagger}\hat{a} = 1$。$\hat{n} = \hat{a}^{\dagger}\hat{a}$ 称为粒子数算符,其本征态记为 $|n\rangle$。当振子处于态 $|n\rangle$,习惯地称其含有 n 个光子,为谐振子的定态;并且用粒子数算符 $\hat{n} = \hat{a}^{\dagger}\hat{a}$ 的本征态表示系统的态称为"粒子数表象"。产生湮灭算符作用在本征态上给出方程,即

$$\hat{a}|n\rangle = \sqrt{n}|n-1\rangle, \hat{a}^{\dagger}|n\rangle = \sqrt{n+1}|n+1\rangle \tag{6.37}$$

因此,作用一次 $\hat{a}$,光子数减少 1,而作用一次 $\hat{a}^{\dagger}$,光子数增加 1,这也是它们名称的由来。

密度算符 $\hat{\rho}$ 可以在粒子数表象中展开,即可以表示为

$$\hat{\rho} = \sum_{n=0} P_n |n\rangle\langle n| \tag{6.38}$$

式中:P_n 是模式上有 n 个光子的概率分布。例如,对于完全无序的热辐射场,没有相位信息,其分布可以表示为

$$P_n = \frac{1}{1+N} \Big(\frac{N}{1+N} \Big)^n \tag{6.39}$$

式中:N 为平均光子数,满足黑体辐射的普朗克分布,即

$$\begin{cases} N = [\exp(\beta\hbar\omega) - 1]^{-1} \\[3mm] N = \dfrac{v_0}{1 - v_0} \\[3mm] v_0 = \dfrac{N}{N+1} \end{cases} \tag{6.40}$$

相干态 $\{|\alpha\rangle\}$ 作为完备集也可以展开密度算符 $\hat{\rho}$,这称为 P – 表象,即

$$\hat{\rho} = \iint P(\alpha)|\alpha\rangle\langle\alpha|\mathrm{d}^2\alpha \tag{6.41}$$

注意这里的 $P(\alpha)$ 不再是经典的概率分布。先看看几个场在 P-表象中描述的例子:

（1）相干态。

如果 $\hat{\rho} = |\mu\rangle\langle\mu|$,那么 $P(\alpha) = \delta(\alpha - \mu)$。

（2）热辐射态。

对于热辐射态,$P(\alpha)$ 是一个 Gaussian 分布函数,即表示为

$$P(\alpha) = \frac{1}{\pi N}e^{-|\alpha|^2/N} \tag{6.42}$$

式（6.42）和相干态对应的 P_n 是等价的。

（3）相干态和热辐射态的混合态。

考虑一个场,由两个独立的源产生。第一个源产生的场 $\hat{\rho}_1$ 为

$$\hat{\rho}_1 = \iint P_1(\alpha_1)|\alpha_1\rangle\langle\alpha_1|\mathrm{d}^2\alpha_1 \tag{6.43}$$

第二个源产生的场 $\hat{\rho}_2$ 为

$$\hat{\rho}_2 = \iint P_2(\alpha_2)|\alpha_2\rangle\langle\alpha_2|\mathrm{d}^2\alpha_2$$

$$= \iint P_2(\alpha_2)\hat{D}(\alpha_2)|0\rangle\langle0|\hat{D}^{-1}(\alpha_2)\mathrm{d}^2\alpha_2 \tag{6.44}$$

式中:$\hat{D}_{(\alpha)} = \exp(\alpha\hat{a}^\dagger - \alpha^*\hat{a})$ 为移位算符。混合场的分布函数 $P(\alpha)$ 为

$$P(\alpha) = \iint\delta(\alpha - \alpha_1 - \alpha_2)P_2(\alpha_2)P_1(\alpha_1)\mathrm{d}^2\alpha_1\mathrm{d}^2\alpha_2$$

$$= \iint P_1(\alpha - \alpha')P_2(\alpha')\mathrm{d}^2\alpha' \tag{6.45}$$

显然混合场的分布函数是单独两个场的分布函数的卷积。从而相干态和热辐射场的混合场的分布函数为

$$P(\alpha) = \frac{1}{\pi N}e^{-|\alpha - \mu|^2/N} \tag{6.46}$$

假设没有信号时,振子处于热辐射态。它的密度算符 $\hat{\rho}_0$ 可以写为

$$\hat{\rho}_0 = (1 - v_0)v_0^{\hat{n}}$$

$$= \sum_{k=0}^{\infty}|k\rangle P_{0k}k|$$

$$= \frac{1}{\pi N}\iint e^{-|\alpha|^2/N}|\alpha\rangle\langle\alpha|\mathrm{d}^2\alpha \tag{6.47}$$

式中:N 是模式的平均光子数。密度算符的本征值 P_{0k} 由几何分布给出,即

$$\begin{cases} P_{0k} = (1 - v_0) v_0^k \\ v_0 = \dfrac{N}{N+1} \end{cases} \tag{6.48}$$

在热平衡以及绝对温度 T 下,平均光子数 N 由普朗克公式给出,即

$$N = \frac{1}{e^{\beta \hbar \omega} - 1}$$

2) 非相干信号

非相干信号是指在 $\hat{\rho}_0$ 给出的分布上添加相同的分布,但平均光子数为 N_s。假设 H_1 下的密度算符 $\hat{\rho}_1$ 具有和上面 $\hat{\rho}_0$ 相同的形式,但其中的 N 用 $N' = N + N_s$ 代替。

两个密度算符 $\hat{\rho}_0$ 和 $\hat{\rho}_1$ 彼此对易,具有相同的本征态 $|n\rangle$,两者都是粒子数算符 $\hat{n}$ 的函数。关于信号是否存在的判决可以基于 $\hat{n}$ 的测量结果,如果测量结果超过某个门限值 n_0,则选择假设 H_1。在 Bayes 判据下,即

$$\frac{P_{1n_0}}{P_{0n_0}} = \frac{(1 - v_1) v_1^{n_0}}{(1 - v_0) v_0^{n_0}} \geqslant \lambda \Rightarrow n_0 = \frac{\ln\left[\lambda (1 - v_0) / (1 - v_1) \right]}{\ln(v_1/v_0)} \tag{6.49}$$

虚警概率和检测概率分别为

$$Q_0 = v_0^{n_0'}, \quad Q_d = v_1^{n_0'} \tag{6.50}$$

式中:n_0' 是比 n_0 大的最小整数。

3) 已知相位的相干信号

假设当一个已知相位的相干信号进入接收机,刚刚处理的单模态被激发到一个相干态 $|\mu\rangle$,它是湮灭算符 $\hat{a}$ 的本征态,对应的本征值为 μ。如果还有一个与前面 $\hat{\rho}_0$ 描述相同的背景辐射态,那么信号和背景的混合场的分布按照如下的密度算子,即

$$\begin{aligned} \hat{\rho}_1 &= (1 - v_0) v_0^{(\hat{a}^\dagger - \mu^*)(\hat{a} - \mu)} \\ &= \frac{1}{\pi N} \iint e^{-|\alpha - \mu|^2/N} |\alpha\rangle \langle \alpha| \, \mathrm{d}^2\alpha \end{aligned} \tag{6.51}$$

这里密度算符 $\hat{\rho}_1$ 与前面的密度算符 $\hat{\rho}_0$ 不对易,从而没有共同本征态集。为了描写和计算最佳检测器,对于任意的 $\lambda \in (0, \infty)$,对角化算符 $\hat{\rho}_1 - \lambda\hat{\rho}_0$ 已变得不可能。

4) 未知相位的相干信号

在实际应用中,接收机不可能事先知道相干信号的相位,因为发射机和接收机之间的距离会带来相移。当相干信号中复参数 μ 的相位完全不知道时,应当预设一个先验值,在 $(0, 2\pi)$ 上均匀分布。在假设 H_1 下密度算符 $\hat{\rho}_1$ 可以通过对

相位角 $\phi = \arg(\mu)$ 分布作平均得到,为

$$\hat{\rho}_1 = \int_0^{2\pi} \frac{\mathrm{d}\phi}{2\pi} \hat{\rho}_1$$

$$= \frac{1}{\pi N} \iint_0^{2\pi} \frac{\mathrm{d}\phi}{2\pi} \int \mathrm{e}^{-[\,|\alpha|^2 + |\mu|^2 - 2\,|\alpha||\mu|\cos(\theta-\phi)\,]/N} |\alpha\rangle\langle\alpha| \mathrm{d}^2\alpha$$

$$= \frac{1}{\pi N} \iint \mathrm{e}^{-(\,|\alpha|^2 + |\mu|^2)/N} |\alpha\rangle\langle\alpha| \mathrm{d}^2\alpha \int_0^{2\pi} \frac{\mathrm{d}\phi}{2\pi} \mathrm{e}^{2\,|\alpha||\mu|\cos(\theta-\phi)/N}$$

$$= \frac{1}{\pi N} \iint \mathrm{e}^{-(\,|\alpha|^2 + |\mu|^2)/N} I_0(2\,|\alpha||\mu|/N) |\alpha\rangle\langle\alpha| \mathrm{d}^2\alpha \qquad (6.52)$$

式中: $\theta = \arg(\alpha)$; $I_0(z)$ 为第一类零阶修正 Bessel 函数。此时分布函数为

$$P_1(\alpha) = \frac{1}{\pi N} \mathrm{e}^{-(\,|\alpha|^2 + |\mu|^2)/N} I_0(2\,|\alpha||\mu|/N) \qquad (6.53)$$

没有信号时,密度算符 $\hat{\rho}_0$ 为

$$\hat{\rho}_0 = \frac{1}{\pi N} \iint \mathrm{e}^{-\,|\alpha|^2/N} |\alpha\rangle\langle\alpha| \mathrm{d}^2\alpha \qquad (6.54)$$

密度算符 $\hat{\rho}_0$ 和 $\hat{\rho}_1$ 在粒子数表象中是对角化的,因为上面两个方程中的被积函数仅仅依赖于 $|\alpha|$。因此,观测者可以基于模式中粒子数 n 的测量结果判决信号是否存在,所以最佳检测器为 $\hat{\Pi} = \hat{n} = \hat{a}^\dagger\hat{a}$。

当没有信号时,粒子数满足几何分布,为

$$P_{0k} = (1 - v_0) v_0^k \qquad (6.55)$$

当有信号时,其粒子数分布为

$$P_{1k} = \langle k|\hat{\rho}_1|k\rangle$$

$$= \iint P_1(\alpha) |\langle k|\alpha\rangle|^2 \mathrm{d}^2\alpha$$

$$= \frac{1}{\pi N} \int \mathrm{e}^{-(\,|\alpha|^2 + |\mu|^2)/N} I_0(2\,|\alpha||\mu|/N) \frac{|\alpha|^{2k}}{k!} \mathrm{e}^{-\,|\alpha|^2} \mathrm{d}^2\alpha$$

$$= \frac{\mathrm{e}^{-N_s/N}}{Nk!} \int_0^\infty \mathrm{e}^{-x/v_0} I_0(2\sqrt{x}\,|\mu|/N) x^k \mathrm{d}x$$

$$= \frac{1}{N+1} \exp\left(-\frac{N_s}{N+1}\right) v_0^k L_k^{(0)}\left[-\frac{N_s}{N(N+1)}\right] \qquad (6.56)$$

当似然比超过检测门限时,即

$$\frac{P_{1k}}{P_{0k}} = \exp\left(-\frac{N_s}{N+1}\right)L_k^{(0)}\left[-\frac{N_s}{N(N+1)}\right] \geqslant \lambda \tag{6.57}$$

观测者选择假设 H_1。如果 M 是满足这个条件的最小整数，即 $N_s \geqslant M$，那么虚警概率 Q_0 为

$$Q_0 = \sum_{k=M}^{\infty} P_{0k} = v_0^M = \left(\frac{N}{N+1}\right)^M \tag{6.58}$$

而检测概率 Q_d 为

$$Q_d = \sum_{k=n_0'}^{\infty} P_{1k} = 1 - \frac{1}{N+1}\exp\left(-\frac{N_s}{N+1}\right)\sum_{k=0}^{M-1}\left(\frac{N}{N+1}\right)^k L_k^{(0)}\left[-\frac{N_s}{N(N+1)}\right] \tag{6.59}$$

在阈值检测器中，等价信噪比（SNR）表示为

$$\mathrm{SNR}^2 = \frac{4N_s}{2N+1} \tag{6.60}$$

图 6.4 中给出了在噪声平均光子数 $N=10$ 时，虚警概率 Q_0 和检测概率 Q_d 随光子数检测门限 M 的变化仿真结果。

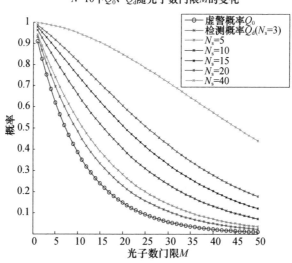

图 6.4　虚警概率和检测概率随光子数门限的变化（见彩图）

图 6.5 中给出了平均噪声光子数 $N=10$ 时，不同虚警率 Q_0 下检测概率 Q_d 随信噪比的变化。图 6.6 中给出了平均噪声光子数 $N=10$ 时，不同信噪比下检测概率 Q_d 随虚警概率 Q_0 的变化。

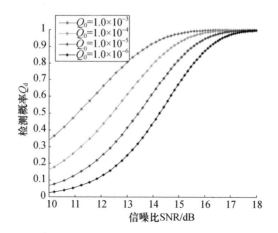

图 6.5 不同虚警概率下检测概率随信噪比的变化（见彩图）

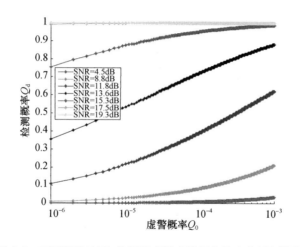

图 6.6 不同信噪比下,检测概率随虚警概率的变化（见彩图）

6.4 量子接收通道的发展展望

6.4.1.1 量子接收通道与传统接收通道差异性分析

在上面对于量子雷达接收机和量子接收通道的分析后,可以发现,量子雷达接收机中的经典接收通道和量子接收通道的差异主要体现在以下几个方面:

(1) 进行接收机设计时,所依据的物理基础不同。经典接收机的设计依据的物理基础是经典电动力学,信号从发送端到接收端的传播行为使用经典电磁理论进行描述,接收机中的测量操作也使用经典电磁理论进行描述,经典接收机的设计只利用了电磁场的经典性质——波动性。量子接收机的设计依据的物理基础是量子电动力学,激光信号从发送端到接收端的传播行为以及接收机中的测量操作都需要使用量子化了的电磁场进行描述,量子接收机的设计利用了电磁场的波粒二相性。经典接收机对接收电场的测量,就是对式(6.11)中的两个正交分量 X 和 Y 的测量,经典电磁理论认为可以对 X 和 Y 进行同时精确测量,对 X 和 Y 的测量最终需要通过测量接收信号的能量来实现,测量能量时的散粒噪声最终限制了经典接收机的性能。

量子接收机对接收电场的测量,就是对式(6.17)中厄米算符和所代表的可观测量 $\hat{X}$ 和 $\hat{Y}$ 的测量,量子电磁理论认为不可以对 X 和 Y 进行同时精确测量,对 X 和 Y 进行测量时二者的不确定度满足不确定性原理,对 X 和 Y 的测量最终需要通过测量接收信号中的光子数来实现,不确定性原理最终限制了量子接收机的性能。

(2)进行接收机设计时,所依据的数学基础不同。经典接收机根据测量结果进行检测的数学基础是经典假设检验理论,经典接收机的测量和检测是相互独立的,接收机的测量体现在测量结果上,接收机的解调体现在判决策略,经典接收机在结构上是先得到信号的测量结果,然后再根据测量结果设计检测策略,经典接收机只能根据测量结果对解调策略进行优化,而不能对测量本身进行优化,经典接收机中的测量只能是直接检测或者相干检测。

量子接收机进行测量解调的数学基础是量子假设检验理论,量子接收机的测量和检测不是相互独立的,接收机的测量和解调作为一个整体体现在检测算符上,量子接收机在结构上可以看作是边测量边检测的;量子接收机不仅能对解调策略进行优化,还能够在扩展了的域空间中对测量本身进行优化。

6.4.1.2　量子接收通道发展方向展望

量子接收通道未来的发展方向恰恰与上述两个方面的特点密切相关。主要的发展方向也主要分为两大类。第一大类主要针对不确定性原理给量子接收通道带来的性能约束,通过非经典量子态调制或者接收端量子增强等手段,降低接收端测量的不确定性给目标检测带来的性能限制;另一类主要针对量子最优检测中量子测量与量子检测联合检测的理论,通过优化接收机结构提升目标的检测性能。

美国 DARPA 资助的量子传感项目给出了一种可能的解决方案,即量子增强接收机。图 6.7 中给出了一种应用于激光成像传感器的量子增强接收机示意图。图中左侧表示用于分析传感器角度分辨力的两个点目标(两个目标与传感器的距离均为 L),两个点目标沿着垂直于接收口径射线角度的两侧对称分布。

图 6.7 中 $\hat{E}_R$ 表示量子理论下目标回波场的算符,该信号通过空间口径 $A(\rho')$ 后,与一个注入的压缩真空场算符 $\hat{E}_S$ 相互作用后,输出场算符 $\hat{E}'_R$ 表将在与本振场 LO 混频和零差探测之前,先进行相位敏感放大(PSA)处理。图 6.7 中假设存在一个连续的零差探测阵列。

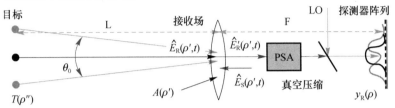

图 6.7　量子增强接收处理原理框图(见彩图)

量子增强接收机在接收端增加了压缩真空场,并引入 PSA 处理。旨在通过压缩光场的应用,压低光子数态的不确定性,提高接收通道对于粒子数态的测量精度,从而提升目标的检测性能,降低不确定性原理对于目标检测带来的影响。该方面目前主要用于实现高分辨的成像,但是其在基本原理上与目标检测没有本质的区别,具体原理详见第 2 章。但是由于压缩光场的产生、制备和利用技术目前尚不成熟,因此该方面目前尚停留在理论分析和仿真阶段。但是其具备广阔的应用前景。

量子假设检验理论指出量子接收机的经典性能极限可以被突破,并且给出了当前人类认知水平下信息系统接收机性能的最终极限——Helstrom 极限,但是该理论并没有给出突破标准量子极限并不断逼近 Helstrom 极限的具体方法[13]。自从获得 Helstrom 极限以来,在信息系统中如何设计物理可实现的结构化量子接收机,使其能够突破标准量子极限,并不断逼近 Helstrom 极限,一直吸引着研究者的目光。经过多年的努力,时至今日,人们在这一领域已经取得了一定的研究成果。

1973 年 1 月,美国麻省理工大学的 R. S. Kennedy 从理论上提出了第一种物理可实现的结构化量子接收机——Kennedy 接收机[14]。以 BPSK 调制为例,其 Kennedy 接收机结构示意图见图 6.8,从图中可以看出,Kennedy 接收机由位移操作单元和光子计数单元这两大基本单元构成,其中位移操作可以使用波束分束器实现,光子计数可以使用 ON – OFF 单光子探测器实现。通过在接收机中引入新颖的归零操作和光子计数探测,当接收信号的平均光子数足够大时,Kennedy 接收机的平均误符号率可以突破标准量子极限,但与 Helstrom 极限相比仍有较大差距,遗憾的是,当接收信号的平均光子数较小时,Kennedy 接收机的平均误符号率不能突破标准量子极限。因此,Kennedy 接收机只是针对二元调制信号的一种近最优量子接收机。

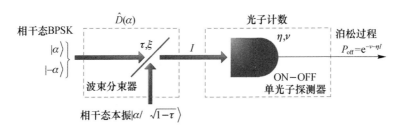

图 6.8　BPSK 调制 Kennedy 接收机结构示意图(见彩图)

1973 年 10 月,Kennedy 的学生 S. Dolinar 在 Kennedy 接收机的基础上,引入反馈控制机制,根据光子计数探测的结果对本振场的幅度和相位进行实时调整,从而从理论上得到了第一种可以达到 Helstrom 极限的最优量子接收机——Dolinar 接收机[15]。以 BPSK 调制为例,其 Dolinar 接收机结构示意图见图 6.9,从图中可以看出,与 Kennedy 接收机相比,Dolinar 接收机的基本构成单元除了位移操作单元和光子计数单元之外,多了一个实时反馈控制单元。2007 年,Geremia 等人完成了 OOK 调制信号的 Dolinar 接收机的实验验证。Dolinar 接收机是可以在物理上实现的达到 Helstrom 极限的最优量子接收机。但是实现实时反馈控制有较高的技术要求,在工程实现有较大的难度。

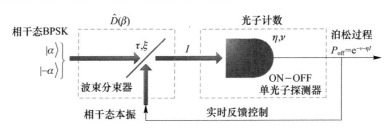

图 6.9　BPSK 调制 Dolinar 接收机结构示意图(见彩图)

为了达到 Helstrom 极限而不使用实时反馈控制。1996 年,日本 Sasaki 和 Hirota 将 Kennedy 接收机中的归零位移操作替换为酉操作,并对酉操作进行优化,从理论上得到了一种新的量子接收机——"one‐shot"接收机(最优酉操作量子接收机)。在理想情况下,该接收机可以不使用实时反馈控制机制仍能达到 Helstrom 极限。遗憾的是,酉操作是一个非线性过程,这让该接收机直到目前为止在工程实现上仍然是不可行的。

2008 年,Sasaki 等人将酉操作单元换成物理上容易实现的高斯酉操作(Gaussian Unitary Operation)和位移操作,分别对这两种操作进行优化,得到两种新的量子接收机——最优高斯酉操作量子接收机和最优位移量子接收机(或称"广义 Kennedy 接收机")。这两种量子接受机性能均优于 Kennedy 接收机。由于最优高斯酉操作中涉及压缩操作,这让最优高斯酉操作量子接收机在实验验证和工程应用上面临困难。Sasaki 等人将研究重点放在了最优位移量子接收机上,分析了探测器量子效率、暗计数、本振场与信号场模式匹配因子,波束分束器透过率等工程因素(Impect Parameters)对量子接收机性能的影响。BPSK 调制采用 APD(雪崩光电二极管)型单光子探测器的最优位移量子接收机于 2008 年在实验上得到成功验证。2010 年从实验上成功验证了 OOK 调制采用 TES(超导转变边沿)型单光子探测器的最优位移量子接收机。2011 年从实验上成功验证了 BPSK 调制采用 TES 型单光子探测器的最优位移量子接收机[16,17]。

沿着对 Dolinar 接收机实时反馈控制机制简化的研究思路,2012 年美国的 Vilnrotter 提出了分区检测量子接收机(Optimized Partitioned – interval Detection),并分析了理想情况下 BPSK 调制该接收机的性能。与最优位移量子接收机相比,Vilnrotter 分区检测量子接收机通过调节分区策略从而达到灵活调节量子接收机性能的目的。随着分区数目的增加,分区检测量子接收机的性能可以接近 Dolinar 接收机[18,19]。图 6.10 为分区检测量子接收机原理示意图。

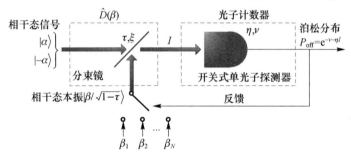

图 6.10 分区检测量子接收机原理示意图(见彩图)

从上面的分析来看,针对通信,基于联合最优检测的量子接收通道设计已经在实验室条件下取得重大进展。相比较而言,国内目前更多尚处于具体技术点的理论分析阶段,诸如研究器件非理想性的 ON – OFF 型单光子探测器分区自适应检测量子接收机特性,大气湍流对于量子接收通道性能的影响等。目前在试验方面的研究尚处于空白。

更为可惜的,针对雷达探测领域,目前同样没有开展相应的理论和试验研究。因此,对于雷达探测领域而言,量子接收通道的研究尚处于起步阶段,存在诸多探索性的科研工作需要进一步开展。

参考文献

[1] Skolnik M I. Radar Handbook[M]. 2nd ed. Beijing:Publishing House of Electronics Industry, 2003.

[2] 李科,量子接收机设计及大气湍流对其性能影响的研究[D]. 中国科学技术大

学, 2014.

[3] Helstrom C W. Quantum Detection and Estimation Theory [M]. New York: Academic Press, 1976.

[4] Mandel L, Wolf E. Optical coherence and quantum optics [M]. New York: Cambridge University Press, 1995.

[5] Kiesel T. Classical and quantum – mechanical phase – space distributions [J]. Physical Review A, 2013,87(6):062114.

[6] shapiro J H. Quantum Noise and Excess Noise in Optical Homodyne and Heterodyne Receivers [J]. IEEE Journal of Quantum Electronics, 1985,QE – 21(3):237 – 250.

[7] Caves C M, Drummond P D. Quantum limits on bosonic communication rates [J]. Reviews of Modern Physics,1994,66(2):481 – 537.

[8] Haus H A. From classical to quantum noise [J]. Journal of the Optical Society of America B, 1995,12(11).

[9] Henry C H, Kazarinov R F. Quantum noise in photonics [J], Reviews of Modern Physics, 1996,68(3):801 – 853.

[10] Haus H A. Electromagnetic Noise and Quantum Optical Measurements [M]. Berlin Heidelberg: Springer – verlag, 2000.

[11] Clerk A A, Devoret M H, Girvin S M,et al. Introduction to quantum noise, measurement, and amplification [J]. Reviews Of Modern Physics, 2010,82(2):1155 – 1208.

[12] Cohen L, Poor H V, Scully M O. Classical, Semi – Classical and Quantum Noise [M]. New York:Springer, 2011.

[13] Helstrom C W. Quantum Detection and Estimation Theory [M]. New York: Academic Press, 1976.

[14] Kennedy R S. A Near – Optimum Receiver for the Binary Coherent State Quantum Channel [R]. Research Laboratory of Electronics, M. I. T. , Quarterly Progress Report, 1973,108: 219 – 225.

[15] Dolinar S. An optimum receiver for the binary coherent state quantum channel [R]. Research Laboratory of Electronics, M. I. T. , Quarterly Progress Report, 1973,111:115 – 120.

[16] Wittmann C, Takeoka M, Cassemiro K N, et al. Demonstration of Near – Optimal Discrimination of Optical Coherent States [J]. Physical Review Letters, 2008.

[17] Tsujino K, Fukuda D, Fujii G, et al. Quantum Receiver beyond the Standard Quantum Limit of Coherent Optical Communication [J]. Physical Review Letters, 2011.

[18] Assalini A, Pozza N D, Pierobon G. Revisiting the Dolinar receiver through multiple – copy state discrimination theory [J]. Physical Review A, 2011,84:101 – 107.

[19] Vilnrotter V A. Quantum Receiver for Distinguishing Between Binary Coherent – State Signals with Partitioned – Interval Detection and Constant – Intensity Local Lasers [R]. NASA IPN Progress Report, 2012.

第 7 章

量子雷达新形态——量子照明

7.1 引　　言

对于雷达探测而言,探测目标是否存在,传统的方式是在目标所在方向上发射一束信号,看是否有信号被目标反射回来。如果目标很远,则只有极其微弱的信号被反射,且被接收机接收。如果目标处于噪声和热辐射背景下,背景也会产生噪声信号,那么就需要将目标反射回来的信号从噪声背景中辨别出来,为此,必须保证源于目标反射的信号强度超过背景噪声,即需要足够强的信噪比。对于经典雷达而言,其发射信号就属于相干信号即可。

而对于量子比特而言,通过参量下转化形成一对彼此纠缠的光子对,在形式上与传统雷达探测的方式非常相似,可以将一对光子对中的某个光子作为探测信号发射出去,而将另外一个光子留在本地作为本振信号,若存在目标,则经过目标散射回来的光子与本地光子进行纠缠测量,可以得到额外的性能增益。这种探测方式与经典雷达非常类似,而且可以充分发挥量子纠缠在目标探测方面的技术优势,被认为是量子雷达探测的一种全新的形态。

2008 年 Lloyd[1-3] 在原理上证明了纠缠可以增强光子计数的灵敏度,提出了量子照射的想法。例如,在自发参数下转换器(SPDC)的输出中,光子可以通过频率被纠缠在一起。从物理直觉上,如果信号光子和一个辅助光子被纠缠在一起,那么噪声很难伪装成回波信号。尽管噪声和传输损耗会完全破坏检测器中信号光子和辅助光子的纠缠,但这个直觉被证明是正确的。事实上,纠缠产生的增强效应在噪声和耗散存在时依然会保持。这种对噪声和传输损耗的抗耐性与已知的利用纠缠增强测量精度的方法完全相反,已知的方法中噪声和传输损耗会迅速破坏任何增益效应[4]。此外,纠缠产生的灵敏度增益是很显著的:它随着信号与辅助量纠缠的比特数指数增加。目前的理论和实验研究均表明,量子照明体制具备在强噪声背景,甚至纠缠被破坏的条件下,依然具备提升单光子探测灵敏度,进而提升系统对目标探测性能的技术潜力。

此外,在量子照明的基础上,J. H. Shaprio 的研究团队在 2014 年提出了一种作用在微波频段的量子照明探测系统,它的发射机使用电—光—力(EOM)转换器,产生彼此纠缠的微波和光子信号,接收端则采用另外 EOM 实现联合检测。理论证明该系统比具有相同发射功率的经典微波雷达更具有优势,这一突破性的发现,使得微波量子雷达不再是幻想。

但是,量子照明依然存在许多实际问题未有效解决。特别地,必不可少的纠缠测量能够有效地实行吗?纠缠光子的检测是一个很受关注的课题,并且制备纠缠光子所必须的上转换技术,已经在实验上进行。在高噪声温度下以及信号中大量光子情形时,增强效应是否仍然保持?通过量子照射,多光子输入态包括 Gaussian 态能够得到的最大增强效应是多少?这些问题以及其他的疑问必须在量子照射证明有实际应用价值之前得到回答。

7.2　量子照明的基本概念

图 7.1 中给出了量子照射的简单示意图。光源每次发射一个光子对,其中一个为辅助光子,通过延迟路径留在检测装置中;另一个则为发射光子,发送到目标区域,被目标区域的物体反射回到检测器。这两个光子从自发参数下转换器中输出,频率被纠缠在一起,即辅助光子和发射光子的频率和是固定的。如果接收器中接收到发射出去的光子,那么它的频率和辅助光子的频率相加可以得到正确的值,而从背景噪声中接收到光子则以很低的概率才能满足频率和为正确的值。因此,噪声光子很难伪装成发射信号的光子。

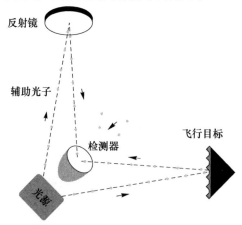

图 7.1　量子照射的简单示意图

虽然纠缠有助于从背景噪声中检测出目标,但噪声会湮没纠缠。没有噪声,每个光子对的频率相加会得到相同的和。噪声足够强时,光子对的频率和会被随机打乱,导致纠缠完全被破坏。但 Lloyd 的结论是,仅仅从纠缠光子对出发,就能足够提高噪声环境中目标检测的效率,即使在检测时纠缠已经被完全破坏。

7.2.1　单光子量子照射

下面对量子照明最简单的数学处理,即单光子条件下的性能进行数学分析,即其中信号和辅助量仅含有单个光子。使用的纠缠态来自于参数下转换器的单光子分选器输出,测量可以使用上转换器。此外分析了两个模型,一个是低噪声模型,另一个是高强度噪声,两者都表现出灵敏度的指数增益效应。

假设要检测到经过目标散射的单个光子。如果目标不存在,那么接收器接收到的信号为热噪声和背景噪声。若目标存在,虽然大部分光子在散射和传输过程中丢失了,接收端只接收到噪声,但是偶尔光子会以扰动方式被反射回来。对应于这种情形的动力学过程可以建模为光子分束器,其反射率为 η,在真空中和信号态混合,然后作热化处理,即每个光学模式中注入平均光子数为 b 的噪声。目标不存在时对应于光子分束器的 $\eta=0$,目标存在则对应于光子分束器具有非常小的非零反射率。

为了分析易于处理,作如下简化假设。在第一个模型中,每个模式的噪声光子数假定非常小,即 $b\ll1$。该目标处于温度远低于光学能量的热辐射区。检测器可以辨别出每个检测事件中的 d 个模式,$d=WT$,其中 W 是检测器的带宽,T 是检测窗口的时间长度。检测的时间窗口充分地小,每次最多只有 1 个噪声光子被检测到,即 $db\ll1$。非热噪声也可以被容忍,只要每次检测事件中少于一个光子到达。低反射率以及极小噪声光子数的假设仅仅是为了分析的方便。量子照射在高噪声光子数以及高检测率下也是适用的。在第二个噪声模型中,任意强的噪声都可以被容忍。

首先,考虑非纠缠光子的情形。向可能存在目标的区域发射处于态 ρ 的单个光子。如下两种不同的动力学对应于目标存在或不存在:

(1) 目标不存在,$\rho\to\rho_b\otimes\cdots\otimes\rho_b$,其中 ρ_b 是每个模式的平均光子数为 b 的热辐射态,$\otimes$ 为张量积。由于每个检测事件接收到的平均光子数 db 远小于 1,那么热辐射态可以近似为

$$\rho_0 = (1-db)|\text{vac}\rangle\langle\text{vac}| + b\sum_{k=1}^{d}|k\rangle\langle k| \tag{7.1}$$

这里 $|\text{vac}\rangle$ 是模式真空态,并且 $|k\rangle$ 是在模式 k 有单个光子而其他模式上没有光子的态。

(2) 目标存在,$\rho\to(1-\eta)\rho+\eta\rho_{\text{th}}$,其中 ρ_{th} 是 ρ 的热化版本。可以近似表示为

$$\rho\to\rho_1 = (1-\eta)\rho_0+\eta\rho \tag{7.2}$$

现在重复发射处于态 $|\psi\rangle$ 的单光子来检测目标是否存在。单次发射的最小

错误概率可以通过投影到 $\rho_1 - \rho_0$ 的正数部分得到。这个测量包括简单地确认返回的光子是否处于态 $|\psi\rangle$。如果测量得到正的结果,那么我们推测目标存在。给定目标存在或不存在,输出为"是"和"否"的条件概率为

$$
\begin{cases}
p(\text{no} \mid \text{absence}) = 1 - b \\
p(\text{no} \mid \text{presence}) = (1 - b)(1 - \eta) \\
p(\text{yes} \mid \text{absence}) = b \\
p(\text{yes} \mid \text{presence}) = b(1 - \eta) + \eta
\end{cases}
\tag{7.3}
$$

如果重复单次发射测量,上面的条件概率方程确定了辨别目标是否存在的试验次数。要求的试验次数依赖于比值 η/b。

如果 $\eta/b > 1$,那么接收到的光子中信号光子的概率大于噪声光子,即信噪比大于 1。称这是"好"区域。若在该区域目标存在,则检测目标所需的试验次数正比于 $O(1/\eta)$,即简单地重复发射光子,直到至少有一个源于目标散射的光子被接收机接收并检测。

类似地,如果 $\eta/b < 1$,那么接收到的光子中信号光子的概率小于噪声光子,即信噪比小于 1。称这是"坏"区域。在该区域的回波中,多数接收到的光子是噪声光子。这里,必须对光子进行计数直到可以区分平均 b 个光子的热分布和目标存在时平均 $b + \eta$ 个光子的分布。通过使用 Bernoulli 试验输出采样的常用公式,发现在"坏"区域平均光子数为 $O(8b/\eta^2)$,可以辨别目标是否存在。

这些辨别目标是否存在所需试验次数的估计仅仅是下限,因为它们来自于重复理想的单次发射测量。真正的试验数渐近极限由量子 Chernoff 界给出[5,6],其确认了单次发射测量的重复事实上是最佳的。

检测目标是否存在的错误概率不依赖于信号和检测器的模式数 d。因为发射的光子并非热辐射态,因此不可能包含所有的模式。除了目标所对应的模式以外,其他的模式并不能为判断目标存在提供信息。对于目标检测而言,仅需要关注发射光子对应的模式,看是否有多于期待数目的光子回来。

下面分析纠缠对目标检测性能的影响。信号光子和辅助光子共同构造纠缠态表示为

$$
|\psi\rangle_{\text{SA}} = \frac{1}{\sqrt{d}} \sum_k |k\rangle_{\text{S}} |k\rangle_{\text{I}}
\tag{7.4}
$$

纠缠态可以在低光子数区域由自发参数下转换器的输出产生,匹配它和检测器的时间带宽乘积,选择出一对信号光子和闲置光子。其中,信号光子被发射出去,而闲置的光子被保留作为辅助光子。

对应于目标是否存在的两个不同动力学过程具有不同的形式,因为辅助光子的态必须包含进来。如果信号光子丢失了,辅助光子变为完全混合的态:下面

分别针对目标存在或不存在下的两种情况进行分析。

（1）目标不存在，则接收端测量后状态表示为

$$|\psi\rangle_{\rm SI}\langle\psi| \rightarrow \rho_{\rm SI0} = \rho_0 \otimes \frac{I_1}{d} = \big[(1-db)|{\rm vac}\rangle_{\rm S}\langle{\rm vac}| + bI_{\rm S}\big] \otimes \frac{I_1}{d} + O(b^2)$$

$$(7.5)$$

（2）目标存在，则接收端测量后状态表示为

$$|\psi\rangle_{\rm SI}\langle\psi| \rightarrow \rho_{\rm SI1} = (1-\eta)\rho_{\rm SI0} + \eta|\psi\rangle_{\rm SI}\langle\psi| + O(b^2, \eta b) \qquad (7.6)$$

式中：$I_{\rm S}$ 和 $I_{\rm A}$ 分别是系统和辅助光子的单光子 Hilbert 空间的单位算符。和前面一样，单次发射最小错误概率可以通过投影到（$\rho_{\rm SA1} - \rho_{\rm SA0}$）的正数部分得到，简单地对应于确定是否返回的光子处于态 $|\psi\rangle_{\rm SA}$。

作最佳单光子发射测量并计算纠缠情形下的条件错误概率得到

$$\begin{cases} p_{\rm e}({\rm no}\,|\,{\rm absence}) = 1 - \dfrac{b}{d} \\[2mm] p_{\rm e}({\rm no}\,|\,{\rm presence}) = \left(1 - \dfrac{b}{d}\right)(1-\eta) \\[2mm] p_{\rm e}({\rm yes}\,|\,{\rm absence}) = \dfrac{b}{d} \\[2mm] p_{\rm e}({\rm yes}\,|\,{\rm presence}) = \dfrac{b}{d}(1-\eta) + \eta \end{cases} \qquad (7.7)$$

与非纠缠情形对比，可以立即看出纠缠效应使得有效噪声从 b 变为 b/d，同时也有两个区域。"好"区域现在变为 $\eta d/b > 1$。在"好"区域，还是需要 $O(1/\eta)$ 次试验来确定目标是否存在。对比上面的纠缠情形和非纠缠情形，我们看到两种情形下"好"区域中的试验次数是一样的。但与非纠缠情形相比，纠缠情形的"好"区域扩充了 d 倍。

通过使用纠缠光子来获得"好"区域的扩展可以如下理解。如前面所述，量子 Chernoff 界的分析证明了最佳检测策略是一起测量进来的光子和辅助光子，看是否它们都处于态 $|\psi\rangle_{\rm SA}$。如果返回的光子是信号光子，那么它会通过检测。如果返回的光子是噪声光子，那么辅助光子处于态 I_1/d。噪声光子和完全混合的辅助光子 d 次不可能在态 $|\psi\rangle_{\rm SA}$ 中被发现。与非纠缠情形相比，纠缠情形中的噪声光子 d 次不可能通过检测，并且不可能混淆为信号光子。换句话说，纠缠的存在使得噪声光子 d 次不可能伪装为信号光子。纠缠有效地增强了信噪比，增强因子为 d。

对于纠缠情形，当 $\eta d/b < 1$ 时，属于"坏"区域，此时判断目标是否存在所需的重复次数是 $O(8b/\eta^2 d)$。与非纠缠情形"坏"区域的对比，量子照射将检测目标是否所需的试验次数降低了 d 倍。由此可以看出，即使在"坏"区域，纠缠特性依然可以有效地增强信噪比。

纠缠特性在"坏"区域所具有的增强效应是特别有趣的。在"坏"区域中，噪

声和传输损耗的效应使得信号光子和辅助光子的纠缠特性遭到破坏,这个效应在量子比特情形中也出现。尽管信号光子和辅助光子在检测器中不再纠缠,但噪声光子仍然很难伪装成和辅助光子纠缠的信号光子。纠缠有效地增强了检测的信噪比,增强因子为 d,其为纠缠模式数。若纠缠的比特数为 m,则其增强效应为 $d = 2^m$,增强效应是比特数的指数次方。

在上面的噪声模型中,假设条件包括:①每个模式的噪声光子数非常少;②接收的时间窗口非常短,即在窗口打开期间最多一个光子被检测到。但是这些假设均可以被适当放宽。例如,考虑这样一个噪声模型,如果目标不存在,那么检测器接收到的态为 $\rho_s = I_s/D$,其中,D 是所有可能与信号能量相同的噪声态的数目。换句话说,噪声是用微正则系综来描述的,并且 $D = 2^m$,其中 m 是测量的比特的熵。如果目标存在,那么信号仍然以小概率 η 被反射回来,但信号以概率为 $1 - \eta$ 被噪声代替。这个模型对应于一个可反射的、多面的在空间斜放的目标。多数时候,我们仅接收到背景噪声,但偶尔一个面会反射信号到接收器。

这个微正则噪声模型可以利用上面使用的同样的工具来分析,包括量子Chernoff 界限。当一个未被纠缠的态 $|\psi\rangle$ 被发送,那么有两个检测区域。当 $\eta D > 1$ 时,处于"好"区域,信噪比大于1,需要利用 $O(1/\eta)$ 个信号来检测目标是否存在。当 $\eta D < 1$ 时,处于"坏"区域,信噪比小于1,则相应地需要利用 $O(8/D\eta^2)$ 个信号。当处于纠缠状态的光子的一部分作为信号被发送出去,"好"区域的范围就扩展到 $\eta D^2 > 1$,即纠缠特性扩展了"好"区域的范围,或者认为纠缠特性提升了信噪比,改善因子为 D。相类似,在满足 $\eta D^2 < 1$ 条件下对应的"坏"区域中,检测目标需要发射的信号数降低为 $O(8/D^2\eta^2)$。与前面分析单光子测量结果一致,即使接收机中光子的纠缠特性已经完全被破坏,纠缠依然可以减少对于发射光子数的要求,改善因子为 $D = 2^m$,其中 m 为纠缠比特数。

上述分析说明了纠缠提供增强的本质。对于微正则噪声模型,非纠缠检测的灵敏度随着信号空间的维度改变,而纠缠检测的灵敏度则随着信号空间维度的平方改变。这个增强类似于密钥编码中得到的结果相类似,其中纠缠允许我们使用一个量子电码(信号空间维度为 D)来发射两个经典电码(维度为 D^2)。在低噪声模型中,噪声模型的线性本质补偿了检测的灵敏度,与信号模式的数目无关。对于两个噪声模型,引入纠缠后,可以信号空间的维度,达到增强灵敏度的目的。

从上面的简单分析中可以看出,量子照射是一个具有潜力的强有力的检测技术,其中信号光子与辅助光子纠缠在一起,在检测器中进行纠缠测量。纠缠增强了有效信噪比,因为与噪声光子伪装为非纠缠的信号光子相比,噪声光子很难伪装为一个纠缠的信号光子。量子照射提供的增强的灵敏度和信噪比是随初始纠缠比特数目指数增长的,并且在大量噪声和损耗存在时仍然保持,即使此时在接收器中纠缠不再存在。

除了实现目标的探测以外,量子照射还可以进一步实现距离的测量,甚至实现二维成像。其中目标的距离可以通过改变接收信号的时间窗口,或者同时构建多个时间窗口进行接收,以此形成多个距离门实现距离测量,而二维成像则可以通过实波束扫描的方式实现。

7.2.2　Gaussian 态量子照射

在上面的分析中,光子源产生具有 d 个模式的最大纠缠信号光子和辅助光子束,每个均只包含单个光子。信号光子束照射目标区域,目标的反射率较低,即 $\eta \ll 1$,且目标处在非常弱的热噪声下,每个模式的平均光子数 $b \ll 1$。从这个区域接收到的光和辅助光子一起被用来检测目标是否存在。Lloyd 证明了,利用接收光子和辅助光子的最佳联合测量,量子照射获得有效的信噪比为 $\eta d / b$,而对单个非纠缠光子而言,即使采用最佳量子接收,接收信号的信噪比也只能达到 η / b,相比较之下,信噪比远小于量子照明。

上面 Lloyd 的分析主要还限制在真空加单个光子的方面,每次测量期间最多一个光子达到接收器,不管物体是否处于目标区域。Lloyd 简要地描述了一个微正则噪声模型,对于具有相同能量的信号和噪声态,其量子照射可以将信噪比提高 d 倍。然而,微正则模型是相当苛刻的,因为热噪声处于 Bose – Einstein 光子数分布的 Gaussian 态。2008 年,Shapiro[7] 通过提供量子照射目标检测的全 Gaussian 态处理弥补了这个不足,在不考虑抽运损耗的条件下,对于连续波自发参数下转换得到的纠缠信号光子和辅助光子采用严格的量子统计。对于损耗和噪声 bosonic 通道使用标准模型处理[8]。他们证明了,在存在耗损及噪声环境下,与相同平均光子数的相干态发射器相比,一个低亮度的量子照射系统对于有效信噪比会有很重要的改善,带来目标检测错误概率的大量减少约 6dB。因此,量子照射是第一个基于纠缠获得增益的例子,下面进行性能的详细分析。

考虑连续波参数下转换得到的纠缠信号光子(S)和辅助光子(I)。在纠缠态的粒子数表象下,这个模式对表示为

$$|\psi\rangle_{\mathrm{SI}} = \sum_{n=0}^{\infty} \sqrt{\frac{N_{\mathrm{S}}^n}{(N_{\mathrm{S}}+1)^{n+1}}} |n\rangle_{\mathrm{S}} |n\rangle_{\mathrm{I}} \tag{7.8}$$

式中:N_{S} 是每个模式的平均光子数。$|\psi\rangle_{\mathrm{SI}}$ 是零均值 Gaussian 态,它的 Wigner 分布协方差矩阵为

$$\Lambda_{\mathrm{SI}} = \frac{1}{4} \begin{pmatrix} S & 0 & C_{\mathrm{q}} & 0 \\ 0 & S & 0 & -C_{\mathrm{q}} \\ C_{\mathrm{q}} & 0 & S & 0 \\ 0 & -C_{\mathrm{q}} & 0 & S \end{pmatrix}$$

$$S = 2N_s + 1$$
$$C_q = 2\sqrt{N_S(N_S + 1)} \tag{7.9}$$

很容易看到$|\psi\rangle_{\text{SI}}$具有最大的纠缠积,因为Λ_{SI}中的非零非对角元项C_q的大小等于给定矩阵对角元量子力学所允许的最大值。事实上,对于经典态,这些非对角元大小的上限是$C_c = 2N_S C_c$表示经典态上限值的变量定义。因此,对于一个低亮度源,其每个模式的平均光子数是非常低的,即$N_S \ll 1$,因为$C_q \gg C_c$,所以Λ_{SI}中有一个非常强的非经典特征。

假设系统发射信号到空间某个区域,那里存在热噪声,但不确定是否存在目标。此外,假设发射器中保留辅助光子,然后与从目标区域反射回的光子作联合测量。在假设H_0(物体不存在)下,从目标区域反射回光子对应的算符可以表示为

$$\hat{a}_R = \hat{a}_B \tag{7.10}$$

式中:$\hat{a}_B$表示平均光子数$N_B \gg 1$对应的背景热辐射状态。在假设H_1(物体存在)下,从目标区域反射会来的光子对应的算符可以表示为

$$\hat{a}_R = \sqrt{\kappa}\hat{a}_S + \sqrt{1 - \kappa}\hat{a}_B \tag{7.11}$$

式中:$\kappa \ll 1$,现在$\hat{a}_B$表示平均光子数$N_B/(1 - \kappa)$对应的热辐射状态。$\hat{a}_S$表示平均光子数N_S对应的回波状态,物理上,这表示当物体存在时,物体的散射截面积非常小,或者回波信号强度非常弱,即$\kappa \ll 1$,在接收端与很强的背景辐射(即$N_B \gg 1$)相互混合后,可以认为背景辐射与物体辐射彼此独立,互不影响。

因此,在H_0和H_1两种假设下,$\hat{a}_R$和$\hat{a}_1$($\hat{a}_1$表示辅助光子的状态)模式的联合态是零均值混合Gaussian态,H_0假设下Wigner分布协方差矩阵为

$$\Lambda_{\text{RI}}^{(0)} = \frac{1}{4}\begin{bmatrix} B & 0 & 0 & 0 \\ 0 & B & 0 & 0 \\ 0 & 0 & S & 0 \\ 0 & 0 & 0 & S \end{bmatrix} \tag{7.12}$$

相应地,在H_1的假设下,协方差矩阵修正为

$$\Lambda_{\text{RI}}^{(1)} = \frac{1}{4}\begin{pmatrix} A & 0 & \sqrt{\kappa}C_q & 0 \\ 0 & A & 0 & -\sqrt{\kappa}C_q \\ \sqrt{\kappa}C_q & 0 & S & 0 \\ 0 & -\sqrt{\kappa}C_q & 0 & S \end{pmatrix} \tag{7.13}$$

式中

$$\begin{cases} B = 2N_B + 1 \\ A = 2\kappa N_S + B \end{cases} \qquad (7.14)$$

上述分析中并没有体现纠缠态。在假设 H_0 和 H_1 中，回波光子和辅助光子的条件密度算符分别表示为 $\hat{\rho}_{RI}^{(0)}$ 和 $\hat{\rho}_{RI}^{(1)}$，两者都有正定的 P 表象，因此可以被看作经典随机相干态混合。

当 H_0 和 H_1 假设出现的概率相同时，借鉴通信的概念，可以将量子照射接收机的最小错误概率决策规则如下。测量 $\hat{\rho}_{RI}^{(1)} - \hat{\rho}_{RI}^{(0)}$，如果输出结果非负，则判决物体存在；否则判决物体不存在。此外，用 $\{\gamma_n^{(+)}\}$ 表示 $\hat{\rho}_{RI}^{(1)} - \hat{\rho}_{RI}^{(0)}$ 的非负本征值，量子照射体制下的接收机平均错误概率表示为

$$\Pr(e) = \frac{1}{2}\left(1 - \sum_n \gamma_n^{(+)}\right) \qquad (7.15)$$

与第 6 章分析量子接收机的情况类似，理论上的最优量子测量算符和系统性能并不等于可以获取相应的物理实现，寻找或者设计 $\hat{\rho}_{RI}^{(1)} - \hat{\rho}_{RI}^{(0)}$ 所对应的物理实现途径是个非常困难的任务，因此，只能根据理论分析确定系统所对应的理论性能极限，并寻求有效的实验手段不断逼近理论极限。下面就对高斯态假设下的量子照明极限性能进行分析。

在每个假设下，量子照射和相干态的发射均对应着 Gaussian 态的模态密度算符，因此可以使用 Lloyd 的结果[9]来计算 Chernoff 和 Bhattacharyya 界。

为此，假设已知：H_0 和 H_1 假设下相干态发射算符 $\hat{a}_R$ 以及量子照射发射算符 $\hat{a}_R$ 和 $\hat{a}_I$ 的光子数平均值；相关模式的条件 Wigner 分布协方差矩阵 Λ；条件 Wigner 分布协方差矩阵的辛对角化。其中，协方差矩阵 Λ 的维度为 $2K \times 2K$，其辛对角化包括一个 $2K \times 2K$ 的辛矩阵 S 和一个辛谱 $\{\nu_k : 1 < k < K\}$，其满足如下关系，即

$$S\Omega S^T = \Omega = \bigoplus_{k=1}^{K} \begin{pmatrix} 0 & 1 \\ -1 & 0 \end{pmatrix}$$

$$\Lambda = S\,\mathrm{diag}(\nu_1, \nu_1, \nu_2, \nu_2, \cdots, \nu_K, \nu_K)S^T \qquad (7.16)$$

对于相干态发射器，当 $N_B \gg 1$ 且 $M\kappa N_S/2N_B \gg 1$ 时，系统的错误检测概率满足如下界限条件，即

$$\Pr(e)_{CS} \geq \frac{1}{2}\left(1 - \sqrt{1 - e^{-2M\kappa N_S(\sqrt{N_B+1} - \sqrt{N_B})^2}}\right) \cdot \frac{1}{4}e^{-M\kappa N_S/2N_B}$$

$$\Pr(e)_{CS} \leq \frac{1}{2}e^{-M\kappa N_S(\sqrt{N_B+1} - \sqrt{N_B})^2} \cdot \frac{1}{2}e^{-M\kappa N_S/4N_B} \qquad (7.17)$$

对于量子照射发射器,对角化 $\Lambda_{\mathrm{RI}}^{(0)}$ 所需的辛矩阵 S 是 4×4 的单位矩阵,可以表示为

$$S = \begin{pmatrix} X_+ & X_- \\ X_- & X_+ \end{pmatrix} \tag{7.18}$$

式中

$$X_{\pm} = \mathrm{diag}(x_{\pm}, \pm x_{\pm})$$
$$x_{\pm} = \sqrt{\frac{A + S \pm \sqrt{(A+S)^2 - 4\kappa C_q^2}}{2\sqrt{(A+S)^2 - 4\kappa C_q^2}}} \tag{7.19}$$

在 H_0 假设下,辛谱为 $v_1 = B/4, v_2 = S/4$;在 H_1 假设下,辛谱可以表示为

$$\nu_k = \frac{1}{8}\left[(-1)^k(S - A) + \sqrt{(A+S)^2 - 4\kappa C_q^2}\right] \qquad k = 1, 2 \tag{7.20}$$

由此可以得到量子照射错误概率 Bhattacharyya 界的解析表达式。

图 7.2 中给出相干态系统的由上面公式给出的 Chernoff 界和下限,以及量子照射系统的 Bhattacharyya 界,其中 $\kappa = 0.01$, $N_s = 0.01$ 以及 $N_B = 20$。可以看到,给定 M 值,量子照射系统的错误概率上限比相干态光的错误概率下限低数个量级。在相同的嘈杂和耗散环境下,比较量子照射结果和相干态发射器的 Chernoff 界,纠缠的利用使得错误概率降低了 6dB。因此,在背景噪声严重,目标回波较为微弱的条件下,纠缠的利用不应被忽视。

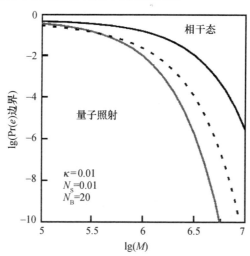

图 7.2   相干态(Chernoff 界)和量子照射(Bhattacharyya 界)的
极限性能对比图(见彩图)

7.3 量子照明的试验验证

7.3.1 基于量子照射的通信实验

2013年,H. Shapiro组[10,11]首次在实验上验证了基于量子照射的防被动窃听通信,这表明了在破坏纠缠的环境下纠缠的利用不应被忽视。实验装置如图7.3所示,Alice使用自发参数下转换器(SPDC)制备了最大纠缠度的信号光子束和辅助光子束(Idler),其中信号光子束发送给Bob,辅助光子束被保留下来。在从Alice接收到的信号上,Bob以500kbit/s的速率施加相移0(信息为0)或π(信息为1)来编码他的信息。Bob将调制的信号通过掺铒的光纤放大器(EDFA)来有意地打破信号光子和辅助光子的纠缠,放大器的自发发射噪声(ASE)掩盖了从Eve来的比特流。Eve必须依赖于窃听Alice－to－Bob和Bob－to－Alice通道上的联合经典态光子,而Alice把接收到的嘈杂的返回信号光子和辅助光子作联合测量以解码Bob的信息。量子照射使得Alice的辅助光子和回波信号光子之间的相关性远强于Eve相应的信号。

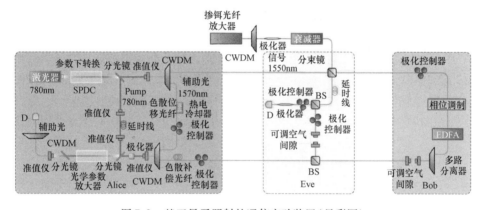

图7.3 基于量子照射的通信实验装置(见彩图)

图7.3中Alice的SPDC使用20mm类型为0的相位匹配的掺MgO的铌酸锂晶体,抽运光为780nm的连续波,功率约为135mW,经过参量下转化后,产生了1550nm的信号光以及1570nm的辅助光。一个粗波长多路分离器(CWDM)将信号光和辅助光分开,带宽约为2THz。比特流持续时间约为$T = 2\mu s$,流速率为500kbit/s,则每个信息位包含4×10^6个光子对。平均每个模式中SPDC产生源强为$N_s = 0.001$个光子。$N_s \ll 1$以及$MN_s \gg 1$对于量子照射而言非常重要,前者保证Alice比Eve获得更强的相关信号,而后者保证Alice以较低的错误率接收到信号光子。

Alice 通过单模光纤给 Bob 发送信号光子,中间 Eve 安置了 50 – 50 的光分束器。Bob 使用 BER 检测器得到的伪随机位序列,然后通过二进制相移键(BPSK),将信息调制到接收到的信号上。Alice 和 Eve 的接收器都不是量子最佳的,他们的位错误率分别为 BER_A 和 BER_E,为

$$BER_A = Q\left(\frac{\sqrt{M}\zeta_A\sqrt{N_S(N_S+1)}}{\sigma_{A+}^{tot} + \sigma_{A-}^{tot}}\right)$$

$$BER_E = Q\left(\frac{\sqrt{M}\zeta_E N_S}{\sigma_{E+}^{tot} + \sigma_{E-}^{tot}}\right) \qquad (7.21)$$

式中:Q 表示标准 Gaussian 概率密度的剩余积分;$\zeta_A\sqrt{N_S(N_S+1)}$ 和 $\zeta_E N_S$ 分别表示 Alice 和 Eve 看到的 Bob 信息调制度,其中 ζ_A 表示透射效率,而 σ_{A+}^{tot} 是 σ_{E+}^{tot} 分别是 Alice 和 Eve 的每个模式的位值为 0 和 1 的噪声标准差。图 7.4 中的点是 Alice 和 Eve 测量的位错误率,每个点是 10 次测量的平均,标准差为 ± 1。

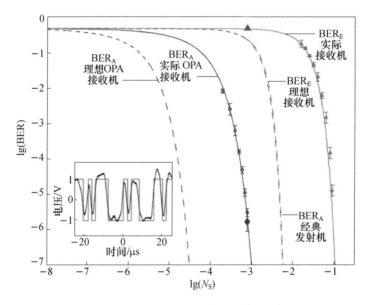

图 7.4　Alice 和 Eve 测量的位错误率(见彩图)

图 7.4 中的蓝色虚线和实线是 BER_A 的理论值,Alice 使用最大纠缠的 SP-DC 源,并且 OPA 接收器具有增益 $G_A - 1 = 1.86 \times 10^{-5}$。当 Alice 使用理想 OPA 接收器时,即使没有由于残留色散或者非理想模式对耦导致的损耗调制,蓝色虚线给出了 Alice 的行为;蓝色实线给出了这些非理想接收器的实验值。红色虚线是假设 Alice 使用了理想 OPA 接收器的最大相干经典光源。红色虚线和蓝色

实线之间的差表明,Alice 使用 SPDC 源和非理想 OPA 接收比使用经典态源和理想 OPA 接收器效果要好。

图 7.4 中的绿色虚线和实线是 Alice 使用最大纠缠 SPDC 源或最大相干经典源并且 Eve 使用干涉接收器时 BERE 的理论值。绿色虚线假设 Eve 的接收器是理想的,绿色实线是 Eve 非理想接收器的实验值。红色实线和绿色虚线基本重合是合理的。实验数据表明 Alice 比 Eve 的错误概率降低了 5 个量级。如果 Bob 的位序列是平权并且统计独立的,那么①对于 Bob 发送的每个比特,Alice 将接收到接近 1 比特信息;②Eve 则接收到近乎为零的信息。

因此,他们的实验验证了理论预言中量子照射可以防止被动窃听的想法。但 Shapiro 的理论预言也提出,对于主动攻击这个方法是脆弱的,即 Eve 将自己的光子注入 Bob 的终端中。事实上,Eve 可以把她自己的 SPDC 信号光子传送给 Bob,而她的辅助光子留下来与她从 Bob‐to‐Alice 通道上截获的光子作联合测量。Shapiro 也提出防止主动攻击的方案,更多的实验工作需要继续下去。

7.3.2 基于量子照射的目标检测实验

根据 Llyod 和 S. Tan 提出的量子照射想法,2013 年 Lopaeva[11] 基于光子数关联第一次在实验上实现了量子照射,证实了量子照射对噪声和传输损耗具有强大的稳健性。量子照射的在目标探测领域应用的基本想法可以描述为:两束非经典光子态的相关性被用来检测噪声背景下的目标,其中一束光子的部分能量会被目标反射用于探测。实验中,考虑一个真实且未知的背景,接收端采用基于光子计数检测以及二阶相关测量。实验表明了在任意背景噪声强度下,量子照射比基于经典相干光的经典检测的效果要好很多。

图 7.5 中参数下转换器(PDC)产生两个相干光束,每个空间模式的平均光子数为 $\mu = 0.075$,之后被送到高量子效率的 CCD 照相机。在量子照射(图 7.5(a))中,一束信号光直接被检测,而一个目标物体,建模为 50:50 的光分束器(BS)被放置在另一条光束的传播路径上,并且被由 Arecchi 旋转毛玻璃片散射的激光束带来的热背景噪声照射。当目标物体被移开时,只有背景噪声到达接收器。在经典照射(图 7.5(b))中,来自 PDC 的一束光经过二分镜产生了两束经典相干光,取代了量子照射中的纠缠光子束。通过调节泵浦光的功率使得量子照射和经典照射具有相同的强度、时间空间相干性。

图 7.6 中测量了中途截取的相关光束"1"和"2"的光子数 N_1 和 N_2。它们的相关性可以通过平均单幅图上所有的 N_{pix} 个像素对计算得到。为了对量子照射中的量子效应进行量化分析,可以引入一个合适的非经典参数,即广义 Cauchuy‐Schwarz 参数,定义为

$$\varepsilon = \langle :\delta N_1 \delta N_2: \rangle / \sqrt{\langle :\delta^2 N_1: \rangle \langle :\delta^2 N_2: \rangle} \tag{7.22}$$

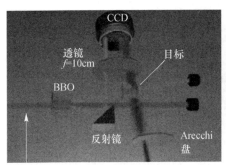
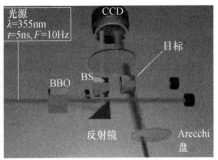

(a) 量子照射，抽运光经过硼酸钡晶体产生双光束，一束辅助光被反射到检测系统。信号光束和来自Arecchi盘的热辐射被部分检测。棱镜实现光场傅里叶变换

(b) 经典照射，一束来自BBO的光束被截断，另一束光经过二分镜产生相干光束。提高抽运光的功率以使得到和纠缠光子对相同的能量

图7.5 基于量子照射的目标检测实验装置（见彩图）

式中：$\langle ::\rangle$ 是正常顺序的量子期望值，$\delta^2 N_i = (N_i - <N_i>)^2$ 是光子数 N_i（$i = 1$，2）的涨落。这个参数不依赖于耗散，它可以表征非经典性。对于经典光子态，$\varepsilon < 1$，具有正的 Glauber – Sudarshan P 函数，但对于量子态则具有负的或奇异 P 函数，并且偏离这个范围。

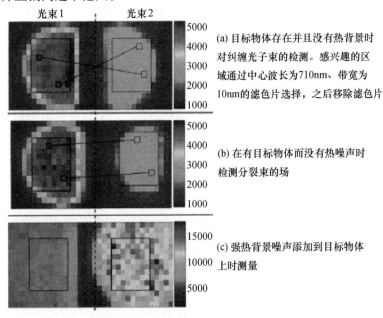

(a) 目标物体存在并且没有热背景时对纠缠光子束的检测。感兴趣的区域通过中心波长为710nm、带宽为10nm的滤色片选择，之后移除滤色片

(b) 在有目标物体而没有热噪声时检测分裂束的场

(c) 强热背景噪声添加到目标物体上时测量

图7.6 量子照射体制下相关光束的相关性分析（见彩图）

图 7.7 中给出了测量 ε 的理论预言。从中可以看出,对于纠缠光子束,在较弱的热背景辐射 $<N_\mathrm{b}>$ 下,$\varepsilon^{\mathrm{QI}}>1$ 处于量子区域;特别地,当完全没有背景噪声 $<N_\mathrm{b}>=0$ 时,$\varepsilon^{\mathrm{QI}}\approx10$。当背景对 N_2 涨落的贡献占主要时,$\varepsilon^{\mathrm{QI}}$ 会迅速减小到经典区域。而对于经典相干光束,$\varepsilon^{\mathrm{CI}}$ 始终处于经典区域,当 $<N_\mathrm{b}>=0$ 时,其值为 1。

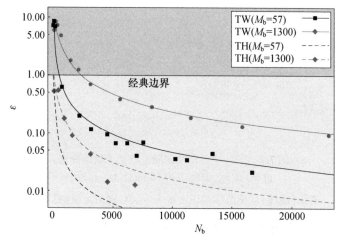

图 7.7 对于背景模式数 $M_\mathrm{b}=57$(黑色方形)和 $M_\mathrm{b}=1300$(红色圆形和菱形),纠缠光束(TW)和相干光束(TH)的广义 Cauchy – Schwarz 参数 ε 随平均背景光子数 $\langle N_\mathrm{b}\rangle$ 的变化(见彩图)

为了辨别目标物体是否存在,计算协方差 $\Delta_{1,2}$,即

$$\Delta_{1,2} = E[N_1 N_2] - E[N_1]E[N_2]$$

$$E[X] = \frac{1}{K}\sum_{k=1}^{K} X^{(k)}$$

(7.23)

式中:$E^{[X]}$ 表示对应于 $K=N_{\mathrm{Pix}}$ 个相关像素对的平均。信噪比可以定义为

$$f_{\mathrm{SNR}} = \frac{\left| \langle \Delta_{1,2}^{\mathrm{in}} - \Delta_{1,2}^{\mathrm{out}} \rangle \right|}{\sqrt{\langle \delta^2(\Delta_{1,2}^{\mathrm{in}}) \rangle + \langle \delta^2(\Delta_{1,2}^{\mathrm{out}}) \rangle}}$$

(7.24)

式中:"in"和"out"分别对应于目标物体存在和不存在。

图 7.8 中是归一化信噪比 $f_{\mathrm{SNR}}/\sqrt{K}$ 的理论值和实验值的对比。实验和理论很好地吻合,不管 $<N_\mathrm{b}>$ 的值,量子增益几乎保持常数。因此,测量时间,即辨别目标是否存在所需接收的光子数 N_{img},在量子照射中可以很小,例如为了得到信噪比 $f_{\mathrm{SNR}}=1$,采用量子关联可以几乎小至 1/100。

图 7.9 中是辨别目标是否存在错误概率 P_{err},量子方法远优越于经典方法。对于量子照射和经典照射,图中的理论预言(线)和实验数据(点)都很好地吻

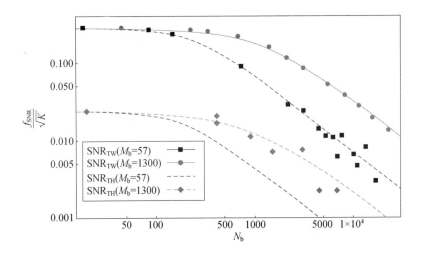

图 7.8 归一化的信噪比随背景光子数的变化。

红色（黑色）对应于 $M_b = 1300$（$M_b = 57$），

实线（虚线）理论曲线对应于量子（经典）照射光束（见彩图）

合。量子照射的错误概率比经典照射低好几个量级。

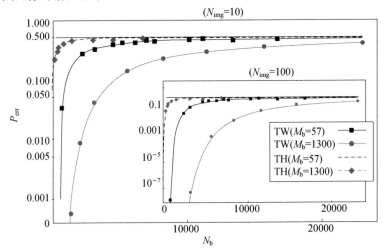

图 7.9 $N_{img} = 10$（插图中 $N_{img} = 100$）时，目标检测错误概率 P_{err} 随背景

噪声光子数 $\langle N_b \rangle$ 的变化（黑色方形和红色圆形分别是 $M_b = 57$ 和 $M_b = 1300$ 时

量子照射的数据）（见彩图）

在这个实验中，热背景噪声下的量子纠缠给检测目标带来的增益效应得到验证。基于量子照射方案的光子计数，由于其对噪声和传输损耗的稳健性，对于推动量子相干光在实际环境中的使用提供理论和实验支撑。

7.4　微波量子照明[15]

7.4.1　简介

纠缠是许多量子信息实现方案的基础,但它很容易被环境噪声破坏。在几乎所有情形下,环境噪声会破坏非经典相干性带来的好处。然而,量子照明(QI)是个值得注意的例外:它在噪声很强的环境下以至于纠缠被破坏时仍然能存在。

QI 的最初目的是检测强背景噪声下低反射率目标是否存在,通过向目标所在区域发射光子束,而保留它的纠缠光子与从目标区域反射回的光子作联合检测。虽然热噪声会破坏纠缠,但理论证明 QI 系统会比具有相同发射功率的经典(相干态)系统具有优势[13,14]。随后,一个作为安全通信的 QI 方案被提出,其实验证明纠缠的好处比一个破坏纠缠的通道存在更久。由于这个特征,QI 可能是量子传感技术中最令人感兴趣的方案之一。与量子速读一样,它代表了一个量子通道识别的实用例子,其中纠缠对于技术驱动的信息任务是有好处的。

迄今为止,QI 仅仅在光学波长范围被证实,自然发生的热背景辐射中每个模式的平均光子数远小于 1,尽管 QI 的优势在更强的热噪声背景下才显现出来。QI 通信方案[12]采用一种很自然的方式来处理这个问题,即目的性地注入被放大的自发发射噪声来阻止窃听。相比之下,在 QI 目标检测实验中类似的噪声注入已被人为考虑,因为在没有它时可以得到很好的目标检测性能。因此,利用 QI 目标检测的合适波长位于微波区,背景辐射中平均每个模式包含很多光子。不幸地,微波频段的量子信息技术发展具有很大的挑战性。

本章节介绍一个作用在微波区域的特殊 QI 目标检测系统。它的发射器使用电－光－力(EOM)转换器,其中力共振器将从微波腔和光学腔分别发射的信号光子和驻留光子纠缠在一起。它的接收器采用另一个 EOM(一个相位共轭器和一个波长转换器),它的光学输出被用做与驻留光子做联合检测。我们证明了,我们的系统比具有相同发射功率的经典(相干态)微波雷达更具有优势,获得数量级的低检测错误概率。此外,我们的系统可以用尖端技术实现,并且适宜于如下的潜在应用:作为低反射率目标的远距离检测以及电子元件的环境扫描。由于它增强的灵敏度,我们的系统还可以用做蛋白质光谱和生物化学成像的低通量非入侵检测技术。

7.4.2　电－光－力转换器原理与微波光学纠缠

如图 7.10 所示,EOM 转换器将微波腔(湮灭算符 $\hat{a}_w$,频率 ω_w,耗散率 κ_w)

模式和光学腔(算符 $\hat{a}_o$,频率 ω_o,耗散率 κ_o)模式通过力学共振器(算符 $\hat{b}$,频率 ω_M,耗散率 γ_M)耦合在一起。在旋转微波和光学驱动场频率的框架下,腔光子和共振器声子的相互作用可以用如下 Hamiltonian 描述为

$$\hat{H} = \hbar\omega_M\hat{b}^\dagger\hat{b} + \hbar\sum_{j=w,o}\left[\Delta_{0j} + g_j(\hat{b} + \hat{b}^\dagger)\right]\hat{a}_j^\dagger\hat{a}_j + \hat{H}_{dri} \tag{7.25}$$

式中:g_j 是力学共振器和腔模 j 的耦合率,被相干驱动 Hamiltonian $\hat{H}_{dri}$ 以频率 $\omega_j - \Delta_{0j}$ 驱动。

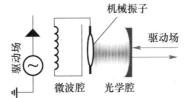

(a) 电-光-力(EOM)转换器图示,驱动微波和
光学腔被力共振器耦合在一起

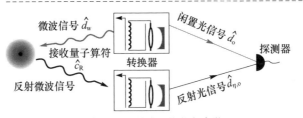

(b) 使用EOM转换器的微波-光学QI

图 7.10 发射器的 EOM 转换器将微波和光学场纠缠在一起。接收器的
EOM 转换器将反射回的微波场转为光频,同时作相位共轭操作(见彩图)

光 – 电 – 力耦合率 g_j 是很小的,以致可以将 Hamiltonian 在稳态振幅附近进行线性展开,即可以定义 $\hat{c}_j = \hat{a}_j - \sqrt{N_j}$,其中 $N_j \gg 1$ 是抽运源产生的平均腔光子数。在相互作用表象中可以表示为

$$\hat{H} = \hbar G_o(\hat{c}_o\hat{b} + \hat{b}^\dagger\hat{c}_o^\dagger) + \hbar G_w(\hat{c}_w\hat{b}^\dagger + \hat{b}\hat{c}_w^\dagger) \tag{7.26}$$

式中:$G_j = g_j\sqrt{N_j}(j = 0,w)$ 是多光子耦合率。这个表达式假设了,有效腔体失谐满足 $\Delta_w = -\Delta_o = \omega_M$,共振器处于快速震荡区以致低频区驱动微波腔而高频区驱动光学腔,并且可以忽略 $\pm 2\omega_M$ 的振荡项。

式(7.26)说明力学共振器调解了光学模式和微波模式之间的延迟作用。它的第一项是一个参数下转换作用,纠缠了力学共振器和光学腔模。如果光 – 力率 G_o^2/κ_o 超过力学共振器的退相干率 $r = \gamma_M k_B T_{EOM}/\hbar\omega_M$,那么这个纠缠被发送到传播光学模式 $\hat{d}_o$,其中 k_B 是玻耳兹曼常数,T_{EOM} 是 EOM 转换器的绝对温度。

第二项是力学共振器和微波腔模之间的束分器作用,只要微波 – 力率满足 $G_\mathrm{w}^2/\kappa_\mathrm{w} \rangle r$,那么就被发送到传播微波场 $\hat{d}_\mathrm{w}$。

输出的传播模式可以利用如下公式表示成腔间量子噪声算符 $\hat{c}_{j,\mathrm{ext}}$ 和量子 Brownian 噪声算符 $\hat{b}_\mathrm{in}$ 的项,即

$$\hat{d}_\mathrm{w} = A_\mathrm{w}\hat{c}_{\mathrm{w,ext}} - B\hat{c}_{\mathrm{o,ext}}^\dagger - C_\mathrm{w}\hat{b}_\mathrm{in} \tag{7.27}$$

$$\hat{d}_\mathrm{o} = B\hat{c}_{\mathrm{w,ext}}^\dagger + A_\mathrm{o}\hat{c}_{\mathrm{o,ext}} - C_\mathrm{o}\hat{b}_\mathrm{in}^\dagger \tag{7.28}$$

式中:A_j,B 以及 C_j 依赖于协同项 $\Gamma_j = G_j^2/\kappa_j\gamma_\mathrm{M}$。式(7.27)和式(7.28)中的 $\hat{c}_{\mathrm{w,ext}}$,$\hat{c}_{\mathrm{o,ext}}$ 以及 $\hat{b}_\mathrm{in}$ 独立于热态,其平均光子数 $\bar{n}_\mathrm{w}^\mathrm{T}$,$\bar{n}_\mathrm{o}^\mathrm{T}$ 和 $\bar{n}_\mathrm{b}^\mathrm{T}$ 由温度 T_EOM 和各自频率按 Planck 定律给定。传播模式,$\hat{d}_\mathrm{w}$ 和 $\hat{d}_\mathrm{o}$,处于零均值的联合 Gaussian 态,完全由二阶矩表征为

$$\begin{cases} \langle \hat{d}_\mathrm{w}^\dagger \hat{d}_\mathrm{w} \rangle = |A_\mathrm{w}|^2\bar{n}_\mathrm{w}^\mathrm{T} + |B|^2(\bar{n}_\mathrm{o}^\mathrm{T} + 1) + |C_\mathrm{w}|^2\bar{n}_\mathrm{b}^\mathrm{T} \\ \langle \hat{d}_\mathrm{o}^\dagger \hat{d}_\mathrm{o} \rangle = |B|^2\bar{n}_\mathrm{w}^\mathrm{T} + |A_\mathrm{o}|^2\bar{n}_\mathrm{o}^\mathrm{T} + |C_\mathrm{o}|^2(\bar{n}_\mathrm{b}^\mathrm{T} + 1) \\ \langle \hat{d}_\mathrm{w}\hat{d}_\mathrm{o} \rangle = A_\mathrm{w}B(\bar{n}_\mathrm{w}^\mathrm{T} + 1) - BA_\mathrm{o}\bar{n}_\mathrm{o}^\mathrm{T} + C_\mathrm{w}C_\mathrm{o}(\bar{n}_\mathrm{b}^\mathrm{T} + 1) \end{cases} \tag{7.29}$$

因此,传播微波和光学场将被纠缠,当且仅当经典界限被破坏,即

$$|\langle \hat{d}_\mathrm{w}\hat{d}_\mathrm{o} \rangle| \leq \sqrt{\langle \hat{d}_\mathrm{w}^\dagger \hat{d}_\mathrm{w} \rangle \langle \hat{d}_\mathrm{o}^\dagger \hat{d}_\mathrm{o} \rangle} \tag{7.30}$$

定义参数 ε 如下:

$$\varepsilon \equiv |\langle \hat{d}_\mathrm{w}\hat{d}_\mathrm{o} \rangle| \Big/ \sqrt{\langle \hat{d}_\mathrm{w}^\dagger \hat{d}_\mathrm{w} \rangle \langle \hat{d}_\mathrm{o}^\dagger \hat{d}_\mathrm{o} \rangle} \tag{7.31}$$

则 ε 随 Γ_w 和 Γ_o 的变化如图 7.11 所示。其中假定了实验上可以实现的参数:驱动力为 10ng 的力学共振器中 $\omega_\mathrm{M}/2\pi = 10\mathrm{MHz}$,$Q = 30 \times 10^3$;微波腔中 $\omega_\mathrm{w}/2\pi = 10\mathrm{GHz}$,$\kappa_\mathrm{w} = 0.1\omega_\mathrm{M}$;长度为 1mm 的光学腔,$\kappa_\mathrm{o} = 0.3\omega_\mathrm{M}$,驱动的激光波长 $\lambda = 1064\mathrm{nm}$。光 – 力和电 – 力耦合率分别为 $g_\mathrm{o} = 725.7\mathrm{Hz}$,$g_\mathrm{w} = 2.05\mathrm{Hz}$,并且整个 EOM 转换器温度为 $T_\mathrm{EOM} = 30\mathrm{mK}$。

7.4.3 微波量子照明

对于 QI 目标检测,我们的信号 – 驻留光子对分析必须推广到连续波 EOM 转换器,其输出场 $W_m(\mathrm{Hz})$ 在 t_m 秒持续时间测量内被使用,测量包含 $M = t_m W_m \gg 1$ 个独立并且相同分布(iid)模式对。M 个信号模式发射到目标区域,其包含(假设 H1)或者不包含(假设 H0)低反射率目标的概率是相等的。不管哪种可能性,返回的微波包含 M 个 iid 模式。使用 $\hat{c}_\mathrm{R}$ 来表示从 $\hat{d}_\mathrm{w}$ 发送并反射回的模

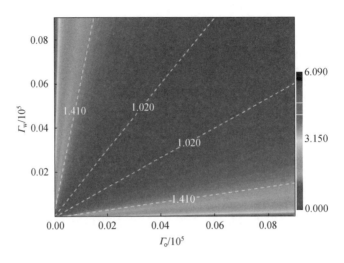

图 7.11 微波 – 光场纠缠度量 ε 随协同参数 $\Gamma_{\rm w}$ 和 $\Gamma_{\rm o}$ 的变化(见彩图)

式的湮灭算符,在假设 H_0 下 $\hat{c}_R = \hat{c}_B$,在假设 H_1 下 $\hat{c}_R = \sqrt{\eta}\hat{d}_{\rm w} + \sqrt{1-\eta}\hat{c}_B$。这里 $0 < \eta = 1$ 是目标反射率,背景噪声模式 $\hat{c}_B$ 是热辐射态,满足温度为 T_B 的 Planck 分布,在假设 H_0 下平均光子数为 $\bar{n}_B$,假设 H_1 下平均光子数 $\bar{n}_B/(1-\eta) \approx \bar{n}_B$。

在假设 H_1 下,返回的微波和驻留的光学场处于零均值、联合 Gaussian 态,具有非零相敏互关 $\langle \hat{c}_R \hat{d}_{\rm o} \rangle$,其不随 $\bar{n}_B$ 值变化,但 $\langle \hat{c}_R \hat{c}_R \rangle$ 随 $\bar{n}_B$ 增加而变大。从而,返回的和驻留的辐射在假设 H_1 下将不会纠缠,当如下关系满足时,即

$$\bar{n}_B \geq \bar{n}_B^{\rm thresh} \equiv \eta(\mid\langle \hat{d}_{\rm w}\hat{d}_{\rm o}\rangle\mid^2/\langle \hat{d}_{\rm o}^\dagger\hat{d}_{\rm o}\rangle - \langle \hat{d}_{\rm w}^\dagger\hat{d}_{\rm w}\rangle) \tag{7.32}$$

接收器将 M 个回波模式发送到另一个相同的 EOM 转换器的微波腔中,产生 M 个 iid 光学输出模式,每个为 $\hat{d}_{\eta,{\rm o}} = B\hat{c}_R^\dagger + A_{\rm o}\hat{c}_{\rm o,ext}' - C_{\rm o}\hat{b}_{\rm in}^{'\dagger}$,其中 $\{\hat{c}_{\rm w,ext}', \hat{c}_{\rm o,ext}', \hat{b}_{\rm in}^{'\dagger}\}$ 具有发射器的 EOM 转换器中对应部分的相同的态。因此,接收器的 EOM 转换器对回波场作相位共轭,并上转换到光学场。这个输出和驻留光子在 50 – 50 束分器上合成起来,其输出是光检测,并且它们在 $t_{\rm m}$ 秒时间内的光子计数被减去,产生一个输出,关于目标是否存在的最小错误概率决策便可以得到。对于 $M \gg 1$,最终的错误概率表示为

$$P_{\rm QI}^M = {\rm erfc}(\sqrt{{\rm SNR}_{\rm QI}^{(M)}/8})/2 \tag{7.33}$$

式中:${\rm SNR}_{\rm QI}^{(M)}$ 是对于 M 模式对的 QI 系统的信噪比。

假设相干态微波发射器平均发射 $M\bar{n}_{\rm w}$ 个光子,$\bar{n}_{\rm w}$ 等于方程(5)中的 $\langle \hat{d}_{\rm w}^\dagger\hat{d}_{\rm w}\rangle$,被用来判定目标是否存在。对从目标反射回的微波场零差检测做最小

错误概率处理得到错误概率为

$$P_{coh}^{M} = \mathrm{erfc}\left(\sqrt{\mathrm{SNR}_{coh}^{(M)}/8}\right)/2 \tag{7.34}$$

$$\mathrm{SNR}_{coh}^{(M)} = 4\eta M \bar{n}_w / (2\bar{n}_B + 1)$$

对于 $M \gg 1$，这个性能接近于量子 Chernoff 界限。这表明零差检测渐进于目标检测的最佳接收机，当采用相干态发射机时。

对于图 7.11 中给出的 EOM 转换器参数以及 $\eta = 0.07$，图 7.12 绘制了 P_{QI}^{M} 和 P_{coh}^{M} 随 $\lg_{10}(M)$ 的变化。假定 $\Gamma_w = 5364.5$，$\Gamma_o = 625.7$（$\bar{n}_w = 0.65$，$\bar{n}_o = 0.605$），$T_B = 293\mathrm{K}$（$\bar{n}_B = 610$）。可以看到，QI 系统比相干态系统具有数量级的低错误率。此外，相对于 $\bar{n}_w$，P_{coh}^{M} 的凸性表明，没有具有相同发射能量的经典系统比相干态系统有更低的错误率。

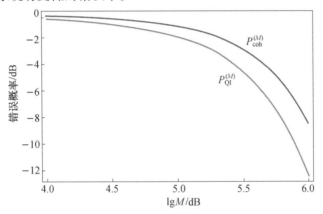

图 7.12　P_{QI}^{M} 和 P_{coh}^{M} 随时带宽积 $M(\mathrm{dB})$ 的变化曲线（见彩图）

相比经典传感器，为了优化我们微波 QI 系统的增益性能，需要计算大 M 时的 $\Im \equiv \mathrm{SNR}_{QI}^{(M)}/\mathrm{SNR}_{coh}^{(M)}$。这个优良指数依赖于协同参数 Γ_w 和 Γ_o，其值一般很大 $\Gamma_j \gg 1$（参考图 7.11 中的参数），以及背景噪声平均光子数 $\bar{n}_B$。如图 7.13 所示，QI 的优势在 Γ_w 和 Γ_o 的某区域显示出来，对应于图 7.11 中微波 – 光频纠缠较大的区域。

从上面我们证明了，对于目标检测，量子照明在微波区利用电 – 光 – 力转换器来实现。由于这个转换器，目标区可以用微波来照射，而目标检测需要的量子照明联合检测则在光频区进行，光频区的高性能检测器很容易得到。

利用优化的协同参数，EOM 转换器可以产生微波 – 光频纠缠，其相敏互关联 $\langle \hat{d}_w \hat{d}_o \rangle$ 具有接近最大纠缠极限的值。量子相关性可以成功地用来检测目标，与相同发射功率的任意经典微波系统相比具有更低的错误概率。当检测室温微波强噪声背景中的低反射率目标的反射信号时，QI 的优势特别显著。相对于可

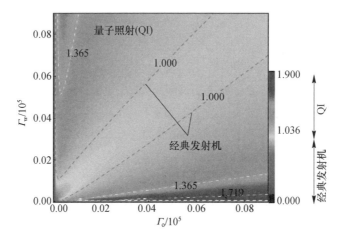

图 7.13 QI 优良指数，$\mathcal{F}$ 随 Γ_w 和 Γ_o 的变化。对于 $\mathcal{F} \rangle 1$，
QI 系统比任意具有相同发射功率的经典态系统具有更低的错误概率（见彩图）

比的微波系统，由于它增强的灵敏度，QI 传感器也可以实现极微弱信号的有效
检测，从而为雷达探测提供全新的实现途径。

参考文献

[1] Sacchi M F. Optimal discrimination of quantum operations [J]. Phys. Rev., 2005, A 71:062340.

[2] Sacchi M F. Entanglement can enhance the distinguishability of entanglement – breaking channels[J]. Phys. Rev. 2005, A 72:014305.

[3] Lloyd S. Enhanced Sensitivity of Photodetection via Quantum Illumination[J]. Science 321, 2008:1463.

[4] Giovannetti V, Lloyd S, Maccone L. Quantum – enhanced measurements: Beating the standard quantum limit[J]. Science 306,2004: 1330.

[5] Audenaert K M R. Discriminating states: the quantum Chernoff bound[J]. Phys. Rev. Lett. 98,2007:160501.

[6] Calsamiglia J, Munoz – Tapia R, Masanes L l, et al. Quantum Chernoff bound as a measure of distinguishability between density matrices: application to qubit and Gaussian states [J]. Phys. Rev. A 77, 2008:032311.

[7] Tan S. Quantum Illumination with Gaussian States[J]. Phys. Rev. Lett. 101, 2008:253601.

[8] Giovannetti V. Minimum output entropy of bosonic channels: a conjecture[J]. Phys. Rev. A 70, 2004:032315.

[9] Pirandola S, Lloyd S. Computable bounds for the discriminiation of Gaussian states[J]. Phys. Rev. A 78, 2008:012331.

[10] Zhang Z S. Entanglement's Benefit Survives an Entanglement – Breaking Channel[J]. Phys.

Rev. Lett. 111, 2013:010501.

[11] Shapiro J H. Defeating passive eavesdropping with quantum illumination[J]. Phys. Rev. A 80, 2009:0J22320.

[12] Lopaeva E D. Experimental Realization of Quantum Illumination[J]. Phys. Rev. Lett. 110, 2013:153603.

[13] Tan S H. Quantum illumination with Gaussian states [J]. Phys. Rev. Lett. 101, 2008:253601.

[14] Guha S. Gaussian – state quantum – illumination receivers for target detection[J]. Phys. Rev. A 80, 2009:052310.

[15] Shabir B, Saikat G, Christian W. Microwave Quantum Illumination [J]. Phys. Rev. lett. 114, 2015:080503.

主要符号表

A	信号功率
A	信号强度的变量
$\boldsymbol{A}$ 矢量势	
$A_{\perp}(\theta,\phi)$	目标垂直投影区域的积分结果
$\hat{a}$	湮灭算符
$\hat{a}_k^+$ 和 $\hat{d}_k^+$	分别表示信号入射和噪声入射对应的产生算符
$\hat{a}^+$	产生算符
$\hat{a}_{k,\lambda}$	湮灭算符
$\hat{a}_{ks}$	非厄米算符
$\hat{a}^\dagger$	产生算符
a_j	复振幅
$a_n(a=1,2,\cdots,N)$	投影分量,是标量
$\boldsymbol{B}$	磁场
b	平均光子数
$\hat{b}$	力学共振算符
C	一个常数项
C_C	表示经典非对角元大小的上限
C_q	表示给定矩阵对角元量子力学所允许的最大值
c	光速
$\hat{c}_j(j=o,w)$	将微波腔或光学腔算符进行线性展开后重新定义的算符
$\hat{d}_j(j=o,w)$	传播微波场或光学场模式的算符
d_{eff}	系数
$\mathrm{d}\omega$	对立体角度进行积分
E	数学符号,代表取均值的意思
E_{0x}	x 方向电场分量,E_{0y} 表示 y 方向的电场分量
$\hat{E}^{(+)}(\boldsymbol{r},t)$	空间位置 $\boldsymbol{r}$,时间 t 所对应的电场算符

E_l^i	平行于散射平面的入射场分量
E_r^i	垂直于散射平面的入射场分量
E_i	入射电场
E_{LO}	本振扬
E_R	探测器上的入射场
$\boldsymbol{E}_{S@r}$	散射场在空间矢量 $\boldsymbol{r}$ 处的场强
E_l^s	平行于散射平面的散射场分量
E_r^s	垂直于散射平面的散射场分量
E_S	目标散射场,即原文中的信号场
	散射电场
E_T	发射场
$\hat{E}_{LO}$	振场对应的算符
$\hat{E}_R$	探测器上的入射场对应的算符
$\hat{E}_S$	信号场对应的算符
$\boldsymbol{E}$	电场
e	电子电流
$\boldsymbol{e}_k^{(\lambda)}$	特征模式对应的单位矢量
$e^{i\boldsymbol{\theta}}$	e 表示指数项,i 表示虚部,θ 表示压缩方向
f_d	目标多普勒频率
G_{eff}	PSA 放大倍数
G_o 和 G_w	分别表示光学腔和微波腔的多光子耦合率
H_0 和 H_1	表示无目标和有目标两种假设
H_i	入射磁场
H_S	磁场
$\boldsymbol{I}$	单位矩阵
$\hat{I}_{pq}$	测量光场强,p 和 q 分别表示两个光子的动量
$\hat{I}_s$	散射场的检测算符
I^i、Q^i、U^i、V^i	入射场的四个斯托克分量
I_s^r	目标表面接收的平均强度
I^S、Q^S、U^S、V^S	散射场的四个斯托克分量
I_S 和 I_I	分别是系统和辅助光子的单光子 Hilbert 空间的单位算符
$\boldsymbol{K}$	波矢量
k	波矢

常数

第 k 个模式

粒子

$\boldsymbol{k}$ 电磁波传播方向(也称为动能方向,波矢)

k_m 光栅矢量的第 m 阶傅里叶分量

$|k\rangle_I$ 辅助光的 k 模式状态

$|k\rangle_S$ 信号光的 k 模式状态

L 分光镜的折射算符

腔体长度

L_m m 阶后格朗日多项式系数

M 积累脉冲个数

m 模式的序号

N 积累脉冲个数

离散总数

粒子浓度

光子个数

N_0 噪声功率

N_B 背景辐射的平均光子数

N_S 每个模式的平均光子数

目标回波的平均光子数

N_s 相干信号场的平均光子数

N_s 相干态光子的平均数

n 第 n 个采样点

光子个数

$n(r)$ 多分散系散射粒子分布

$\hat{n}_B$ 没有目标条件下的平均光子数

$\hat{n}_b^T$ 分别表示微波腔量子噪声算符、光学腔量子噪声算符和量子 Brownian 噪声算符所对应的平均光子数

$\hat{n}_o^T 、\hat{n}_w^T 、\hat{n}$ 光子数算符

$n_i(i=1,M)$ 第 i 级透光镜子对应的平均光子数

n_j 第 j 个模态的平均光子数

$|n_{k,\lambda}\rangle$ 动能为 k 且极化为 $\boldsymbol{\lambda}$ 的有 n 个单元量子场激发的状态

$|\boldsymbol{n}_k\rangle(k=S,I)$ 分别表示信号光(s)和闲置光(i)中的 M 模数态集合

n_r 接收噪声

$|n\rangle_I$ 辅助光子数为 n 的状态

$\lvert n \rangle_{\mathrm{S}}$	信号光的光子数为 n 的状态
$\lvert n \rangle$	归一化数态
$\boldsymbol{n}$ 和 $\boldsymbol{n}'$	两个不同的散射方向的单位矢量
$\hat{\boldsymbol{O}}$	散射方向的单位方向矢量
P	动量算符
$P(n)$	表示光子数为 n 的概率
P_{1k}	当有目标时的回波光子数为 k 的概率
P_{fa}	虚警概率
P_{n}	有效功率电压
$\boldsymbol{P}$	散射相矩阵
p	动量
$\hat{p}$	动量算符
p_1 和 p_0	分别表示 H_1 假设和 H_0 假设下的概率密度函数
$\lvert p >_{\mathrm{a}}$ 和 $\lvert q >_{\mathrm{b}}$	分别表示两个通道光子数为 p 和 q 对应的数态
p_{e}	错误概率
p_{ks}	简正模 s(标量)和波矢量 $\boldsymbol{k}$ 所对应的动量
$\hat{q}$	坐标算符
q_{ks}	坐标
R	传播长度
	发射与目标间的距离
	入射距离
R_{d}	散射原子的半径
r	粒子尺寸
	上半支路的反射系数
	压缩因子
r 和 r'	两个光子的空间位置
$\boldsymbol{r}$	空间位置矢量
$\boldsymbol{r}_{\mathrm{d}}$	检测点的空间位置矢量
$\boldsymbol{r}_{\mathrm{S}}$、$\boldsymbol{r}_{\mathrm{d}}$ 和 $\boldsymbol{r}_i$	分别为源、检测点第 i 个原子的空间位置矢量
$\boldsymbol{r}_{\mathrm{s}}$ 和 $\boldsymbol{r}_{\mathrm{i}}$	分别表示入射场的空间位置矢量和第 i 个原子的空间位置矢量
$\boldsymbol{r}_{\mathrm{S}}$	散射空间矢量
$\boldsymbol{r}_{\mathrm{s}}$	源信号的散射空间位置矢量
$\hat{S}$	入射场矢量

Si	入射场的功率流密度
$\mathrm{SNR}_{\mathrm{coh}}^{(M)}$	对于 M 模式对相干态的信噪比
SNR	信噪比
T	分光镜的透射算符
T_{r}	矩阵的迹
Tr	数学符号,代表取秩的意思
$T_{\perp}(\theta,\phi)$	目标垂直投影区域的积分结果
$T_{\perp}(\theta,\phi)$	在特定散射矢量上的目标垂直投影区域
t 和 t'	两个光子的不同时刻
th	门限值
$\boldsymbol{u}_{\mathrm{j}}(\boldsymbol{r})$	模函数
$\vert \mathrm{vac}\rangle_S$	信号光的空态
X	坐标算符
$\boldsymbol{X}$	测量结果组成的集合
	探测器所处的而为坐标
$\hat{X}$ 和 $\hat{Y}$	分别表示厄米算符
$\boldsymbol{x}$	估计数据矢量
$\hat{\boldsymbol{x}}$ 和 $\hat{\boldsymbol{y}}$	分别表示 x 轴方向和 y 轴方向的单位矢量
α	模型的常数
β_{ex}	体总散射系数
β_{s}	体散射系数
ξ_{A} 和 ξ_{E}	透射效率
δ_1 和 δ_2	分别表示电磁场在 x 和 y 轴上的极化角度
δ	在 x 轴和 y 轴上的极化角度差
$\Delta_{0j}(j=w,o)$	微波腔和光学腔的失谐频率
Δk	场的失谐量
Δr_{id}	第 i 个原子与检测点之间的距离
Δr_{si}	散射场与第 i 个原子之间的距离
ε	介电常数
$\boldsymbol{\varepsilon}_k^{(\lambda)}$	极化矢量($\lambda=0,1$)
ε_0	介电常数
$\boldsymbol{\varepsilon}_{ks}$	简正模偏振方向的单位矢量
φ	入射光线的俯仰角
φ_{km}	矩阵 $\boldsymbol{\varphi}$ 的 k 行 m 列的元素
$\boldsymbol{\varphi}$	相关矩阵

$\lvert \boldsymbol{\varphi}_n \rangle_{(n=1,2,\cdots,N)}$	$\lvert \boldsymbol{\psi} \rangle$ 的正交基中的分量,也是列矢量
$\lvert \boldsymbol{\varphi}_n \rangle_{(n=1,2,\cdots,N)}$	$\lvert \boldsymbol{\psi} \rangle$ 的正交基中的分量,也是列矢量
$\lvert \boldsymbol{\varphi}_n \rangle$ 和 $\boldsymbol{\varphi}_m \rangle$	分别表示正交基中两个彼此正交的列矢量
$\lvert \boldsymbol{\varphi}_n \rangle$	态矢,其物理含义是正交基中的分量,也是列矢量
Γ	原子处于激发态时寿命的倒数
γ	模型的常数
	未知的光子动量
$\gamma_n^{(+)}$	$\hat{\rho}_{\mathrm{RI}}^{(1)} - \hat{\rho}_{\mathrm{RI}}^{(0)}$ 的第 n 个非负本征
γ_{M}	力学共振器的耗散率
σ_{a}	吸收散射截面积
σ_{d}	差分散射截面积
σ_{g}	量子雷达散射截面积
σ_{S}	散射截面积
$\lvert \boldsymbol{\eta}_k \rangle$	本征值所对应的本征态
η	目标的反射率
	目标散射率
	原子 μ 的电偶极子力矩的角度
η_k	算符 $\hat{\rho}_1 - \lambda \hat{\rho}_0$ 的本征值
$\hat{\boldsymbol{\iota}}$	入射方各的单位方向矢量
ϕ_0	初始相位
κ	反射率 $\ll 1$
$\kappa_j (j=o,w)$	光学腔或微波腔的反射率 $\ll 1$
μ	介电系数
	信号态的本征值
μ_{a} 和 μ_{a}	分别表示纠缠两个通路的衰减系数
$\hat{\boldsymbol{\mu}}_{ab}$	原子 μ 的单元空间矢量
ρ_0	没有光子条件下的热辐射态
$\hat{\rho}_0$	没有目标回波时对应的检测算符
$\hat{\rho}_1$	存在目标回波时对应的检测算符
ρ_{SI1}	存在目标时纠缠态复合策略的结果
ρ_{SI0}	不存在目标时纠缠态复合策略的结果
Θ	阶跃函数
θ	入射光线的方位角
θ_0	目标入射角度
π	圆周率

π_k	第 k 个测量结果对应的概率
π_θ	门限值
ω	频率
	入射光子的频率
ω_j	第 j 个模态的频率
ω_M	力学共振频率
Ψ_{pq}	两个动量分别为 p 和 q 的光子测量时对于的波函数
Ψ_γ^t	发射场函数波函数
$\Psi_{\gamma q}$	两个动量分别为 γ 和 q 的光子测量时对于的波函数
$\lvert \psi \rangle$	希尔伯特空间 H_s 中的一个归一化列矢量
$\lvert \psi \rangle$ 和 $\lvert \varphi \rangle$	分别表示两个不同的归一列矢量
$\lvert \Psi_{out} \rangle$	对应的密度矩阵
$\lvert \Psi_{out} \rangle$	分镜输出的 Fock 数态

缩略语

APD	Avalanche Photo Diode	雪崩光电二极管
ASE	Amplified Spontaneous Emission	放大自发发射
BBO	Beta – Barium Borate	偏硼酸钡
BPSK	Binary Phase Shift Keying	二进制相移键控
CPN	Conditional Pulse Nulling	条件脉冲归零
CWDM	Coarse Wavelength – Division Multiplexer	粗波长多路分离器
DARPA	Defense Advanced Research Projects Agency	美国国防高级研究计划局
DBF	Digital Beam Forming	数字波束形成
DOPA	Degenerate Optical Parametric Amplifier	简化光学参量放大
DD	Derect Detection	直接探测
EDFA	Erbium – Doped Fiber Amplifier	掺铒光纤放大器
EOM	Electrical – Optical – Mechanical	电 – 光 – 力
FWHM	Full Width Half Maximum	半高宽
HV	High Voltage	高度
HWP	Half Wave Plate	半波片
IWOP	Integration Within an Ordered Product of Operator	有序算符乘积内的积分
KTP	$KTiOP_4$	磷酸氧钛钾
LBO		倍频晶体(LiB_3O_5 三硼酸锂)
LADAR	Laser detection and Ranging	激光雷达
LIDAR	Light Detection and Ranging	
LSU	Louisiana State University	路易斯安那州立大学
MSE	Mean Squared Error	均方误差
MTF	Modulation Transmission Function	调制传输函数
MTI	Motion Target Indication	动目标显示
NP	Neyman – Pearson	奈聂 – 皮尔逊

OOK	On – Off Keying	二进制启闭键控
OPA	Optical Parametric Amplifier	光学参量放大器
OPO	Optical Parametric Oscillation	光学参量振荡
PBS	Polarization Beam Splitter	极化分束器
PC – OCT	Phase Combined – Optical Coherence Tomography	联合相位光学相干层析
PDC	Parametric Down – Conversion	参数下转换
PI	Proportion Integrate	比例积分
POVM	Probability Operator – Valued Measures	概率算符取值测度
PPM	Pulse Position Modulation	脉冲位置调制
PPKTP	Periodic Polarized $KTiOPO_4$	周期极化的磷酸氧钛钾
PSA	Phase Sensitive Amplify	相位敏感放大
PSF	Point Spread Function	点扩散函数
PZT	Piezoelectric Ceramic Transducer	压电陶瓷(锆钛酸铅传感器)
QL	Quantam Lidar	量子激光雷达
QI	Quantum Illumination	量子照射
QIE	Quantum Image Enlightenment	量子图像增强(技术)
QSP	Quantum Sensor Program	量子传感器项目
QWP	Quarter – Wave Plate	四分之一波片
RCS	Radar Cross Section	雷达散射截面积
ROC	Receiver Operation Characteristic	接收机工作特性
SLD	Symmetrized Logarithmic Derivative	对称化对数偏导
SND	Signal – number Diagonal States	信号数对角态
SNR	Signal Noise Ration	信噪比
SPDC	Spontaneous Parametric Down – Converter	自发参数下转换
SVI	Squeezed Vacuum Injection	压缩真空注入
TSTES	Titanium Superconducting Transition Edge Sensor	钛超导转换边沿传感器
SAPSPD	Silicon Avalanche Photodiode Single Photon Detector	硅雪崩光电二极管电光子探测器
TES	Transition Edge Sensor	转变边沿传感器
TGG		$Tb_3Ga_5O_{12}$ 晶体
USAF	United States Air Force	美国空军

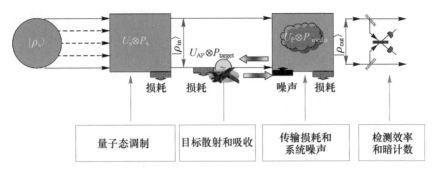

图 1.1　量子雷达探测过程示意图

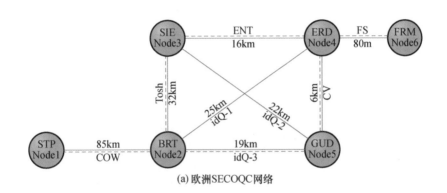

(a) 欧洲SECOQC网络

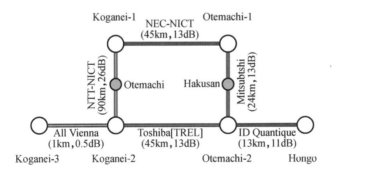

(b) 日本Tokyo QKD网络

图 1.2　国际主要的量子密码演示网络示意图

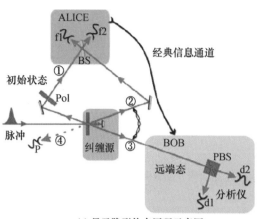

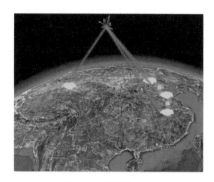

(a) 量子隐形传态原理示意图　　　　　　　　(b) 量子星地通信场景示意图

图 1.3　量子通信原理示意图

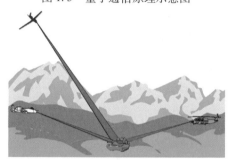

图 2.2　量子传感器的成像场景示意图

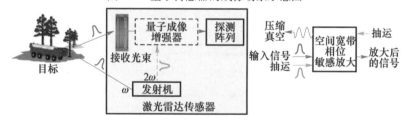

图 2.3　基于量子成像增强技术的量子传感器原理示意图

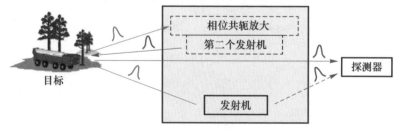

图 2.4　基于共轭相位测距技术的量子传感器原理示意图

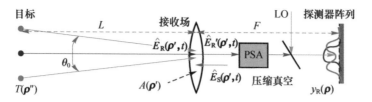

图 2.5　量子增强接收处理原理框图

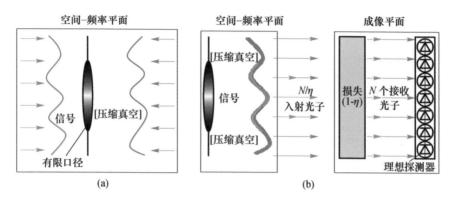

图 2.6　量子成像增强中压缩真空注入和相位敏感放大技术原理示意图

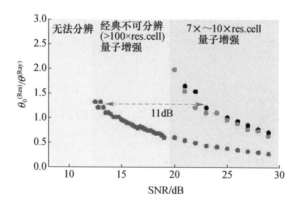

图 2.7　零差探测效率 $\eta = 0.25$ 时,归一化角度分辨力指标与 SNR 的关系

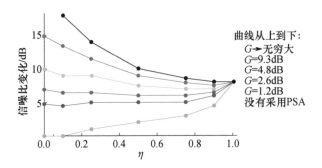

图 2.8　不同零差效率 η 和 PSA 增益 G 下,量子传感器的
信噪比得益曲线(相同分辨力)

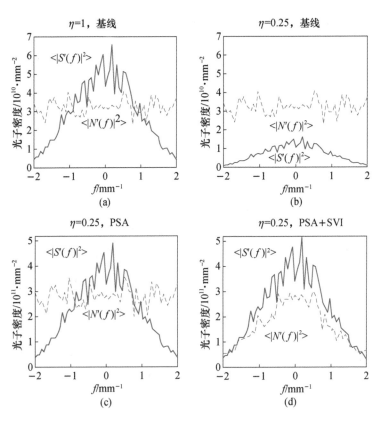

图 2.10　信号和噪声分量的功率谱一维切片函数

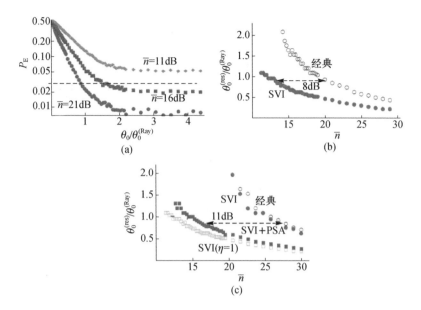

图 2.11 不同各类型传感器的错误检测概率的变化曲线

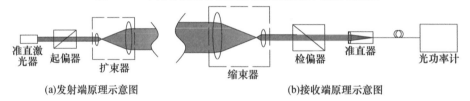

(a)发射端原理示意图　　　　　　　　(b)接收端原理示意图

图 3.24 偏振测量系统的示意图

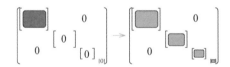

图 3.26 密度矩阵变化的示意图(左图为初始量子态的密度矩阵,
右图为传输后的密度矩阵)

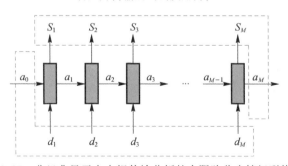

图 3.27 非经典量子态有损传输分析的有限阶分光镜级联模型

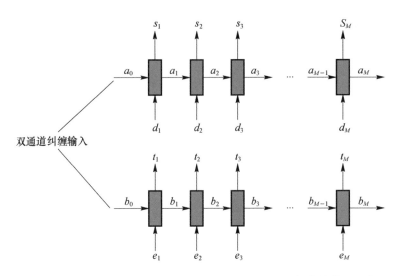

图 3.28　基于有限阶光分器的非经典双模纠缠量子态有损传输模型示意图

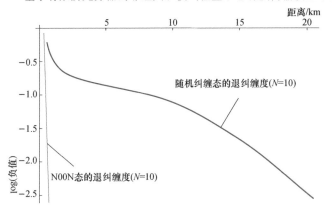

图 3.31　NOON 态和随机量子态退纠缠特性随传输距离的变化曲线仿真结果

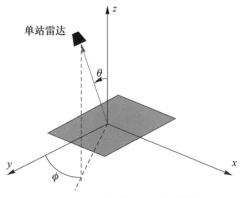

图 3.32　目标传感器的几何结构图

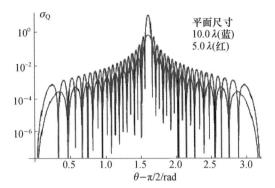

图 3.33　二维平板 σ_Q 对于 $\theta(\phi = 0)$ 的仿真图

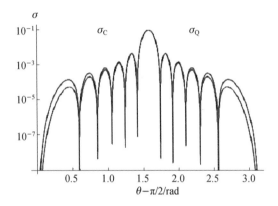

图 3.34　对于矩形目标的 σ_Q 和 σ_C 对比图

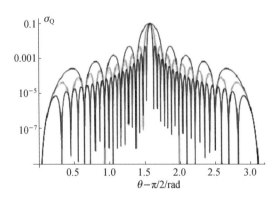

图 3.35　同一区域, 不同大小的二维矩形平板的 σ_Q 仿真图

（红线 : A_1 ; 绿线 : A_2 ; 蓝线 : A_3 ）

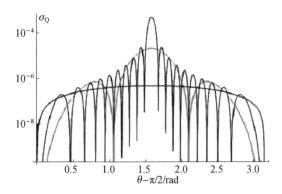

图 3.36　小目标的 σ_Q 特性图

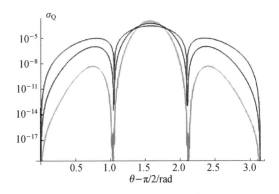

图 3.37　σ_Q 随 $\theta(\phi=0)$ 的变化图

$n_{\gamma_n}=1$（红线）；$n_\gamma=2$（蓝线）；$n_\gamma=5$（绿线）

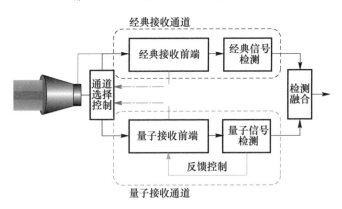

图 6.1　量子雷达接收机基本组成原理示意图

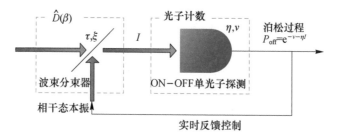

图 6.2 Dolinar 接收机结构示意图

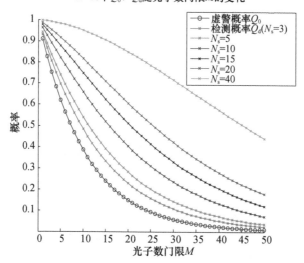

图 6.4 虚警概率和检测概率随光子数门限的变化

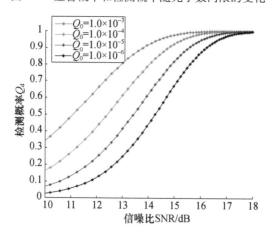

图 6.5 不同虚警概率下检测概率随信噪比的变化

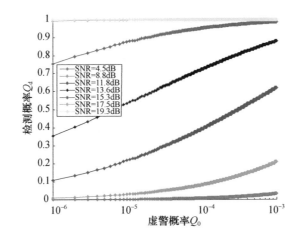

图 6.6　不同信噪比下,检测概率随虚警概率的变化

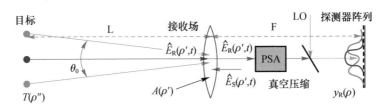

图 6.7　量子增强接收处理原理框图

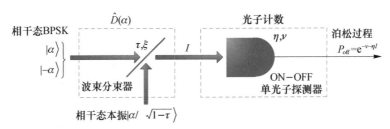

图 6.8　BPSK 调制 Kennedy 接收机结构示意图

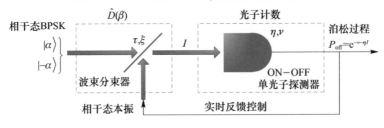

图 6.9　BPSK 调制 Dolinar 接收机结构示意图

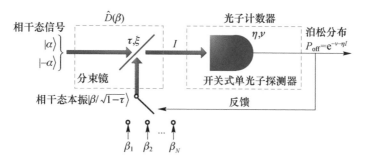

图 6.10　分区检测量子接收机原理示意图

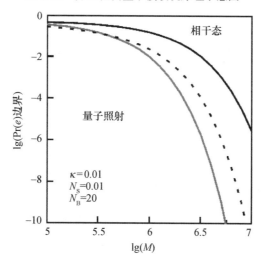

图 7.2　相干态(Chernoff 界)和量子照射(Bhattacharyya 界)的极限性能对比图

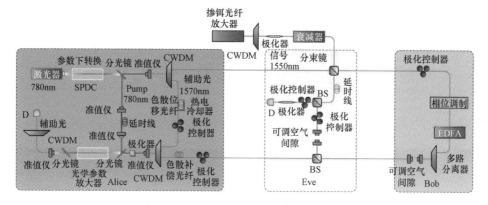

图 7.3　基于量子照射的通信实验装置

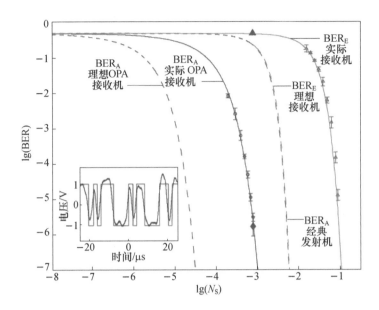

图 7.4　Alice 和 Eve 测量的位错误率

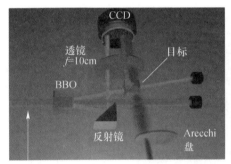

(a) 量子照射，抽运光经过硼酸钡晶体产生双光束，一束辅助光被反射到检测系统。信号光束和来自Arecchi盘的热辐射被部分检测。棱镜实现光场傅里叶变换

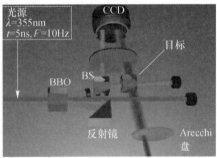

(b) 经典照射，一束来自BBO的光束被截断，另一束光经过二分镜产生相干光束。提高抽运光的功率以使得到和纠缠光子对相同的能量

图 7.5　基于量子照射的目标检测实验装置

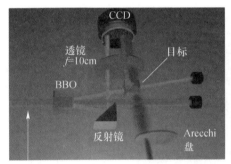

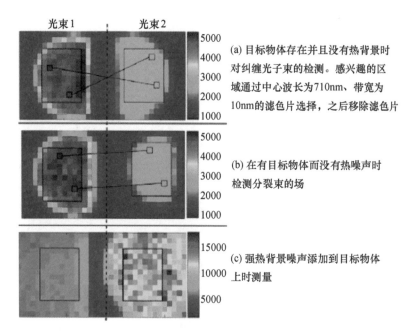

(a) 目标物体存在并且没有热背景时对纠缠光子束的检测。感兴趣的区域通过中心波长为710nm、带宽为10nm的滤色片选择，之后移除滤色片

(b) 在有目标物体而没有热噪声时检测分裂束的场

(c) 强热背景噪声添加到目标物体上时测量

图 7.6   量子照射体制下相关光束的相关性分析

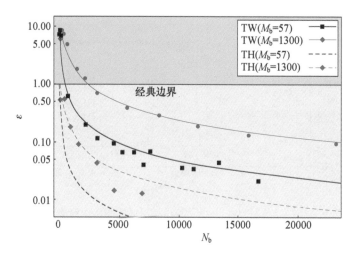

图 7.7   对于背景模式数 $M_b = 57$（黑色方形）和 $M_b = 1300$（红色圆形和菱形），纠缠光束（TW）和相干光束（TH）的广义 Cauchy-Schwarz 参数 ε 随平均背景光子数 $\langle N_b \rangle$ 的变化

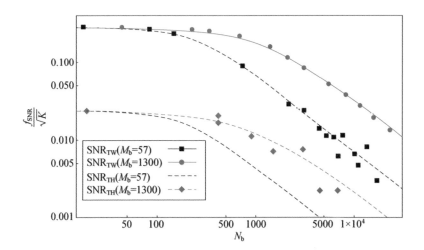

图7.8 归一化的信噪比随背景光子数的变化。
红色(黑色)对应于 $M_b = 1300$($M_b = 57$),
实线(虚线)理论曲线对应于量子(经典)照射光束

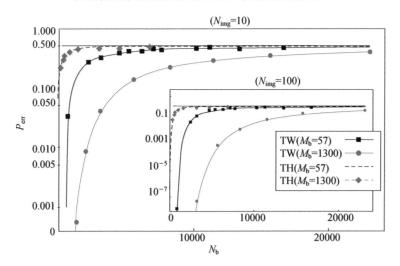

图7.9 $N_{img} = 10$(插图中 $N_{img} = 100$)时,目标检测错误概率 P_{err} 随背景
噪声光子数 $\langle N_b \rangle$ 的变化(黑色方形和红色圆形分别是 $M_b = 57$ 和 $M_b = 1300$ 时
量子照射的数据)

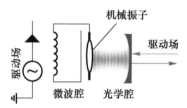

彩

/

15

(a) 电-光-力(EOM)转换器图示，驱动微波和
光学腔被力共振器耦合在一起

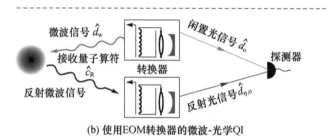

(b) 使用EOM转换器的微波-光学QI

图 7.10　发射器的 EOM 转换器将微波和光学场纠缠在一起。接收器的
EOM 转换器将反射回的微波场转为光频，同时作相位共轭操作

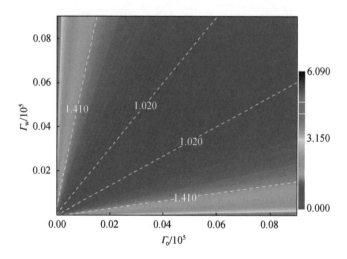

图 7.11　微波 – 光场纠缠度量 ε 随协同参数 Γ_{w} 和 Γ_{o} 的变化

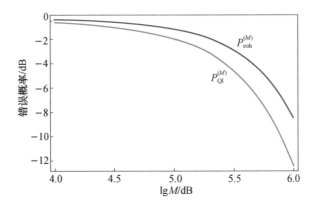

图 7.12　P_{QI}^{M} 和 P_{coh}^{M} 随时带宽积 $M(dB)$ 的变化曲线

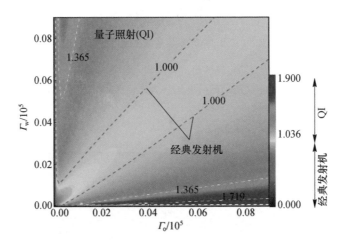

图 7.13　QI 优良指数，$\mathcal{F}$ 随 Γ_w 和 Γ_o 的变化。对于 $\mathcal{F} > 1$，

QI 系统比任意具有相同发射功率的经典态系统具有更低的错误概率